中等职业学校
数字媒体专业
课程标准与教学设计

ZHONGDENG ZHIYE XUEXIAO

SHUZI MEITI ZHUANYE KECHENG BIAOZHUN YU JIAOXUE SHEJI

总主编　刘平兴　　　　　　　执行总主编　张小毅

主　编　钟　勤　刘国纪　　　副 主 编　江媛媛　段芸芸

编　者　刘国纪　江媛媛　段芸芸　赵礼君　林春芳　代　强
　　　　曾长春　陈泓吉　何清梅　冉　琼　何　利　张　颖

重庆大学出版社

内 容 提 要

本书主要介绍中等职业学校重点建设专业数字媒体技术应用的课程标准与教学设计。课程标准部分主要包括数字媒体技术基础、三维动画制作基础、图形图像处理课程标准、影视编辑(Premiere)、影视特效—After Effect、建筑 CAD 识图与处理、二维动画制作基础(Flash)等课程;教学设计部分以数字媒体技术基础、图形图像处理、影视编辑等为主进行课程的创新设计。本书体现了覆盖范围广、注重教学内容和教学方法的改革、注重基础与实践、注重专业基础与专业课程的特点。

图书在版编目(CIP)数据

中等职业学校数字媒体专业课程标准与教学设计/
钟勤,刘国纪主编. —重庆:重庆大学出版社,2013.8
(首批国家中等职业教育改革发展示范学校建设系列成果)
ISBN 978-7-5624-7519-4

Ⅰ.①中… Ⅱ.①钟…②刘… Ⅲ.①数字技术—多媒体技术
—课程标准—中等专业学校—教学参考资料②数字技术—
多媒体技术—教学设计—中等专业学校—教学参考资料
Ⅳ.①TP37

中国版本图书馆 CIP 数据核字(2013)第 140963 号

首批国家中等职业教育改革发展示范学校建设系列成果

中等职业学校数字媒体专业课程标准与教学设计

总主编:刘平兴
执行总主编:张小毅
主 编:钟 勤 刘国纪
责任编辑:杨 漫 版式设计:杨 漫
责任校对:邬小梅 责任印制:赵 晟

*

重庆大学出版社出版发行
出版人:邓晓益
社址:重庆市沙坪坝区大学城西路 21 号
邮编:401331
电话:(023)88617190 88617185(中小学)
传真:(023)88617186 88617166
网址:http://www.cqup.com.cn
邮箱:fxk@cqup.com.cn(营销中心)
全国新华书店经销
重庆升光电力印务有限公司印刷

*

开本:787×1092 1/16 印张:20.75 字数:492 千
2013 年 8 月第 1 版 2013 年 8 月第 1 次印刷
ISBN 978-7-5624-7519-4 定价:48.00 元

序

　　《国家中长期教育改革和发展规划纲要(2010—2020)年》《中等职业教育改革创新行动计划(2010—2012)年》和《教育部 人力资源和社会保障部 财政部关于实施国家中等职业教育改革发展示范学校建设计划的意见》(教职成[2010]9号)的颁布与实施,为中等职业教育描绘了宏伟的改革发展蓝图,为中等职业学校的科学发展指明了方向,为中等职业教育的发展提供了良好的机遇,认真做好国家中等职业教育改革发展示范学校的建设工作,是示范中等职业学校建设的一项重要任务。

　　受传统教育思想观念的影响,中等职业学校在办学模式、人才培养模式、课程体系建设、质量评价制度、教师队伍素质提升、校企合作机制建立等方面还存在诸多亟待改进的问题,这些问题严重困扰着中等职业学校的发展,成为了中等职业学校发展的严重羁绊。为此,首批国家中等职业教育改革发展示范建设学校,在人才培养与课程模式改革、师资队伍建设及校企合作机制创新几个方面进行了卓有成效的探索,在人才培养模式的改革、师资队伍素质的提升、校企合作机制的创新方面进行了积极的实践,在圆满完成示范学校规定的各项建设任务的同时,在完善学校管理制度、探索办学模式改革、开展教学模式改革、创新人才培养模式、全面提升师资素质、建立校企合作的机制、优化专业结构、培育一批具有示范效应和重要影响力的精品特色专业等方面总结出了一些成功的经验,努力走出了一条富有特色的中等职业教育内涵建设道路。

　　藉国家中职示范学校建设计划检查验收提炼成果之际,在重庆大学出版社的大力支持下,重庆市龙门浩职业中学校通过理论研究和实践探索,将办学理念、专业人才培养方案、学生就业岗位能力标准、行业调研与需求分析、专业课程标准与教学设计、专业建设论文、科研课题研究、毕业生就业案例、教学模式改革创新等示范学校建设的成果通过整理,汇编成册,系列出版,充分反映出了该校两年创建工作的成效,也凝聚了该校参与创建工作人员的辛勤汗水。就重庆市龙门浩职业中学校的发展历程而言,两年的创建过程就似天空划过的流星,转瞬即逝;就国家中等职业教育改革发展而言,重庆市龙门浩职业中学校的改革创新实践工作也似沧海一粟,微不足道。但他们所编撰的中职学校改革发展的诸多实际案例,对示范中职学校如何根据国家和区域经济社会发展实际进行深化改革、大胆创新、敢于先行先试、努力办出特色方面,提供了有益的参考。

　　系列成果丛书的出版,一方面是向教育部、人力资源和社会保障部、财政部的领导汇报重庆市龙门浩职业中学校两年来示范中职学校的创建工作,展示建设的成果;另一方面也将成为研究国家中等职业教育改革发展示范学校建设的样本,供大家学习借鉴。

　　相信通过示范中职学校的建设,将极大地提高中等职业学校的办学水平,提高职业教育技术技能型人才培养的质量,充分发挥职业教育在服务国家经济社会建设中的重要作用。

向才毅

2013 年 5 月

前 言

本书是 2010 年"国家示范性中职学校建设计划"首批立项建设的示范性中职学校之一——重庆市龙门浩职业中学校下的由中央财政重点支持的专业数字媒体技术专业的建设成果。

在当今科技高速发展的时代,计算机技术日新月异,数字媒体技术正在对人类的经济生活、社会生活等各个方面产生巨大的影响。因此,掌握数字媒体技术已成为数字媒体应用专业的学生适应社会需求必备的基本条件。

为了满足中等职业教育课程改革发展的需要,我校数字媒体技术应用专业的专业教师和行业专家一起制订了《数字媒体技术应用专业学生就业岗位能力标准》和《数字媒体技术应用专业人才培养方案》,结合国家职业资格证书的相关标准,基于工作过程系统化的理论编写了这本《数字媒体技术应用专业课程标准与教学设计》,内容包括计算机基础、办公软件应用、计算机网络基础、计算机美术基础、数字媒体基础、图形图像处理、三维动画制作基础、二维动画制作基础、建筑 CAD 识图与处理、影视编辑、音视频制作、影视特效、三维建筑表现、数字广播级摄像机的操作与运用共 14 门专业课程的课程标准和数字媒体基础、三维动画制作基础、二维动画制作基础、影视编辑 4 门课程的教学设计。

本书的编写是以教育部提出的"加强课程改革的力度,增强学生的职业能力"为准绳,准确把握"以应用为目的"的编写原则,结合中职学生的培养目标,以"任务驱动"的方式构建课程体系,从培养学生的职业能力出发增强课程的应用性和实用性。

本书由刘国纪任主编,参加编写的还有代强、曾长春、赵礼君、江媛媛、段芸芸、陈泓吉、何清梅、何利、冉琼、林春芳、张颖,刘国纪负责统稿。其中计算机基础课程标准由代强执笔,计算机网络标准由曾长春执笔,数字媒体基础课程标准和教学设计由赵礼君执笔,影视编辑课程标准和教学设计以及计算机美术基础的课程标准由江媛媛执笔,三维动画制作基础、三维建筑表现的课程标准由段芸芸执笔,三维动画制作基础课程及教学设计由张颖执笔,二维动画基础课程标准和教学设计由林春芳执笔,图形图像处理的课程标准由陈泓吉执笔,音视频编辑和影视特效的课程标准由何清梅执笔,建筑 CAD 识图与处理的课程标准由冉琼执笔,数字广播级摄像机的操作与运用由何利执笔。

本书在编写过程中,得到了周开阳、曾强、曾向东等多位行业专家的大力支持,他们对本书的编写提出了很多宝贵的意见。同时,在编写过程中也得到了我校计算机专业各位老师的大力帮助,在此一并表示忠心的感谢。

本书是数字媒体应用专业教师积极探索的成果,因编者的水平和经验有限,难免存在一些错误和不妥之处,希望得到各方面的批评与指正。

编 者

2013 年 5 月

目　录

课程标准

教学设计

课程标准
KECHENG BIAOZHUN

计算机基础课程标准

一、课程基本情况

课程代码	09020001	课程类别	专业核心课
计划课时	72	建议开课时间	第 1 学期

二、课程标准制订依据

本标准依据《中等职业学校数字媒体技术应用岗位能力标准》和《中等职业学校数字媒体技术应用专业人才培养方案》的具体要求制订。

三、课程定位

本课程是 3 年制中职数字媒体技术应用专业学生使用,主要培养本专业学生计算机基础知识和常见硬件设备选购的基本技能,属于专业课中非常重要的核心课。

四、课程目标

通过本课程的学习,使学生能将硬件基础知识与操作系统应用有机融合,能让学生在操作系统的实际应用中学习相关理论知识,同时也为中职计算机专业的学生向各个发展方向的后续课程学习打下坚实的基础。

(一)专业知识

(1)了解计算机的基本结构和工作原理;

(2)掌握计算机硬件系统和软件系统的基础知识;

(3)掌握计算机的组装和选购的基础知识;

(4)了解计算机信息安全;

(5)掌握操作系统的常规操作和技巧。

(二)专业技能

(1)能选购、组装计算机并安装相关驱动程序;

(2)能够熟练使用常用工具软件;

（3）能够熟练使用 Windows 操作系统；

（4）能熟练掌握维护计算机安全的方法。

（三）职业素质

（1）学会沟通和协调人际关系；

（2）具有集体意识和团队合作精神；

（3）具有行业规范意识和时间观念；

（4）能独立学习，具有获取信息的能力；

（5）培养计算机从业人员的良好职业态度，保护计算机存储数据不因病毒侵蚀、人为窃取、计算机存储器硬件损坏而遭到破坏、更改、泄露。

五、课程设计思路

本课程是在进行广泛行业调研的基础上，由数字媒体技术应用的行业专家及本校计算机应用专业的骨干教师一起，对中职数字媒体技术应用专业学生的工作岗位进行了分析，根据完成岗位任务对计算机基础知识的要求重组课程内容。按照学生的认知规律，由简单到复杂，包括认识计算机行业、认识计算机系统、信息的存储、计算机系统设置、维护计算机安全、计算机基础应用共 6 个模块，27 个学习任务。本课程以任务为驱动、行动为导向，按理论与实践相结合进行教学实施，达到最终培养学生工作岗位相关能力的目的。

六、教学内容与课时分配

模块	任　务	知识与技能		重难点	学时
认识计算机行业	1.了解计算机的发展简史	知识	了解计算机的发展简史； 掌握计算机的分类； 了解计算机的特点； 了解计算机的应用领域； 了解计算机的发展趋势	计算机的分类； 计算机的特点； 计算机的应用领域	2
		技能	能对计算机进行分类； 了解计算机的发展趋势及应用		
	2.认识中职计算机专业	知识	了解中职计算机专业； 了解机房实作规范和安全操作； 了解中职计算机专业的职业技能考试	按照机房实作规程，进行安全操作	2
		技能	能够按机房要求进行安全操作		

续表

模块	任　务		知识与技能	重难点	学时
认识计算机系统	1.安装计算机	知识	了解计算机的工作环境及使用注意事项；认识常见的外围设备	计算机系统的组成	2
		技能	能连接计算机硬件系统		
	2.启动计算机	知识	掌握启动、关闭计算机的方法；了解 Windows 桌面的基本组成；掌握计算机系统的组成、计算机硬件系统的性能指标	开机、关机的正确操作步骤；鼠标的基本操作	2
		技能	能熟练操作鼠标；能使用 Windows 的帮助系统		
	3.认识主机	知识	了解计算机各大硬件部件的功能、主要性能指标及生产厂商	计算机硬件系统的性能指标	2
		技能	能选购适合自己的硬件设备		
	4.认识计算机系统	知识	了解冯·诺依曼原理；认识计算机软、硬件系统	认识计算机软、硬件系统	2
		技能	能区分计算机的软、硬件资源		
信息的存储	1.表示信息	知识	了解数制及其转换；掌握计算机中的信息单位；了解 ASCII 码和汉字编码	了解数制及其转换	8
		技能	能进行数制之间的转换		
	2.存储信息	知识	掌握"我的电脑"和"资源管理器"的概念；掌握窗口、菜单和对话框的概念	窗口、菜单和对话框的概念	2
		技能	学会在"我的电脑"和"资源管理器"窗口中查看文件及文件夹		
	3.管理磁盘	知识	了解磁盘属性；掌握 Windows 自带的磁盘维护工具	理解磁盘属性	2
		技能	学会磁盘清理、磁盘碎片整理及磁盘检查		
	4.管理文件及文件夹	知识	掌握文件和文件夹的基本操作	掌握文件和文件夹的基本操作	2
		技能	会对文件和文件夹进行整理、删除、恢复等操作		
	5.更名、隐藏和保护文件	知识	掌握隐藏文件和文件夹的方法；学会更改"我的文档"的目标文件夹	掌握隐藏文件和文件夹的方法	2
		技能	会指定"我的文档"的目标文件夹位置		

模块	任 务	知识与技能		重难点	学时
计算机系统设置	1. 设置 BIOS	知识	了解 BIOS 的设置	了解 BIOS 的设置	4
		技能	能对 BIOS 进行常规的操作		
	2. 设置主题	知识	掌握桌面背景、屏保、外观、显示"开始"菜单、任务栏、鼠标指针及程序事件声音等的设置方法	掌握桌面背景、屏保、外观、显示"开始"菜单、任务栏、鼠标指针及程序事件声音等的设置方法	2
		技能	能自定义 Windows 主题		
	3. 多用户共用计算机	知识	掌握 Windows XP 用户账户；掌握用户权限的设置；掌握更改用户登录或注销方式	掌握用户权限的设置	2
		技能	能创建 Windows XP 各种权限的账户		
	4. 维护硬件	知识	掌握主机、外设等硬件设备的安装、拆除、更换等操作；掌握对硬件驱动程序的维护方法	掌握对硬件驱动程序的维护方法	4
		技能	维护计算机的硬件		
	5. 添加或删除软件	知识	掌握添加、删除程序	掌握添加、删除程序	2
		技能	能对软件和 Windows 组件进行添加、删除等操作		
	6. 优化 Windows XP 系统	知识	掌握修改系统设置的方法；掌握"Windows 优化大师"的操作	掌握"Windows 优化大师"的操作	2
		技能	能通过"Windows 优化大师"优化系统		
维护计算机安全	1. 防治计算机病毒	知识	了解计算机病毒；了解 Windows 防火墙；掌握杀毒软件的使用方法	掌握杀毒软件的使用方法	4
		技能	能对杀毒软件进行安装、升级和杀毒操作		
	2. 提高 Windows XP 系统的安全性	知识	掌握使用 Windows Update 更新系统的方法；掌握使用组策略提高系统安全；掌握加密文件或文件夹的方法	掌握使用 Windows Update 更新系统的方法	4
		技能	会使用 Windows Update 更新系统的方法；会加密文件或文件夹		

续表

模块	任 务		知识与技能	重难点	学时
维护计算机安全	3. 备份与还原系统	知识	了解备份和还原； 掌握 Windows 自带的系统还原工具的使用方法； 掌握"一键还原精灵"的使用方法	掌握"一键还原精灵"的使用方法	4
		技能	会使用 Windows 自带的系统还原系统； 会使用"一键还原精灵"		
	4. 重装操作系统	知识	了解磁盘分区； 掌握重新安装系统的方法	掌握重新安装系统的方法	4
		技能	能对磁盘进行分区和掌握重新安装操作系统的方法		
计算机基础应用	1. 用记事本创建"系统清理.bat"文件	知识	了解记事本的使用范围； 了解系统清理的方法	了解系统清理的方法	2
		技能	能用记事本创建"系统清理.bat"文件		
	2. 制作一首简单的 MP3 歌曲	知识	了解录音机的使用	了解录音机的使用	2
		技能	能用录音机录制一首简单的 MP3 歌曲		
	3. 编辑一个视频短片	知识	了解视频编辑软件"Windows Movie Maker"	了解视频编辑软件"Windows Movie Maker"	2
		技能	能用"Windows Movie Maker"制作视频		
	4. 用路由器实现多台计算机共享上网	知识	了解路由器； 掌握设置宽带路由器的方法； 掌握设置 PC 共享上网的方法	掌握设置宽带路由器的方法； 掌握设置 PC 共享上网的方法	2
		技能	能用路由器实现多台计算机共享上网		
	5. 使用 IE 浏览搜索下载信息	知识	了解 IE 浏览器； 掌握收藏网页的方法； 掌握使用 IE 浏览搜索下载信息的方法	了解 IE 浏览器	2
		技能	能用 IE 浏览搜索下载信息		
	6. 收发电子邮件	知识	了解邮箱； 掌握申请邮箱的方法； 掌握撰写、阅读、回复、转发电子邮件的方法	掌握电子邮件的常规操作	2
		技能	会撰写、阅读、回复、转发电子邮件		

七、教学实施

（一）师资要求

1. 专任教师

从事本课程教学的专任教师应具备以下相关知识、技能和资质：

（1）具有高中或中职教师资格证书；

（2）获得国家计算机操作员（四级）以上或同等地位的职业资格证书。

2. 兼职教师

从事本课程教学的兼职教师应具备以下相关知识、技能和资质：

（1）具有3年以上相关行业工作经历，曾参与广播影视或建筑动画商业作品的制作；

（2）具有3年以上相关行业工作经历，具有丰富的计算机常见软件和硬件应用技巧知识，具备从事数字媒体相关工作的职业资格证书。

本课程的教师资源由专任教师和兼职教师共同组成，其中30%以上的课程教学由兼职教师完成。

（二）教学环境要求

（1）配置有投影仪的多媒体教室。

（2）配置有投影仪或极域电子教室软件的多媒体机房，达到一人一机的实训条件。

（三）学习资源

1. 教材

本课程选用由张晓华主编，重庆大学出版社出版的《计算机基础》。

2. 参考教材

《计算机应用基础》，武马群，北京工业大学出版社。

3. 网络资源

可参考由重庆大学出版社网站（http://www.cqup.com.n）提供的相关课件、教学设计及教学素材。

（四）教学方法

本课程主要采用项目教学法，综合运用讲授法、练习法、案例教学、小组讨论、任务驱动、项目实训等方法。具体来讲，计算机理论知识部分主要采用讲授法和练习法，计算机硬件配置和操作系统部分主要采用任务驱动、案例教学、小组讨论和项目实训的方法。

（五）课程评价

1.评价内容

项　目	任　务	评价内容
认识计算机行业	1.了解计算机的发展简史	能说出计算机的发展史； 能说出计算机的应用领域
	2.了解中职计算机专业	能按机房规则上机操作
认识计算机系统	1.安装计算机	能正确连接计算机硬件设备
	2.启动计算机	能掌握启动、关闭计算机的方法； 能说出 Windows 桌面的基本组成； 能识别计算机系统组成、计算机硬件系统的性能指标
	3.认识主机	能列举出计算机各大硬件部件的功能、主要性能指标及生产厂商
	4.认识计算机系统	能说出冯·诺依曼原理； 能列举出计算机软、硬件系统
信息的存储	1.表示信息	能进行二进制与十进制、八进制、十六进制的相互转换
	2.存储信息	能使用窗口中的工具
	3.管理磁盘	会使用 Windows 自带的磁盘维护工具
	4.管理文件及文件夹	能掌握文件和文件夹的基本操作
	5.更名、隐藏和保护文件及文件夹	能掌握隐藏文件和文件夹的方法； 能修改"我的文档"的目标文件夹
计算机系统设置	1.设置 BIOS	能进行 BIOS 的设置
	2.设置主题	能进行桌面背景、屏保、外观、显示"开始"菜单、任务栏、鼠标指针及程序事件声音等的设置
	3.多用户共用计算机	能设置 Windows XP 用户账户以及权限； 能进行更改用户登录或注销的设置
	4.维护硬件	能进行主机、外设等硬件设备的安装、拆除、更换等操作； 能维护硬件驱动程序
	5.添加或删除软件	能进行添加、删除程序
	6.优化 Windows XP 系统	能修改系统设置； 能进行"Windows 优化大师"的操作

续表

模　块	任　务	评价内容
维护计算机安全	1. 防治计算机病毒	能预防计算机病毒； 能使用杀毒软件
	2. 提高 Windows XP 系统的安全性	能使用 Windows Update 更新系统； 能使用组策略提高系统安全； 能加密文件或文件夹
	3. 备份与还原系统	能使用 Windows 自带的系统还原工具还原系统； 能使用"一键还原精灵"软件
	4. 重装操作系统	能对系统分区和重新安装系统
计算机基础应用	1. 用记事本创建"系统清理.bat"文件	能使用记事本编辑简单的文本
	2. 制作一首简单的 MP3 歌曲	能使用录音机录制歌曲
	3. 编辑一个视频短片	能使用"Windows Movie Maker"编辑视频短片
	4. 用路由器实现多台计算机共享上网	能设置宽带路由器； 能设置 PC 共享上网
	5. 使用 IE 浏览搜索下载信息	能收藏网页； 能使用 IE 浏览搜索下载信息
	6. 收发电子邮件	能申请邮箱； 能撰写、阅读、回复、转发电子邮件

2. 评价方式

计算机理论采用网络无纸化考试，由系统从题库中抽题组卷，题型包括填空、选择和判断题。计算机系统的安装与调试在硬件机房完成。

整个学科成绩由 3 部分构成，半期成绩占 20%，期末成绩占 60%，平时成绩占 20%。平时成绩考核由上课纪律、作业完成情况、参与小组讨论情况、学生自我评价和学生互评等构成。

办公软件应用课程标准

一、课程基本情况

课程代码	09020002	课程类别	专业核心课
计划课时	72	建议开课时间	第 2 学期
先修课程	计算机基础		

二、课程标准制订依据

本标准依据《中等职业学校数字媒体技术应用岗位能力标准》和《中等职业学校数字媒体技术应用专业人才培养方案》以及国家办公软件应用职业资格证书(四级)的具体要求制订。

三、课程定位

本课程是 3 年制中职数字媒体技术应用专业学生使用,主要培养本专业学生的中英文输入和办公软件综合应用的基本技能,属于专业课中非常重要的核心课。

四、课程目标

通过本课程的学习,使学生掌握图文排版系统 Word、制表系统 Excel 以及演示文稿 PowerPoint 的使用;能熟练运用 Word 进行文书编辑排版的能力;能熟练运用 Excel 制作各种表格;能熟练运用 PowerPoint 制作各种演示文稿。

(一)专业知识

(1)熟悉计算机键盘上各功能键的分布和作用,掌握正确的坐姿和标准的指法。了解汉字输入法的一般理论和五笔字型汉字录入编码方案,理解五笔字型、区位码、拼音等常用汉字输入方法的基本原理。

(2)掌握创建、保存及管理 Word 文档的方法,掌握文字编辑、格式设置、表格制作、文档美化、打印文档及复杂版面的编排等的操作方法。

(3)了解 Excel 的基本操作与使用技巧,掌握创建、保存及管理 Excel 文档的方法,掌握表格制作、完成复杂的数据运算、建立图表、管理数据等的方法。

(4)掌握 PowerPoint 的使用方法和操作技巧,制作包含文字、图片、图表、组织结构图、声音和视频剪辑等对象的演示文稿,并为演示文稿添加多媒体效果。

(二)专业技能

(1)英文录入速度 >200 字符/min,误码率 <0.3%;数字键的录入速度 >180 字符/min,误码率 <0.4%;中文录入速度 >80 字/min,误码率 <0.3%。

(2)能够熟练使用 Word 进行文档编排,达到高新技术考试操作员级的能力水平。

(3)能够熟练运用 Excel 进行电子表格的制作及对数据的处理,达到高新技术考试操作员级的能力。

(4)能熟练使用 PowerPoint 制作幻灯片,能胜任日常工作中所需的演讲、宣传等演示文稿的制作设计工作。

（三）职业素质

（1）学会沟通和协调人际关系；
（2）具有集体意识和团队合作精神；
（3）具有行业规范意识和时间观念；
（4）能独立学习，具有获取信息的能力；
（5）初步具备方案设计和评估的能力。

五、课程设计思路

本课程是在进行广泛行业调研的基础上，由数字媒体技术应用的行业专家及本校计算机应用专业的骨干教师一起，对中职数字媒体技术应用专业学生的工作岗位进行了分析。根据完成岗位任务所需知识和技能重组课程内容，选取工作中的典型案例作为教学项目。按照学生的认知规律，从简单的中英文键盘输入、文档编辑到复杂的图文编排及广告宣传片的幻灯片设计，由4个模块构成，共16个学习任务。本课程以任务为驱动、行动为导向，按理论与实践相结合进行教学实施，最终达到培养学生工作岗位相关能力的目的。

六、教学内容与课时分配

模块	任务		知识与技能	重难点	学时
录入技术	1.英文录入	知识	了解计算机键盘上键位的分布，熟悉字符键的分布与作用；知道各功能键的名称和功能；熟练掌握键盘分布及相关功能键的功能和使用方法；掌握指法规则	按指法规则快速输入英文	6
		技能	能快速正确地输入英文，达到200字符/min		
	2.使用拼音输入法输入中文	知识	了解拼音输入法的特点；掌握输入法的切换；掌握标点符号的输入方法；掌握单字输入方法；掌握词组输入方法；掌握输入法的设置	使用拼音输入法快速输入汉字	2
		技能	能正确地使用拼音输入法输入中文，达到60字/min		

续表

模块	任务		知识与技能	重难点	学时
录入技术	3.使用五笔输入法输入中文	知识	了解字根的分布规律； 掌握汉字的拆分原则； 掌握成字字根、合体字及汉字的输入方法	汉字的拆分和提高输入速度	10
		技能	能够使用五笔输入法快速输入汉字，达到80字/min		
制作电子文档	1.制作工作计划	知识	了解Office的安装； 掌握Word的启动和退出方法； 了解Word软件界面的组成部分，知道Word的基本用途； 掌握在Word文档中输入文字的方法； 掌握使用格式工具栏设置字符格式； 掌握使用"字体"对话框设置字符格式； 掌握查找和替换文本的基本操作方法	在Word中输入文字，并进行编辑修改； 能设置字符格式	6
		技能	能新建Word文档； 能在Word中输入文字并进行编辑修改； 能设置字符格式		
	2.制作公司宣传页	知识	掌握页面设置的方法； 掌握插入图片的方法； 掌握调整图片大小、位置和环绕方式的方法； 掌握插入艺术字和文本框的方法； 熟悉图片、绘图工具栏工具的使用	能在Word文档中插入文本框、艺术字和图片，并调整大小、位置及环绕方式，实现图文混排； 设置分栏和首字下沉	10
		技能	能进行页面设置； 能在Word文档中插入文本框、艺术字和图片，并调整大小、位置及环绕方式，实现图文混排； 设置分栏和首字下沉		
	3.制作个人名片	知识	掌握使用模板创建文档的方法	会使用模板创建名片、信函、简历等	6
		技能	会使用模板创建名片、信函、简历等		
	4.制作报销凭证	知识	掌握插入规则表格的方法； 掌握设置表格行高和列宽的方法； 掌握表格工具栏的使用方法	会使用表格工具修改表格	10
		技能	能插入规则表格； 会设置表格行高和列宽； 会使用表格工具修改表格		

模块	任务	知识与技能		重难点	学时
制作电子文档	5.制作员工工资表	知识	掌握在表格中添加项目数字符号的方法； 掌握插入、删除行列或单元格的方法； 掌握使用公式进行计算的方法	插入、删除行列或单元格； 使用公式进行统计	8
		技能	能在表格中添加项目序号； 会插入、删除行列或单元格； 会使用公式进行统计		
制作电子表格	1.设计进货登记表	知识	掌握新建工作簿的方法； 熟悉 Excel 的程序界面； 掌握在 Excel 工作表中输入各类数据的方法； 掌握自动填充的输入方法； 掌握单元格格式的设置方法； 掌握调整行高、列宽，插入删除行列的方法； 掌握重命名工作表的方法； 掌握工作表的预览及打印方法	设置单元格的格式	6
		技能	能新建工作簿，并正确地输入数据； 会设置单元格的格式； 会调整行高和列宽； 会插入、删除行或列； 会重命名工作表； 会预览及打印工作表		
	2.建立进货厂商登记表	知识	掌握页面设置的方法； 掌握设置超链接的方法； 掌握设置表标签颜色的方法； 掌握复制、移动和删除工作表的方法； 掌握保护工作表和工作簿的方法	工作表的复制、移动和删除等编辑操作； 保护工作表和工作簿	6
		技能	会进行页面设置； 会设置超链接； 能进行工作表的复制、移动和删除等编辑操作； 会保护工作表和工作簿		

续表

模块	任　务	知识与技能		重难点	学时
制作电子表格	3.制作商品销售表	知识	掌握使用公式进行计算的方法； 掌握公式的复制操作方法； 掌握数据排序的方法； 掌握分类汇总的方法； 掌握筛选数据的方法	使用公式计算； 复制公式； 对数据排序； 对数据进行分类汇总； 筛选数据	6
		技能	能使用自定义公式计算； 能正确地运用公式的复制； 能对数据排序； 能对数据进行分类汇总； 会筛选数据		
	4.管理库存商品	知识	了解用记录单输入数据； 掌握 Sum( )、Average( )、if( )等常用函数的用法； 基本掌握设置条件格式的方法	使用记录单输入数据； 使用 Sum( )、Average( )、if( )等函数； 设置条件格式	6
		技能	会使用记录单输入数据； 会使用 Sum( )、Average( )、if( )等函数； 会设置条件格式		
	5.制作库存商品统计图	知识	掌握各类图表的制作方法	编辑图表	6
		技能	会使用图表反映表中数据； 会编辑图表		
制作演示文稿	1.制作庆典活动方案演示文稿	知识	掌握启动 PowerPoint 的方法； 熟悉 PowerPoint 的程序界面； 掌握使用设计模板创建空幻灯片； 掌握新建幻灯片的方法； 掌握在幻灯片中输入文字及编辑的方法； 掌握幻灯片的放映方法	会使用模板创建幻灯片； 会进行幻灯片的基本编辑操作	6
		技能	会使用模板创建幻灯片； 会进行幻灯片的基本编辑操作； 会放映幻灯片		

模块	任务		知识与技能	重难点	学时
制作演示文稿	2. 制作新产品展示片	知识	掌握根据内容选择版式创建幻灯片的方法； 掌握设置幻灯片背景的方法； 掌握在幻灯片中插入、编辑图片或艺术字的方法； 掌握在幻灯片中绘制图形的方法； 掌握设置超链接的方法； 掌握自定义动画的方法	在幻灯片中插入、编辑图片或艺术字； 在幻灯片中绘制图形； 设置超链接； 自定义动画	8
		技能	会根据内容选择版式创建幻灯片； 会设置幻灯片背景； 会在幻灯片中插入、编辑图片或艺术字； 会在幻灯片中绘制图形； 会设置超链接； 会自定义动画		
	3. 制作公司宣传片	知识	基本掌握创建幻灯片母板的方法； 掌握应用幻灯片母板的方法； 掌握在幻灯片中插入表格和图示的方法； 掌握打包演示文稿的方法	建立幻灯片母板； 应用幻灯片母板； 在幻灯片中插入表格和图示； 打包演示文稿	6
		技能	会创建幻灯片母板； 会应用幻灯片母板； 会在幻灯片中插入表格和图示； 会打包演示文稿		

七、教学实施

(一)师资要求

1. 专任教师

从事本课程教学的专任教师应具备以下相关知识、技能和资质：

(1)具有高中或中职教师资格证书；

(2)获得国家计算机操作员(四级)以上或同等地位的职业资格证书。

2. 兼职教师

从事本课程教学的兼职教师应具备以下相关知识、技能和资质：

(1)具有3年以上相关行业工作经历,曾参与广播影视或建筑动画商业作品的制作；

(2)具有3年以上相关行业工作经历,具有丰富的办公软件应用技巧知识,具备从事数字媒体相关工作的职业资格证书。

本课程的教师资源由专任教师和兼职教师共同组成,其中30%以上的课程教学由兼职教师完成。

(二)教学环境要求

(1)配置有投影仪的多媒体教室。

(2)配置有投影仪或极域电子教室软件的多媒体机房,达到一人一机的实训条件。

(三)学习资源

1.教材

本课程选用分别由刘国纪和钟静主编,重庆大学出版社出版的《办公软件应用》《办公软件综合实训》两本教材。

2.参考教材

《办公自动化应用》,肖诩主编,中国铁道出版社出版。

3.网络资源

可以参考由重庆大学出版社网站(http://www.cqup.com.n)提供的相关课件、教学设计及教学素材。

(四)教学方法

本课程主要采用项目教学法,综合运用讲授法、练习法、案例教学、小组讨论、任务驱动、项目实训等方法。具体来讲,中英文录入部分主要采用讲授法和练习法,Word、Excel和PowerPoint主要采用任务驱动、案例教学、小组讨论和项目实训的方法。

(五)课程评价

1.评价内容

模　块	任　务	评价内容
录入技术	1.英文录入	使用中英文对照练习软件测试; 采用英文综合对照录入测试,速度达200字符/min为合格
	2.使用拼音输入法输入中文	使用中英文对照练习软件测试; 采用中文文章进行对照录入测试,速度达60字/min为合格
	3.使用五笔输入法输入中文	使用中英文对照练习软件测试; 采用中文文章进行对照录入测试,速度达80字/min为合格
制作电子文档	1.制作工作计划	启动Word快速录入工作计划的文字; 45分钟内按教材提供版式进行编排
	2.制作公司宣传页	启动Word录入宣传页文字,并插入图片和艺术字; 60分钟内按教材提供版式进行编排; 按给定版式完成奖状和简历表的封面

模　块	任　务	评价内容
制作电子文档	3. 制作个人名片	使用向导制作给定信息的个人名片； 使用向导制作稿笺纸
	4. 制作报销凭证	按给定的样本制作一份费用报销单； 自主设计一份课程表
	5. 制作员工工资表	制作一份员工工资表，并进行统计
制作电子表格	1. 设计进货登记表	用 Excel 制作一份成绩登记表
	2. 建立进货厂商登记表	制作一份新生登记表，对毕业学校单元格设置超链接
	3. 制作商品销售表	制作一份学校生源登记表，并按区县进行分类汇总
	4. 管理库存商品	用 Excel 制作一份员工工资表，并用函数进行统计
	5. 制作库存商品统计图	为学校生源登记表制作相应图表
制作演示文稿	1. 制作庆典活动方案演示文稿	按给出的素材选择适合的模板制作一份庆典活动方案
	2. 制作新产品展示片	按给定的素材制作一款时尚手机的展示片
	3. 制作公司宣传片	提供素材让学生为本专业设计宣传片

2. 评价方式

采用实作的形式对学生进行考核，分为两部分：按样式完成作品和创意版面设计；参加人力资源和社会保障部计算机操作员（四级）认证考试。

整个学科成绩由 3 部分构成，半期成绩占 20%，期末成绩占 60%，平时成绩占 20%。平时成绩考核由上课纪律、作业完成情况、参与小组讨论情况、学生自我评价和学生互评等构成。

计算机网络基础课程标准

一、课程基本情况

课程代码	09020003	课程类别	专业核心课
计划课时	72	建议开课时间	第 2 学期
先修课程	计算机基础		

二、课程标准制订依据

本标准依据《中等职业学校数字媒体技术应用岗位能力标准》和《中等职业学校数字媒体技术应用专业人才培养方案》以及全国计算机高新技术局域网管理（Windows 平台）中级证书的具体要求制订。

三、课程定位

本课程是 3 年制中职数字媒体技术应用专业学生使用,主要培养本专业学生对计算机网络知识的理解及应用、对局域网络的安装与配置的基本技能,熟悉网络增值服务、互联网的应用,是属于专业课程中的核心课。

四、课程目标

通过本课程的学习,使学生熟悉局域计算机网络技术的基本概念;能熟练掌握网络硬件的选购与安装,局域网的组建,网络服务器的安装、管理与维护;能熟练使用互联网资源;能熟悉计算机网络常见故障的诊断及处理方法。

(一)专业知识

(1)了解计算机网络标准及通信协议、网络拓扑结构相关知识;熟悉常见的网络传输介质、网络连接器件、网络设备;熟悉网络服务器的应用领域。

(2)熟悉网络安装过程,熟悉 IP 地址、子网掩码的编码原理。

(3)熟悉 Windows Server 2003 系统中 DHCP、DNS、IIS 等服务器件的应用。

(4)了解电子邮件系统、FTP 文件传输服务的工作原理。

(5)熟悉互联网服务资源的使用。

(6)了解计算机网络维护的基本知识,熟悉网络常见故障的诊断及处理方法。

(二)专业技能

(1)能选购与安装网络设备,并组建局域网。

(2)能够安装与配置 Windows Server 2003 服务器操作系统,并配置用户及组的权限。

(3)能够安装常用的服务器组件,如 DHCP、DNS、IIS 等。

(4)能够使用不同接入方式实现局域网访问互联网。

(5)能够掌握收发电子邮件、网页浏览、搜索引擎和网络购物等互联网应用。

(6)能够掌握常见网络故障的诊断、维修方法。

(三)职业素质

培养学生精益求精的工作态度,严谨的工作作风,吃苦耐劳和团结协作的精神;树立计算机从业人员的职业态度,保护计算机存储数据不因病毒侵蚀、人为窃取、计算机存储器硬件损坏而遭到破坏、更改、泄露,维护计算机网络安全;规范使用教学仪器及工具、耗材,确保实训过程中的用电安全。

五、课程设计思路

本课程吸取了澳大利亚先进的职业教育理念,并结合中职教育的实情,体现了以学生为中心,能力为本位,并结合行业需求,以实用够用的原则,从基础知识开始,力图通过大量的技能和学生活动将网络的组建与使用、管理与维护充分整合。课程的结构以模块为内容主线,每一模块分若干任务来完成,贯穿了计算机网络知识的众多实用性技术,通过学习,可以使学生在较短的时间内学会网络的组建、管理与维护。

六、教学内容与课时分配

模块	任　务		知识与技能	重难点	学时
计算机网络基础	1.认识计算机网络	知识	了解计算机网络的概念; 了解计算机网络的发展; 熟悉计算机网络的分类及特征; 熟悉局域网的组成; 了解不同局域网的应用领域	计算机网络的分类及特征; 不同局域网的应用领域	2
		技能	能识别不同的局域网应用		
	2.认识网络标准及通信协议	知识	了解常见的网络标准化组织; 理解计算机网络通信协议的概念; 了解 IEEE 通信协议的概念; 熟悉 TCP/IP 通信标准; 熟悉 IP 地址和子网掩码的编码方法; 掌握计算机 IP 地址的配置方法; 理解 IP 地址的不同分类; 了解特殊 IP 地址的用途; 掌握计算机中计算机名的配置方法	IP 地址及子网掩码的编码方法; 能正确设置计算机 IP 地址、子网掩码、网关和 DNS 服务器地址	4
		技能	能正确设置计算机 IP 地址、子网掩码、网关和 DNS 服务器地址; 能正确设置计算机名和工作组名		

续表

模块	任　务		知识与技能	重难点	学时
计算机网络基础	3.认识数据通信技术	知识	了解模拟信号与数据信号传输的区别； 了解网络中的数字传输技术； 了解网络中的模拟传输技术； 了解网络复用技术； 了解同步传输与异步传输方式的异同； 熟悉计算机网络交换技术的分类	模拟信号与数字信号的区别； 计算机网络交换技术的分类	2
		技能	能够识别网络中的模拟信号和数字信号		
	4.选用网络拓扑结构	知识	熟悉网络拓扑结构的概念； 了解常用的网络拓扑结构； 了解不同网络结构的优、缺点； 掌握网络拓扑结构的选择方法	使用星型拓扑结构搭建计算机网络； 正确选用网络拓扑结构	1
		技能	能够根据需求正确选用合适的网络拓扑结构； 能够绘制星型网络拓扑结构图		
组建与管理局域网	1.选用网络传输介质	知识	了解传输介质的不同分类； 了解不同传输介质的物理结构及技术规格； 熟悉双绞线及光纤传输介质的技术参数； 了解不同传输介质的选购； 熟悉常用的网络介质接头	双绞线及光纤传输介质的技术参数； 正确识别网络传输介质； 正确选用网络介质接头	2
		技能	能够正确识别网络传输介质的种类； 能够根据不同的传输介质选用介质接头； 能够正确选购双绞线传输介质		
	2.认识网络设备	知识	了解计算机网络中常见的网络设备； 熟悉计算机网卡的技术参数及使用方法； 熟悉网络信息模块和网络交换机的技术参数及使用方法； 熟悉网络配线架和网络路由器的技术参数； 了解网络机柜和网络防火墙的技术参数	交换机及路由器的不同分类； 根据用户需求选用适当的网络设备； 无线网卡的不同分类	2
		技能	能够正确识别网卡、交换机、路由器及防火墙等网络设备； 能够使用命令方式查看网卡的 MAC 地址； 能够识别不同种类的网卡及交换机； 能根据用户需求选用适当的网络设备		

模块	任 务	知识与技能		重难点	学时
组建与管理局域网	3.网络综合布线系统	知识	了解网络综合布线系统(PDS)的概念及应用; 了解网络综合布线系统的基本结构; 熟悉工作区、水平区子系统的技术规范; 了解管理子系统和设备间子网的技术规范; 了解垂直干线子系统的技术规范; 了解建筑群子系统的技术规范	综合布线系统的基本结构; 通过综合布线技术规范合理规划网络工程	2
		技能	能够结合现实的网络工程理解综合布线的技术规范; 能够对网络工程进行基本的布线规划		
	4.局域网的硬件连接	知识	熟悉局域网的组网要求; 熟悉网络材料的预算; 熟悉网络器件及网络设备的选型; 掌握双绞线的铺设及制作; 掌握双绞线的568A和568B两种线序标准的制作方法; 掌握双绞线制作工具及测线仪的使用方法; 熟悉不同类别双绞线的应用领域; 掌握信息模块的制作方法; 了解配线架的安装方法; 熟悉网络交换机的连接方法	网络工程中的材料预算; 双绞线的制作方法; 不同类别双绞线的应用领域; 信息模块的制作方法	4
		技能	能根据网络工程的需求合理预算网络器材; 能制作568A和568B两种标准的双绞线; 会正确使用双绞线制作工具和测试仪器; 能制作网络信息模块; 能将计算机正确接入网络设备; 会正确连接交换机、路由器、防火墙等网络设备		

续表

模块	任务		知识与技能	重难点	学时
组建与管理局域网	5.组建对等网络	知识	熟悉对等网络的概念； 了解对等网络的应用领域； 熟悉对等网中的各种网络设备； 掌握网卡驱动程序的安装方法； 掌握网络客户、服务和协议的安装方法； 掌握资源共享的基本方法； 熟悉共享权限的设置方法和技巧； 掌握网络共享的方法	安装与配置网络客户、服务和协议； 资源共享和权限的设置； 使用映射网络驱动器的方法访问网络共享资源	4
		技能	能安装网卡驱动程序； 能安装与配置网络客户、服务和协议； 会在 Windows 系统实现资源共享及权限设置； 会访问和使用网络共享资源		
	6.组建服务器网络	知识	熟悉服务器网络的概念； 了解服务器网络的应用领域； 了解服务器的常见分类； 了解服务器操作系统的分类； 熟悉网络打印服务器的安装方法； 熟悉网络打印服务的使用方法； 了解目前常见的网络共享打印模式； 了解在 Internet 中实现共享打印的方法	添加网络打印机方法； 网络打印机打印队列的管理； 在 Internet 中实现网络打印	4
		技能	能识别工作站与服务器的区别； 会安装网络打印服务器； 会使用网络打印功能,设置默认打印机； 会管理网络打印机打印队列		

模块	任　务		知识与技能	重难点	学时
服务器操作系统管理	1. Windows Server 2003 基本安全控制	知识	掌握登录 Windows Server 2003 系统的方法； 了解系统账号、密码的设置方法； 掌握 Windows Server 2003 服务器控制台的锁定方法； 掌握 Windows Server 2003 系统的注销用户和安全关闭方法； 了解注销用户和锁定服务器控制台的不同之处； 了解 Windows Server 2003 系列网络操作系统的分类	使用不同方法安全锁定 Windows Server 2003 服务器管理控制台	1
		技能	会登录、注销、关闭 Windows Server 2003 网络操作系统； 会锁定 Windows Server 2003 服务器管理控制台		
	2. 配置 Windows Server 2003 网络连接	知识	了解 Windows Server 2003 网络连接的组件； 掌握 TCP/IP 协议的安装方法； 掌握 TCP/IP 协议的测试方法； 了解常用的网络测试命令	使用 Ping 命令测试网络通信情况； 通用 IPconfig 命令测试网络连接状态	1
		技能	会安装 TCP/IP 网络协议； 会使用 IPconfig 命令测试网络连接状态； 会使用 Ping 命令测试网络的通信情况		
	3. Windows Server 2003 用户和用户组	知识	了解 Windows 用户账号及用户组的作用； 理解 Windows 用户账号的不同类型； 了解创建用户账号和用户组的要点； 掌握用户账号和用户组的创建方法； 掌握用户账号和用户组的属性设置； 了解用户权限分类及权限的层次关系	创建用户账号和用户组； 设置用户账号和用户组权限； 用户权限分类及权限的层次关系	2
		技能	会在 Windows Server 2003 中创建用户账号和用户组； 会设置用户和组的常用属性； 会根据网络需要正确创建用户账号和用户组		

续表

模块	任务		知识与技能	重难点	学时
服务器操作系统管理	4. 管理 NTFS 文件系统权限	知识	了解 NTFS 文件系统权限的作用； 理解 NTFS 文件系统的不同类型和访问权限； 理解 NTFS 权限的应用要领； 理解 NTFS 权限的继承关系； 掌握 NTFS 权限的设置方法	NTFS 权限的应用要领； NTFS 权限的设置方法； NTFS 权限的继承关系	2
		技能	能为文件或文件夹设置正确的 NTFS 文件权限； 能为用户或用户组授予 NTFS 文件权限； 会使用不同的 NTFS 文件权限实现文件系统的安全访问		
	5. 使用网络访问服务器文件系统	知识	掌握服务器系统中资源的共享方法； 理解共享权限的不同作用； 掌握共享资源访问权限的设置方法； 掌握共享资源的访问方法	共享资源的权限设置； 共享资源的访问方法	2
		技能	会在服务器上设置资源的共享； 会使用不同方法访问共享资源； 会为共享资源设置不同的用户或组； 会为共享资源设置不同的访问权限		
	6. 使用 NTFS 加密文件系统	知识	了解 NTFS 文件系统的 EFS 功能； 掌握文件或文件夹的加密方法； 了解文件或文件夹的解密方法； 了解 EFS 恢复代理的设置方法	文件或文件夹的加密方法； EFS 恢复代理	1
		技能	会加密文件或文件夹； 会解密文件或文件夹		
服务器组件的安装与配置	1. 安装与配置 DHCP 服务器	知识	了解 DHCP 服务的功能和应用领域； 掌握 DHCP 服务器组件的安装方法； 掌握 DHCP 服务器的配置方法； 理解地址池、租约期限和保留地址的作用； 了解多个作用域的创建方法和应用领域； 掌握作用域选项的配置方法； 掌握 DHCP 客户端的配置与测试方法	地址池、租约期限和保留地址的作用； 作用域选项的配置方法； 使用命令方法测试 DHCP 获取情况	4
		技能	会安装 DHCP 服务器组件； 会正确分配 DHCP 地址池信息； 会配置 DHCP 作用域选项； 会配置 DHCP 客户端的测试； 会使用 IPconfig 命令测试 DHCP 获取情况		

模块	任　务	知识与技能		重难点	学时
服务器组件的安装与配置	2. 安装与配置DNS服务器	知识	了解DNS域名系统的基本工作原理； 了解DNS域名系统的应用领域； 掌握DNS服务器组件的安装方法； 理解正向查找区域和反向查找区域的功能； 了解域名系统的命名规则； 掌握DNS域名系统的配置方法； 掌握DNS域名系统的测试方法； 了解DNS多区域的创建方法和应用领域	DNS的安装配置方法； DNS的测试方法； DNS域名系统的层次关系； DNS域名系统的命名规则； DNS多区域的创建方法及应用领域	4
		技能	会安装DNS服务器组件； 会创建DNS区域名称和主机记录； 能完成DNS客户端的配置； 会使用Ping命令和Nslookup命令测试DNS服务		
	3. 安装与配置IIS服务器	知识	了解IIS服务的基本功能及应用； 掌握IIS服务器组件的安装方法； 掌握Web站点建立、配置及发布方法； 了解多Web站点建立、配置及发布方法； 理解TCP端口号的作用； 了解Web站点虚拟目录的设置方法； 了解Web站点的安全配置技巧； 掌握URL统一资源定位符的格式要求； 了解网络新闻组服务器的配置方法	IIS服务器组件的安装与配置； Web站点的发布方法； TCP端口号的作用； Web站点安全访问权限的设置	4
		技能	会安装IIS服务器组件； 会使用IIS服务器组件发布Web站点； 会使用IIS发布多Web站点； 能够正确识别URL统一资源定位符的书写格式； 会使用域名方式访问Web站点		
使用网络增值服务	1. 实现电子邮件系统	知识	了解电子邮件的基本工作原理； 掌握POP3电子邮件服务器的安装方法； 掌握电子邮件箱的创建方法； 掌握电子邮件客户端软件的安装使用方法；（Outlook或Foxmail） 掌握电子邮件服务器的测试方法； 了解电子邮件服务的收发技巧	电子邮件客户端软件的安装与配置； POP和SMTP服务在电子邮件系统中的应用	4
		技能	会安装POP3电子邮件服务器； 会创建电子邮箱； 会安装电子邮件客户端软件； 会使用电子邮件客户端收发电子邮件		

续表

模块	任务	知识与技能		重难点	学时
使用网络增值服务	2. 实现 FTP 文件传输服务	知识	了解 FTP 文件传输服务的基本工作原理； 了解 FTP 服务器的搭建方法和技巧； 掌握 IIS 或 Serv-U 三方软件搭建 FTP 服务器； 掌握 FTP 站点服务器的配置方法； 了解 FTP 访问权限的分类及不同应用； 了解 FTP 端口的设置方法； 掌握 FTP 用户账号的管理； 掌握 FTP 服务器的访问方法； 了解 FTP 虚拟目录及安全访问规则的应用技巧； 了解 FTP 客户端软件的安装和配置方法	FTP 服务器的搭建； FTP 用户权限的设置方法； 使用用户隔离方式访问 FTP 站点； FTP 虚拟目录设置和安全访问规则的应用	4
		技能	会使用 IIS 或 Serv-U 三方软件搭建设置 FTP 服务器； 会创建 FTP 用户账号； 会配置 FTP 站点访问权限； 会实现用户隔离的方式访问 FTP 站点； 会使用 FTP 客户端软件访问 FTP 资源，并能实现文件的上传下载功能		
局域网访问互联网	1. 局域网接入 Internet	知识	了解常见的互联网接入方式； 了解 ADSL Modem 在拨号网络中的应用； 了解光纤网、无线网、宽带网络接入方法； 掌握 ADSL 接入方式的硬件连接方法； 掌握宽带拨号连接的创建方法； 了解网络接入方式的选择技巧	区分不同类型的互联网接入方式； 创建宽带拨号连接	2
		技能	会根据不同的用户需求选择合适的互联网接入方法； 会创建宽带拨号连接； 能完成 ADSL 接入方式的硬件连接		
	2. 实现局域网的代理访问	知识	理解代理服务器在互联网中的应用； 理解代理服务器的基本工作原理； 掌握代理服务器软件的安装、配置与使用； 掌握客户端代理服务的设置方法； 了解代理端口号的作用	选用合适的代理服务器软件； 安装配置代理服务器软件； 代理客户端的设置	2
		技能	会安装代理服务器软件； 能够完成代理服务器软件的基本配置； 能够完成客户端代理服务的设置		

模块	任　务		知识与技能	重难点	学时
局域网访问互联网	3. 实现局域网的共享上网	知识	了解 Internet 连接共享的常见类型； 掌握 Internet 连接共享的基本配置方法； 理解防火墙的基本功能； 了解宽带路由器在共享上网中的应用； 掌握宽带路由器的基本配置方法； 了解 NAT 技术在网络中的应用	正确连接宽带路由器； 宽带路由器的基本配置； NAT 技术在网络中的应用	2
		技能	会创建宽带拨号连接； 能识别宽带路由器的不同类别； 会连接宽带路由器的各种端口； 能够完成宽带路由器的基本配置； 能完成网络客户端的配置		
使用互联网服务	1. 初识 Internet	知识	了解 Internet 的应用； 熟悉 Internet 提供的服务	Internet 不同服务类型的作用	1
		技能	能够使用常见的 Internet 服务		
	2. 访问 Internet 资源	知识	了解网页访问的方法与技巧； 了解常见的网络浏览器； 掌握网络资源的下载方法； 掌握电子邮件、即时通讯、网络搜索引擎的使用方法； 熟悉网络购物、网络娱乐的方法	网络搜索引擎的使用技巧； 电子邮件客户端软件的配置方法	4
		技能	会使用浏览器访问网页； 会下载网络中的各种资源； 会申请电子邮箱，使用电子邮箱收发电子邮件； 会使用即时通讯软件； 会使用搜索引擎查找网络资源； 会安全健康地使用网络购物和网络娱乐		
局域网的维护	1. 认识网络维护的基本常识	知识	了解网络维护的工作内容； 熟悉网络维护的工具及仪器； 熟悉网络维护的常用手段	不同网络维护手段的区别	1
		技能	会区别不同的网络维护手段； 会正确选用适当的网络维护工具		

续表

模块	任务	知识与技能		重难点	学时
局域网的维护	2.诊断网络故障	知识	了解处理网络故障的流程； 掌握诊断处理线路故障的方法； 掌握诊断处理网络设备、网络终端、网络软件故障的方法	诊断处理线路、网络设备和网络终端的常见故障	2
		技能	会使用双绞线测线仪诊断网络故障； 会使用常见的网络测试软件； 会判断和处理局域网通信线路、网络设备常见故障		
	3.处理常见网络故障	知识	了解常见的网络故障测试命令； 熟悉对等网络常见故障的处理方法； 熟悉服务器网络常见故障的处理方法	网络命令的使用方法和技巧	2
		技能	会使用常见的网络排故工具及软件； 会处理和维护通信线路； 会处理和维护网络设备故障		

七、教学实施

(一)师资要求

1. 专任教师

从事本课程教学的专任教师应具备以下相关知识、技能和资质：

(1)具有高中或中职教师资格证书；

(2)计算机及相关专业毕业；

(3)熟悉网络维护，会诊断及处理常见的网络故障；

(4)获得全国计算机高新技术局域网管理(Windows平台)中级证书。

2. 兼职教师

从事本课程教学的兼职教师应具备以下相关知识、技能和资质：

(1)具有3年以上相关行业工作经历，曾参与网络管理与维护、系统集成相关工作；

(2)具有3年以上相关行业工作经历，具有丰富的网络安装调试经验，对网络操作系统的配置和使用非常熟悉。

本课程的教师资源由专任教师和兼职教师共同组成，其中30%以上的课程教学由兼职教师完成。

（二）教学环境要求

（1）配置有投影仪的多媒体教室。

（2）配置有交换、路由等网络设备的网络实训室，达到一人一机的实训条件。

（3）准备双绞线、同轴电缆、光纤、无线、水晶头等网络介质、耗材和连接器件。

（4）配置虚拟机系统，如 VMware、VirtualBox 等。

（三）学习资源

1. 教材

本课程选用由钟勤主编的重庆大学出版社出版的《计算机网络基础与应用》教材。

2. 参考教材

《计算机网络技术与应用》，段渭军、陈世进编，西北工业大学出版社。

《网络工程施工》，王伟旗主编，中国铁道出版社。

3. 网络资源

可以参考由重庆大学出版社网站（http://www.cqup.com.cn）提供的相关课件、教学设计及教学素材。

（四）教学方法

本课程主要采用项目教学法，综合运用讲授法、练习法、案例教学、小组讨论、任务驱动、项目实训等方法。

（五）课程评价

1. 评价内容

项　目	任　务	评价内容
计算机网络基础	1. 认识计算机网络	根据网络规模识别不同类别的网络； 能说出局域网的基本结构及应用
	2. 认识网络标准及通信协议	IP 地址的组成与分类； 会使用二进制和十进制表示 IP 地址； 能正确书写 IP 地址； 能为网络中的计算机配置计算机名和 IP 地址
	3. 认识数据通信技术	能够理解计算机网络中数字信号与模拟信号的应用； 能够理解网络交换机技术的应用
	4. 选用网络拓扑结构	绘制网络拓扑结构图； 根据用户需求及网络环境选择合适的网络拓扑结构

续表

项　目	任　务	评价内容
组建与管理局域网	1. 选用网络传输介质	能够正确识别网络传输介质的种类及参数； 能根据网络的需求选用合适的传输介质； 双绞线的正确选购方法； 能识别不同的传输介质接头
	2. 认识网络设备	识别不同类型网卡的外观、参数等； 为信息点选择信息模块； 识别交换机的不同种类及应用； 会选用网络配线架、网络设备机柜、网络路由器、网络防火墙
	3. 网络综合布线系统	能描述综合布线 6 个子系统的功能和技术规范； 根据网络工程设计布线流程
	4. 局域网的硬件连接	正确使用双绞线压线钳和网络测线仪； 5 分钟内能完成 568A 和 568B 两种线序的双绞线制作； 能够正确使用网络测线仪，通过指示灯状态判断双绞线的通信情况； 能制作网络信息模块，根据模块的色标完成打线； 通过绘图方式画出交换机、路由器、防火墙的连接方法
	5. 组建对等网络	能描述出对等网的应用及优缺点； 安装网卡驱动程序； 会安装网络协议、服务和客户端； 共享文件夹、共享磁盘； 设置共享权限； 使用多种方式访问共享资源
	6. 组建服务器网络	能描述出文件服务器、打印服务器、应用程序服务器 3 种类别服务器的功能； 熟悉常见的服务器硬件、软件配置； 在 Windows Server 2003 中安装打印服务器； 会添加网络打印机； 能使用网络打印机打印文档

项　目	任　务	评价内容
服务器操作系统管理	1. Windows Server 2003 基本安全控制	能描述出锁定控制台和注销控制台的区别； 会登录、注销、关闭 Windows Server 2003 网络操作系统； 会锁定 Windows Server 2003 服务器管理控制台
	2. 配置 Windows Server 2003 网络连接	会使用 IPconfig 命令测试网络连接状态； 会使用 Ping 命令测试网络的通信情况
	3. Windows Server 2003 用户和用户组	会识别正确的计算机命名； 会在 Windows Server 2003 中创建用户账号和用户组； 描述出账号创建过程中的密码条件选项； 能将用户加入到指定的用户组
	4. 管理 NTFS 文件系统权限	描述出 NTFS 文件系统的权限类型和访问权力； 为用户或用户组授予 NTFS 权限
	5. 使用网络访问服务器文件系统	新建共享文件夹、设置共享权限； 通过"网上邻居"的方式访问共享文件夹； 使用"映射网络驱动器"的方式访问共享文件夹
	6. 使用 NTFS 加密文件系统	将指定文件或文件夹设置加密属性； 将指定文件或文件夹完成解密
服务器组件的安装与配置	1. 安装与配置 DHCP 服务器	能描述 DHCP 的基本工作方式和简单原理； 能描述 DHCP 的应用领域及优缺点； 在 Windows 版本的服务器操作系统中安装 DHCP 服务组件； 配置 DHCP 服务，包括地址池、租约期限、排除地址等； 配置 DHCP 作用域选项，包括网关、DNS 配置； 配置客户端保留地址，将指定客户端的 MAC 地址与 IP 地址绑定
	2. 安装与配置 DNS 服务器	能描述 DNS 域名系统的基本工作原理； 能描述 DNS 的应用领域及优缺点； 在 Windows 版本的服务器操作系统中安装 DNS 服务组件； 配置 DNS 服务，包括正向查找区域和反向查找区域、域名、主机记录等； 使用 Ping 和 IPconfig 命令来测试 DNS 的工作状态
	3. 安装与配置 IIS 服务器	能描述 IIS 的基本工作原理； 能描述 IIS 的应用领域及优缺点； 在 Windows 版本的服务器操作系统中安装 IIS 服务组件； 配置 IIS 服务，包括网站名称、端口号、IP 地址等基本设置； 配置 IIS 服务高级应用，包括目录重定向、虚拟目录、访问安全等设置； 使用域名方式访问 Web 站点

续表

项　目	任　务	评价内容
使用网络增值服务	1. 实现电子邮件系统	能描述电子邮件服务的基本工作原理； 能描述电子邮件的应用领域及优缺点； 在 Windows 版本的服务器操作系统中安装 POP 服务组件； 使用 POP 服务组件创建邮箱账号； 使用 Outlook 收发电子邮件
	2. 实现 FTP 文件传输服务	能描述 FTP 文件传输协议的基本工作原理； 通过查找相关资料，能描述出常用的 FTP 服务器软件； 使用 IIS 搭建 FTP 服务器，包括端口号、IP 地址、主目录和权限等设置； 使用 Serv-U 软件搭建 FTP 服务器； 使用 FTP 客户端软件访问服务器资源
局域网访问互联网	1. 局域网接入 Internet	能描述出目前常见的互联网接入方式； 能画出 ADSL 拨号上网方式的硬件连接图； 会在 Windows 系统中创建宽带拨号连接
	2. 实现局域网的代理访问	能描述出使用代理方式上网的基本工作原理； 能描述出代理服务器的网络应用； 会安装并配置 Wingate 等代理服务器软件； 会在 IE 浏览器中设置代理服务
	3. 实现局域网的共享上网	能描述共享上网的基本工作原理； 会在 Windows 系统中配置网络共享设置； 会进行宽带路由的基本配置，包括管理 IP、DHCP、WAN 口属性、网络安全等； 会描述 NAT 技术在网络中的应用
使用互联网服务	1. 初识 Internet	能描述常见的 Internet 应用
	2. 访问 Internet 资源	会使用浏览器打开网页； 正确选用并安装下载工具； 会使用下载工具下载网络资源，如软件、图片、文档、游戏、电影、音乐等； 会申请免费电子邮箱、收发电子邮件； 会使用搜索引擎搜索网页、新闻、图片、视频、地图等信息； 会在线电影、电视、音乐的使用； 会使用网络购物

续表

项　目	任　务	评价内容
局域网的维护	1.认识网络维护的基本常识	能描述网络维护的工作内容； 能识别网络维护的常见工具，如压线钳、打线器、剥线钳、福禄克测线仪器等
	2.诊断网络故障	能描述网络常见的故障现象； 会根据网络故障现象判断故障源； 会使用常见的网络测试软件和命令
	3.处理常见网络故障	会使用双绞线测线仪诊断网络故障； 会判断和处理局域网通信线路、网络设备常见故障

2.评价方式

采用理论和实作相结合的形式对学生进行考核，并且参加全国计算机高新技术局域网管理(Windows 平台)中级证书认证考试。

整个学科成绩由 3 部分构成，半期成绩占 20%，期末成绩占 60%，平时成绩占 20%。平时成绩考核由上课纪律、作业完成情况、参与小组讨论情况、学生自我评价和学生互评等构成；半期采用理论形式进行考核；期末考试采用实作形式进行考核，通过完成一个完整的网络安装任务来考核学生对课程的掌握情况。

计算机美术基础课程标准

一、课程基本情况

课程代码	09020004	课程类别	专业核心课
计划课时	108	建议开课时间	第 1 学期
先修课程	计算机基础	后续课程	图形图像处理

二、课程标准制订依据

本标准依据《中等职业学校数字媒体技术应用岗位能力标准》和《中等职业学校数字媒体技术应用专业人才培养方案》以及国家办公软件应用职业资格证书(四级)的具体要求制订。

三、课程定位

本课程是 3 年制中职数字媒体技术应用专业学生使用,主要学习平面构成、色彩构成和立体构成等内容,让学生知道美术基础和构成设计在数字媒体技术专业中的重要性,属于专业课中非常重要的核心课。

四、课程目标

通过本课程的学习,使学生掌握美术作为造型手段的一般表现规律,如画面造型要素、空间、构图、色彩、形象思维的形象体现等,具有造型及审美的能力、一定的编创文字图形作品的能力、使用软件绘图的能力。

(一)专业知识

(1)掌握平面构成的点、线、面的知识;
(2)掌握立体构成的知识;
(3)掌握色彩构成的色彩关系以及色相对比类型的知识;
(4)掌握广告设计的设计程序、表现法则以及媒体形式;
(5)掌握广告设计的应用领域中各个领域的设计元素、流程。

(二)专业技能

(1)能够进行平面广告的设计;
(2)能够进行包装设计;
(3)能够进行书籍装帧设计;
(4)能够进行标识设计;
(5)能够进行网页设计。

(三)职业素质

(1)培养学生精益求精的工作态度、严谨的工作作风、吃苦耐劳和团结协作的精神;
(2)培养计算机美术设计从业人员的良好职业态度,做好器材的安全维护工作,树立主人翁的意识。

五、课程设计思路

本课程是在进行广泛行业调研的基础上,由数字媒体技术应用的行业专家及本校计算机应用专业的骨干教师一起,通过对中职数字媒体技术应用专业学生的工作岗位进行了分析,根据完成岗位任务所需知识、技能重组课程内容,选取工作中的典型案例作为教学项目,按照学生的认知规律,由简单到复杂,从简单的初识计算机美术、平面构成、立体构成、色彩构成的基础知识到广告设计、包装设计、书籍装帧设计、标识设计、网页设计共

9个模块,22个学习任务。本课程以任务为驱动、行动为导向,按理论与实践相结合进行教学实施,最终培养学生工作岗位相关能力。

六、教学内容与课时分配

模块	任　务		知识与技能	重难点	学时
初识计算机美术	制作 CK 手表招贴	知识	了解计算机美术设计构成的基本概念; 了解计算机美术设计的硬件; 了解计算机美术设计的应用软件; 掌握计算机美术设计的数字图像和色彩模式; 掌握计算机美术设计的文件格式与图像解析度; 了解计算机美术设计的三大基本技能	计算机美术设计的色彩模式; 计算机美术设计的文件格式与图像解析度	8
		技能	能够制作 CK 手表招贴		
计算机美术设计平面构成	1. 制作软件公司标志	知识	熟悉点的基本形态; 掌握点在计算机美术中的具体应用; 掌握计算机美术设计中的设计原则和设计形式	点的基本形态	4
		技能	能在设计中运用点的形态; 能够制作软件公司标志		
	2. 制作可口可乐海报	知识	熟悉线的基本形态; 掌握线在计算机美术中的具体应用; 掌握计算机美术设计中的设计原则和设计形式	线的基本形态	4
		技能	能在设计中运用线的形态; 能够制作可口可乐海报		
	3. 制作青蛙出版集团标志	知识	熟悉面的基本形态; 掌握面在计算机美术中的具体应用; 掌握计算机美术设计中的设计原则和设计形式	面的基本形态	4
		技能	能在设计中运用面的形态; 能够制作青蛙出版集团标志		
	4. 制作小花花布效果	知识	掌握重复构成的原理	重复构成的原理	4
		技能	能在设计中运用重复构成; 能够制作小花花布效果		

续表

模块	任务	知识与技能		重难点	学时
计算机美术设计平面构成	5.制作正方形变化效果	知识	掌握近似构成的原理	重复近似的原理	4
		技能	能在设计中运用近似构成；能够制作正方形变化效果		
	6.制作放大镜透视效果	知识	掌握渐变构成的原理	重复渐变的原理	2
		技能	能在设计中运用渐变构成；能够制作放大镜透视效果		
	7.制作金属文字	知识	掌握肌理构成的原理	重复肌理的原理	4
		技能	能在设计中运用肌理构成；能够制作金属文字		
计算机美术设计立体构成	认识立体构成	知识	了解计算机立体构成的概念；掌握计算机立体构成中的点、线、面；掌握计算机立体的色彩、肌理及空间	计算机立体构成中的点、线、面；计算机立体的色彩、肌理及空间	4
		技能	能收集计算机立体构成在游戏、电影中的运用；能够找出计算机立体构成在生活中的运用		
计算机美术设计色彩构成	1.设计重庆之夜明信片	知识	了解色彩的三要素；了解色彩的对比与调和；掌握色彩构成的概念	色彩构成的概念；制作重庆之夜明信片	4
		技能	能够制作重庆之夜明信片		
	2.绘制装饰花卉图案	知识	掌握纯度对比的概念；掌握纯度对比的运用方法	绘制装饰花卉图案	4
		技能	能够绘制装饰花卉图案		
	3.制作新年贺卡	知识	掌握色相对比的概念；掌握色相对比的运用方法	制作新年贺卡	4
		技能	能够制作新年贺卡		
广告设计	1.制作索爱手机广告	知识	了解广告设计的媒体形式；掌握平面广告的设计程序；了解平面广告的表现法则；掌握直接展示法的表现法则	平面广告的设计程序；平面广告的表现法则	4
		技能	能够利用直接展示法制作索爱手机广告		

续表

模块	任　务		知识与技能	重难点	学时
广告设计	2. 制作 U 盘广告	知识	掌握对比法的表现法则； 掌握联想法的表现法则	对比法的表现法则	4
		技能	能够利用对比法制作 U 盘广告		
	3. 制作 EPSON 打印机广告	知识	掌握幽默法的表现法则	幽默法的表现法则	4
		技能	能够利用幽默法制作 EPSON 打印机广告		
	4. 制作海报	知识	掌握广告设计的媒体形式； 掌握各种媒体的形式的表现手法	广告设计的媒体形式	4
		技能	能够制作口香糖广告海报； 能够制作重庆形象海报； 能够制作保护青蛙海报； 能够制作情侣表海报		
包装设计	1. 制作 CD 盘面	知识	了解包装的概念； 了解包装的分类； 了解包装的作用与功能； 掌握包装设计的表现重点	掌握包装设计的表现重点	4
		技能	能够制作 CD 盘面		
	2. 制作食品包装	知识	掌握包装设计的表现手法	包装设计的表现手法	6
		技能	能够制作食品包装		
书籍装帧设计	1. 制作杂志内页	知识	掌握书籍的封面设计； 掌握编排、图形、色彩、版面设计	综合运用镜头组接规律	6
		技能	能够制作杂志内页		
	2. 制作书籍封面	知识	掌握书籍整体设计的设计程序	书籍整体设计的设计程序	6
		技能	能够制作书籍封面		
标志设计	制作食品标志	知识	了解标志的来源； 熟悉标志的功能； 掌握标志的设计流程； 掌握标志设计的表现形式	标志的设计流程； 标志设计的表现形式	6
		技能	能够设计某公司食品标志； 能够分析优秀标志设计案例		
网页设计	制作静态网页	知识	了解网页设计的组成； 熟悉网页设计的可用元素； 熟悉网页设计软件的"三剑客"及基本使用方法	了解网页设计的可用元素； 熟悉"网页三剑客"的基本操作	10
		技能	能够为某服饰网站设计简单的静态网页		

七、教学实施

（一）师资要求

1. 专任教师

从事本课程教学的专任教师应具备以下相关知识、技能和资质：

（1）具有高中或中职教师资格证书；

（2）获得国家计算机操作员（四级）以上或同等地位的职业资格证书。

2. 兼职教师

从事本课程教学的兼职教师应具备以下相关知识、技能和资质：

（1）具有 3 年以上相关行业工作经历，曾参与广播影视或建筑动画商业作品的制作；

（2）具有 3 年以上相关行业工作经历，具有丰富的计算机美术制作软件应用技巧，获得从事数字媒体相关工作的职业资格证书。

本课程的教师资源由专任教师和兼职教师共同组成，其中 30% 以上的课程教学由兼职教师完成。

（二）教学环境要求

（1）配置有投影仪的多媒体教室。

（2）配置有投影仪或极域电子教室软件的多媒体机房，达到一人一机的实训条件。

（三）学习资源

1. 教材

本课程选用由汤永忠主编的重庆大学出版社出版的《计算机美术基础》教材。

2. 参考教材

《配色全攻略》，日本 CR & LF 研究所著，陈丽佳，王津津，雷晖译，中国青年出版社出版。

3. 网络资源

可以参考由重庆大学出版社网站（http：//www. cqup. com. n）提供的相关课件、教学设计及教学素材。

（四）教学方法

本课程主要采用项目教学法，综合运用讲授法、练习法、案例教学、小组讨论、任务驱动、项目实训等方法。具体来讲主要讲解 Photoshop、Coreldraw、CAD 等软件。

(五)课程评价

1. 评价内容

项　目	任　务	评价内容
初识计算机美术	制作 CK 手表招贴	能在 45 分钟之内完成制作 CK 手表招贴； 能正确写出计算机美术的常见格式
计算机美术设计平面构成	1. 制作软件公司标志	在 120 分钟之内完成制作软件公司标志
	2. 制作可口可乐海报	在 120 分钟之内完成制作可口可乐海报
	3. 制作青蛙出版集团标志	在 90 分钟之内完成制作青蛙出版集团标志
	4. 制作小花花布效果	在 90 分钟之内完成制作小花花布效果
	5. 制作正方形变化效果	在 90 分钟之内完成制作正方形效果
	6. 制作放大镜透视效果	在 90 分钟之内完成制作放大镜透视效果
	7. 制作金属文字	在 120 分钟之内完成制作金属文字
计算机美术设计立体构成	1. 认识立体构成	能收集计算机构成在游戏、电影中的运用； 能够找出计算机立体构成在生活中的运用
	2. 设计重庆之夜明信片	在 120 分钟之内完成制作重庆之夜明信片
	3. 绘制装饰花卉图案	在 120 分钟之内完成制作装饰花卉图案
	4. 制作新年贺卡	在 120 分钟之内完成制作新年贺卡
广告设计	1. 制作索爱手机广告	给索爱手机设计广告,学生 45 分钟内完成构思、草图； 根据草图,学生运用图像软件利用 90 分钟完成其最终效果
	2. 制作 U 盘广告	给某 U 盘设计广告,学生 45 分钟内完成构思、草图； 根据草图,学生运用图像软件利用 100 分钟完成其最终效果
	3. 制作 EPSON 打印机广告	给 EPSON 打印机设计广告,学生 45 分钟内完成构思、草图； 根据草图,学生运用图像软件利用 120 分钟完成其最终效果
	4. 制作海报	设计某主题海报,学生 45 分钟内完成构思、草图； 根据草图,学生运用图像软件利用 90 分钟完成其最终效果
包装设计	1. 制作 CD 盘面	给 CD 设计打印盘面效果,学生 45 分钟内完成构思、草图； 根据草图,学生运用图像软件利用 90 分钟完成其最终效果
	2. 制作食品包装	给某食品设计外包装,学生 45 分钟内完成构思、草图； 根据草图,学生运用图像软件利用 90 分钟完成其最终效果
	3. 书籍装帧设计	给书籍设计装订包装,学生 45 分钟内完成构思、草图； 根据草图,学生运用图像软件利用 120 分钟完成其最终效果
标志设计	制作食品标志	给某食品设计标志,学生 45 分钟内完成构思、草图； 根据草图,学生运用图像软件利用 90 分钟完成其最终效果
网页设计	制作静态网页	给某网站设计静态网页,学生 45 分钟内完成构思、草图； 根据草图,学生运用图像软件利用 120 分钟完成其最终效果

2. 评价方式

平时成绩（50%）＋半期成绩（20%）＋期末成绩（30%）＝总成绩（100%）

平时：考勤＋课堂＋作业（课堂以小组成绩为主）。

半期：以技能考试为主，成绩由学生互评、教师评价两部分组成，各占总技能成绩的 20%、80%。

期末：理论＋技能（理论为闭卷考试，考题出自本科目题库；技能以作品的形式呈现，成绩由学生互评、教师评价、行业专家评价 3 部分组成，各占总技能成绩的 20%、40%、40%）。

数字媒体基础课程标准

一、课程基本情况

课程代码	09020005	课程类别	专业核心课
计划课时	72	建议开课时间	第 1 学期
先修课程	计算机基础	后续课程	影视特效、影视编辑、二维动画制作、三维建筑表现

二、课程标准制订依据

本标准依据《中等职业学校数字媒体技术应用岗位能力标准》和《中等职业学校数字媒体技术应用专业人才培养方案》的具体要求制订。

三、课程定位

本课程是 3 年制中职数字媒体技术应用专业学生使用，主要培养本专业学生有关数字媒体各方面的基础知识及技能，为以后全面学习数字媒体专业的知识和技能打下良好基础。

四、课程目标

通过本课程的学习，使学生掌握有关数字媒体的各方面的基础知识，包括数字媒体入门知识、数字媒体硬件设备、各种数字媒体素材的采集与处理、数字媒体产品的集成与发布等。

（一）专业知识

（1）掌握媒体与信息的概念，了解数字媒体技术的应用领域；

（2）了解文字、图像、音频、视频、动画等媒体素材的特征；

（3）了解掌上数字媒体设备的基本操作技巧，掌握数字媒体处理的核心设备、数字媒体信息的存储设备以及各种接头、接口和连接线相关知识。

（二）专业技能

（1）能够熟练使用录入、扫描识别等方法获得所需的文本素材，制作简单的图像化文字素材和数据化文字素材；

（2）能够熟练使用网络下载、截取屏幕、拍摄数码照片、绘制图像等方法获得所需的图像素材，能够使用 Photoshop 进行简单的图像处理；

（3）能够熟练使用网络下载、CD 抓轨、录制音频、软件生成音频等方法获得所需的音频素材，能够使用 Goldwave 进行简单的音频处理；

（4）能够熟练使用网络下载、录制屏幕、摄像机拍摄、采集 DV 磁带等方法获得所需的视频素材，能够使用 Premiere 进行简单的视频处理；

（5）能够熟练运用 Ulead GIF Animator5、Flash 以及 After Effects 等软件分别制作简单的 GIF 动画、二维动画和影视动画；

（6）能够基本掌握三维软件 3ds Max 的操作使用方法和影视后期特效软件 After Effects 的抠像合成操作方法；

（7）能够熟练使用相关软件对文字、图像、音视频、动画等媒体素材进行集成并发布为数字媒体产品。

（三）职业素质

（1）学会沟通和协调人际关系；

（2）具有集体意识和团队合作精神；

（3）具有行业规范意识和时间观念；

（4）能独立学习，具有获取信息的能力；

（5）树立数字媒体从业人员的职业道德，养成媒体人应有的敏锐感和正义感。

五、课程设计思路

本课程是在进行广泛行业调研的基础上，由数字媒体技术应用的行业专家及本校计算机应用专业的骨干教师一起，对中职数字媒体技术应用专业学生的就业岗位进行了分析，根据完成岗位任务所需知识和技能重组课程内容，选取工作中的典型案例作为教学项目。按照学生的认知规律，由简单到复杂，从简单的文字、图像、音视频、动画等媒体素材的采集处理到复杂的数字媒体产品的集成发布，由 10 个模块构成，共 33 个学习任务。本课程以任务为驱动、行动为导向,按理论与实践相结合进行教学实施,最终培养学生工作岗位相关能力。

六、教学内容与课时分配

模块	任　务	知识与技能		重难点	学时
体验数字媒体技术应用	1. 走进精彩的数字媒体世界	知识	了解图文素材、音视频素材、动画素材的特点; 了解数字媒体的交互性和集成性	图文、音视频素材的特点	1
		技能	会下载并浏览电子杂志		
	2. 体验掌上数字媒体设备	知识	了解智能手机操作系统; 了解智能手机的数字媒体功能	掌上数字媒体设备	
		技能	会操作智能手机		
	3. 认识信息和媒体	知识	了解并理解信息及媒体的概念; 知道信息与媒体的关系	信息与媒体的概念及关系	1
	4. 了解数字媒体的应用领域	知识	了解数字媒体的应用领域	数字媒体应用领域	
		技能	能说出 3 种以上的数字媒体应用领域		
认识数字媒体硬件设备	1. 参观校园广播站和校园电视台	知识	了解广播站音频设备; 了解电视台视频设备; 了解数字媒体演示系统、教育系统、娱乐系统	不同广播电视设备的型号及性能指标	1
		技能	能识别各种广播电视设备; 能识别典型的数字媒体系统		
	2. 认识媒体数字化处理核心设备	知识	了解处理数字媒体的主流计算机平台; 认识数字媒体信息处理设备	数字媒体信息处理设备	1
	3. 认识数字媒体信息存储设备	技能	认识数字媒体信息存储设备(光存储、磁存储); 认识数字媒体信息存储设备	数字媒体信息存储设备	1
	4. 认识各种接头、接口及连线	知识	认识各种设备接头、接口及连线; 认识连接各种硬件设备的接头	不同设备之间的连接	1
		技能	能认识各种接口及接头,并能使用各种连接线连接相关设备		

模块	任　务		知识与技能	重难点	学时
获取文字素材	1.采集文本文字素材	知识	了解纯文本文字素材和格式化文字素材； 掌握为操作系统安装字体； 了解录入文字的方法（键盘、手写、语音）； 了解使用扫描仪及智能手机对文字素材进行扫描识别	文本素材的特点； 文本素材的获取； 使用扫描仪扫描识别文本	2
		技能	为 Windows 操作系统安装字体； 能使用设备扫描识别文本素材		
	2.制作图像化文字素材	知识	掌握文本信息获取的方式及相关知识； 掌握文本信息的特点与优势； 理解文本信息应用的原则及注意事项； 理解图像化文字的优点； 能制作图像化文字素材	制作图像化文字素材	2
		技能	能使用 Cool 3d 制作三维图像化文字素材		
	3.设计数据化文字素材	知识	了解数据文字与图表	数据化文字的图表表示； 优秀图表的设计准则	2
		技能	掌握设计数据化文字素材的基本技能		
获取图像素材	1.采集已有的图像素材	知识	了解位图和矢量图的区别； 掌握网上下载图像素材的方法； 掌握截取屏幕图像的方法	采用"下载、截图、扫描、拍摄、绘制"等方法获取图像素材	2
		技能	会下载图像素材； 会截取计算机屏幕图像素材		
	2.使用数码相机拍摄照片	知识	掌握获取图形图像素材的各种方法； 掌握图像处理软件 Photoshop 的操作技巧； 掌握数码相机拍摄图像的方法； 掌握扫描仪扫描图像的方法	图像素材的采集方法； 图像处理软件的操作技巧	2
		技能	能使用扫描仪和数码相机扫描及拍摄图像素材		
	3.使用数位板绘制肖像	知识	掌握数位板绘制图像的方法	安装数位板驱动并使用数位板绘制图像素材	2
		技能	掌握数位板的操作技巧		
	4.编辑与处理图像素材	知识	了解编辑处理图像素材的知识； 了解图像压缩及格式的知识； 了解数字图像的基本参数	使用 Photoshop 编辑和处理图像素材	3
		技能	能使用 Photoshop 进行基本的图像素材处理； 能使用 Photoshop 制作出符合需求的图形图像素材		

续表

模块	任务		知识与技能	重难点	学时
获取音频素材	1. 采集已有的音频素材	知识	学会从网上下载音频素材； 学会对 CD 光盘中的音频素材进行抓轨采集； 学会分离视频中的音频素材； 学会录制网页中的音频素材	音频素材的下载和录制； 音频素材的编辑和处理	2
		技能	能使用计算机、录音笔等硬件设备录音； 能操作 Goldwave 及 Audition 等音频处理软件编辑处理音频素材； 会使用恰当的方法获取所需的音频素材		
	2. 使用数码设备录制音频	知识	学会使用电脑录音； 学会使用录音笔、手机等便携设备录音	使用计算机设备录音	2
		技能	掌握采集与处理音频素材的各种方法		
	3. 使用软件生成音频素材	知识	了解和使用音频软件的基本使用方法	使用软件生成音频素材	2
		技能	能使用软件生成音频素材		
	4. 编辑与处理音频素材	知识	学会对音频素材进行编辑和处理； 了解数字音频和 MIDI 的概念； 了解音频的压缩及格式； 掌握音频编辑软件 Goldwave 及 Audition 的操作技巧	Goldwave 及 Audition 等音频编辑软件的使用	3
		技能	能应用本模块中的各种方法获得符合需求的音频素材		
获取视频素材	1. 采集已有的视频素材	知识	学会从网上下载视频素材； 学会录制计算机屏幕上的视频素材； 掌握网上下载视频的技巧和方法； 掌握屏幕录像的操作方法	使用屏幕录制软件录制视频素材； 屏幕录制软件 Camtasia Studio 的使用	2
		技能	学会从网上下载视频和录制屏幕视频的方法； 能使用屏幕录像软件		
	2. 使用摄像机拍摄视频	知识	学会摄像机的基本操作； 学会使用摄像机拍摄视频素材； 认识摄像机并了解其使用方法	用摄像机拍摄视频素材	4
		技能	学会摄像机的基本操作		
	3. 编辑与处理视频素材	知识	掌握 Premiere 编辑视频的操作流程； 学会使用 Premiere 编辑处理视频素材； 了解电视系统的制式； 了解视频的压缩及格式	视频剪辑软件 Premiere 的使用，用 Premiere 剪辑视频素材	4
		技能	学会使用 Premiere 剪辑视频素材		

续表

模块	任 务		知识与技能	重难点	学时
制作动画素材	1.制作有趣的GIF动画	知识	了解视觉暂留动画原理；学会制作GIF动画；学会制作Flash动画	动画原理及类型	2
		技能	学会用 Ulead GIF Animator 制作 GIF 动画；掌握 GIF 动画的制作方法		
	2.制作简单的Flash动画	知识	了解动画的类型：逐帧、运动渐变、形状渐变、运动引导、遮罩变化；掌握Flash动画的制作方法	Flash软件的使用	3
		技能	会制作 Flash 动画		
	3.制作基本的影视动画	知识	了解影视动画的制作方法	影视动画和网络动画的区别；After Effects软件的操作	3
		技能	制作基本的影视动画；会用 After Effects 制作简单的影视动画		
制作拟真素材	1.制作逼真的三维足球	知识	了解常用的三维软件：3ds Max、Maya、Softimage；掌握3ds Max的基本操作；学会制作三维模型；学会为三维模型设置材质	三维模型制作；为三维模型设置材质；绿屏视频素材抠像	4
		技能	会用 3ds Max 制作三维模型；会为三维模型设置材质；掌握 3ds Max 软件的基本使用方法		
	2.合成虚拟演播室效果	知识	理解抠像及视频合成的原理；After Effects 软件抠像操作；Keylight 抠像插件的使用	三维空间感的建立；三维软件操作的使用；视频抠像合成原理	4
		技能	会用 After Effects 软件进行抠像合成		
集成数字媒体产品	1.制作电子杂志	知识	学会获取并整理制作电子杂志的素材；学会为电子杂志制作软件 ZineMaker 安装模板；学会制作电子杂志；掌握操作电子杂志制作软件 ZineMaker 的方法	制作电子杂志；使用PHPcms制作网站；数字媒体产品的开发流程及框架设计	2
		技能	会制作电子杂志		
	2.开发单机版数字媒体产品	知识	了解数字媒体产品开发流程；了解数字媒体产品框架设计	数字媒体产品的框架设计	3
		技能	会构建各种数字媒体框架		
	3.开发集成网络版数字媒体产品	知识	了解流行的CMS系统；掌握使用CMS系统快速搭建网站的方法	CMS系统的操作使用	3
		技能	会用 PHPcms 快速制作一个网站		

续表

模块	任 务		知识与技能	重难点	学时
发布数字媒体产品	1. 刻录光盘	知识	学会刻录音乐 CD 光盘； 学会刻录数据光盘	刻录光盘； 制作光盘盘面及外包装； 在互联网上发布网站	2
		技能	会用 Nero 刻录光盘		
	2. 包装光盘	知识	学会设计光盘盘面； 学会设计光盘外包装； 学会打印光盘盘面及外包装； 掌握制作并打印光盘盘面及光盘盒封面的方法	光盘盘面及外包装的设计	3
		技能	会光盘盘面及外包装的制作		
	3. 发布网络版数字媒体产品	知识	了解网络版数字媒体产品的发布流程	网站发布及推广	3
		技能	会注册域名； 会申请网站空间； 会上传发布网站并推广网站		

七、教学实施

(一)师资要求

1. 专任教师

从事本课程教学的专任教师应具备以下相关知识、技能和资质：

(1)具有高中或中职教师资格证书；

(2)获得国家多媒体操作员(四级)以上或同等地位的职业资格证书；

(3)熟悉各种媒体素材的采集和处理方法，熟悉 Photoshop、GoldWave、Audition、Premiere、会声会影、Camtasia Studio、After Effects、Flash、3ds Max、ZineMaker、Director、Nero 等媒体软件的操作使用技巧；

(4)具备制作多媒体光盘的技能，具备制作网站的基本技能。

2. 兼职教师

从事本课程教学的兼职教师应具备以下相关知识、技能和资质：

(1)具有 3 年以上相关行业工作经历，曾参与广播影视或建筑动画商业作品的制作；

(2)具有 3 年以上相关行业工作经历，参与过多媒体项目开发或者网站开发，具备从事数字媒体相关工作的职业资格证书。

本课程的教师资源由专任教师和兼职教师共同组成，其中 30% 以上的课程教学由兼职教师完成。

(二)教学环境要求

(1)配置有投影仪的多媒体教室。

(2)配置有投影仪或极域电子教室软件的多媒体机房,达到一人一机的实训条件。

(三)学习资源

1.教材

本课程选用由赵礼君编著的重庆大学出版社出版的《数字媒体基础教程》教材。

2.参考教材

《多媒体技术应用教程》第6版,赵子江编著,机械工业出版社出版。

3.网络资源

可以参考由《数字媒体基础教程》作者赵礼君开发的配套教学网站(http://www.iszmt.com)提供的相关课件、教学设计及教学素材。

(四)教学方法

本课程主要采用项目教学法,综合运用讲授法、练习法、案例教学、小组讨论、任务驱动、项目实训等方法。具体来讲,体验数字媒体技术应用和认识数字媒体硬件设备采用讲授法和练习法,文字素材、图像素材、音视频素材、动画素材、拟真素材的采集和处理以及数字媒体产品的集成和发布主要采用任务驱动、案例教学、小组讨论和项目实训的方法。

(五)课程评价

1.评价内容

项　目	任　务	评价内容
体验数字 媒体技术	1.走进精彩的数字媒体世界	了解以电子杂志为代表的数字媒体中的图文、音视频、动画等媒体素材的特点; 掌握数字媒体相对于传统媒体的优势; 了解智能手机的数字媒体功能; 了解数字媒体的应用领域
	2.体验掌上数字媒体设备	
	3.认识信息和媒体	
	4.了解数字媒体的应用领域	
数字媒体 硬件设备	1.参观校园广播站和校园电视台	了解典型的数字媒体系统; 认识数字媒体信息处理设备; 认识数字媒体信息存储设备; 认识各种硬件设备的接头
	2.认识媒体数字化处理核心设备	
	3.认识数字媒体信息存储设备	
	4.认识各种接头、接口及连线	
获取文字 素材	1.采集文本文字素材	掌握文本信息获取的方式及相关知识; 掌握文本信息的特点与优势; 理解文本信息应用的原则及注意事项
	2.制作图像化文字素材	
	3.设计数据化文字素材	

续表

项　目	任　务	评价内容
获取图像素材	1. 采集已有的图像素材 2. 使用数码相机拍摄照片 3. 使用数位板绘制肖像 4. 编辑与处理图像素材	掌握获取图形图像素材的各种方法； 掌握图像处理软件 Photoshop 的操作技巧； 能使用 Photoshop 制作出符合需求的图形图像素材
获取音频素材	1. 采集已有的音频素材 2. 使用数码设备录制音频素材 3. 使用软件生成音频素材 4. 编辑与处理音频素材	掌握采集与处理音频素材的各种方法； 掌握音频编辑软件 Goldwave 及 Audition 的操作技巧； 能应用本模块中的各种方法获得符合需求的音频素材
获取视频素材	1. 采集已有的视频素材 2. 使用摄像机拍摄视频素材 3. 编辑与处理视频素材	掌握网上下载视频的技巧和方法； 掌握屏幕录像的操作方法； 认识摄像机并了解其使用方法； 掌握 Premiere 编辑视频的操作流程
制作动画素材	1. 制作有趣的 GIF 动画 2. 制作简单的 Flash 动画 3. 制作基本的影视动画	掌握 GIF 动画的制作方法； 掌握 Flash 动画的制作方法； 了解影视动画的制作方法
制作拟真素材	1. 制作逼真的三维足球 2. 合成虚拟演播室效果	掌握 3ds Max 软件的基本使用方法； 理解抠像及视频合成的原理
集成数字媒体产品	1. 制作电子杂志 2. 开发单机版数字媒体产品 3. 集成网络版数字媒体产品	掌握电子杂志的制作方法； 了解数字媒体产品的开发流程； 掌握构建各种数字媒体框架的方法； 掌握使用 CMS 系统快速搭建网站的方法
发布数字媒体产品	1. 刻录光盘 2. 包装光盘 3. 发布网络版数字媒体产品	掌握刻录光盘的方法； 掌握制作光盘盘面及光盘盒封面的方法； 了解网络版数字媒体产品的发布流程
光盘版数字媒体项目	光盘版数字媒体项目	熟练掌握数字媒体产品的开发技能； 具备获取、处理和集成媒体素材的能力； 具备刻录、包装光盘的能力
网络版数字媒体项目	网络版数字媒体项目	掌握网络版数字媒体产品对各种素材处理的要求； 掌握使用 CMS 系统制作网站的方法； 掌握注册域名、申请空间和上传发布网站的方法

2. 评价方式

该课程的评价方式分为阶段性评估和完成性评估，其中阶段性评估以课程模块为单位，在教学过程中进行随堂考核，以所学模块知识点为评估项目；完成性评估安排在期末，此时《数字媒体基础》课程的教学任务已全部完成,以开发"光盘版数字媒体产品"和"网络版数字媒体产品"两个项目作为考核内容。

整个学科成绩由 3 部分构成,半期成绩占 20%,期末成绩占 60%,平时成绩占 20%。平时成绩考核由上课纪律、作业完成情况、参与小组讨论情况、学生自我评价和学生互评等构成。

图形图像处理课程标准

一、课程基本情况

课程代码	09020006	课程类别	专业核心课
计划课时	72	建议开课时间	第 2 学期
先修课程	计算机基础、计算机美术基础、办公软件应用	后续课程	影视特效、影视动画

二、课程标准制订依据

本标准依据《中等职业学校数字媒体技术应用岗位能力标准》和《中等职业学校数字媒体技术应用专业人才培养方案》以及国家图形图像处理职业资格证书(四级)的具体要求制订。

三、课程定位

本课程是 3 年制中职数字媒体技术应用专业学生使用,主要培养本专业学生的图形图像处理能力,为继续学习影视特效、影视动画和影视编辑打下基础,属于专业课中非常重要的核心课。

四、课程目标

通过本课程的学习,使学生掌握 Photoshop 软件的使用;能熟练运用 Photoshop 软件进行图形图像处理。

(一)专业知识

(1)熟练掌握 Photoshop 软件的界面操作;
(2)熟练掌握选区编辑图像、填充、画笔工具绘制图画等方法;

（3）掌握通道、蒙版、路径等基础知识及应用；

（4）掌握运用各种修饰工具对图像进行精确修改的方法和技巧；

（5）掌握滤镜、图层样式等的使用。

（二）专业技能

（1）能熟练使用 Photoshop 软件的能力；

（2）能具有对图形图像进行熟练制作和处理的能力；

（3）能具有广告制作、宣传册制作、网页设计等实践能力。

（三）职业素质

（1）学会沟通和协调人际关系；

（2）具有集体意识和团队合作精神；

（3）具有行业规范意识和时间观念；

（4）能独立学习，具有获取信息的能力；

（5）初步具备图形图像处理的能力。

五、课程设计思路

　　本课程是在进行广泛行业调研的基础上，由数字媒体技术应用的行业专家及本校计算机应用专业的骨干教师一起，通过对中职数字媒体技术应用专业学生的工作岗位进行了分析，根据完成岗位任务所需知识、技能重组课程内容，选取工作中的典型案例作为教学项目，按照学生的认知规律，由简单到复杂，从简单的色彩搭配、图形工具的使用到图层、通道、模糊、滤镜、插件的应用等进行学习。最终培养学生具备胜任广播影视节目制作和建筑巡游动画方向工作岗位相关能力。

六、教学内容与课时分配

模块	任务	知识与技能		重难点	学时
认识 Photo Shop	认识 Photoshop 界面	知识	学习优秀的设计作品；了解 Photoshop 的界面组成	优秀设计作品鉴赏；Photoshop 的基本操作	2
		技能	会 Photoshop 界面的基本操作		
图像合成	1. 服饰招贴设计——选区运用	知识	掌握创建选区和编辑选区；掌握移动工具、裁剪工具的应用技巧	灵活创建选区和编辑选区；学会使用移动工具对某些特定的图像部分进行移动、组合	4
		技能	会创建和编辑选区；会移动工具和裁剪工具的应用技巧；能完成简单的图像合成并能根据所给要求，对图像进行一定的处理		

模块	任　务	知识与技能		重难点	学时
图像合成	2.电脑桌面设计——不规则选区运用	知识	掌握创建不规则选区的多种途径	学会利用选区工具对图像进行区域选择	2
		技能	会磁性套索工具的使用；能使用"色彩范围"创建选区		
	3.平面广告——魔术棒、魔术橡皮擦等工具的使用	知识	掌握创建近似选区的方法	选区范围"容差值"的选择；选区的"变换"	2
		技能	会使用"魔术棒、魔术橡皮擦"等工具创建选区		
图层、蒙版与通道	1.创意杯子——图层基本操作	知识	掌握图层的基本概念和常用图层术语；通过图层的移动、组合及排序实现图像的合成处理	图层的基本操作；通过图层的移动、组合和排序来实现图像的合成处理	2
		技能	会使用图层面板，对图像文件中的图层进行增删、合并、排列；会填充图层和调整图层		
	2.水晶字——图层样式	知识	了解图层样式、图层混合模式等概念，并且灵活运用图层样式	通过各种图层样式灵活运用，达到所需效果	2
		技能	会运用图层混合模式、图层样式等		
	3.美人与美景——蒙版与通道	知识	熟练掌握图层的组合操作；熟练使用图层蒙板；了解通道的种类和作用；掌握蒙板通道的应用技巧；掌握快速蒙板工具的使用	用通道、蒙板、选择区制作水晶字等特效字、人与景的图像合成等	4
		技能	会进行图层的组合处理；会应用通道、蒙板、选择区；会使用快速蒙板工具		
图像调整	1.贺卡设计——画笔工具、形状工具	知识	掌握画笔工具的应用技巧	各种修图工具的灵活掌握；画笔工具的应用技巧，以及笔型直径、硬度、球度和角度的设置方法	4
		技能	能灵活使用画笔工具；能对画笔的软硬度进行合适的设置		
	2.美化图像——修图工具	知识	掌握一系列修图工具的应用技巧，比如加深减淡工具、污点修复画笔工具、修补工具、仿制图章工具、模糊工具、锐化工具、涂抹工具	画笔笔刷的载入、修改和自创笔刷	4
		技能	能使用各种修图工具，对所给的素材图片进行合理的修补		

续表

模块	任务		知识与技能	重难点	学时
图像调整	3. 老照片翻新——图片上色	知识	了解色彩模式； 掌握色彩与色调调整； 掌握亮度对比度、色阶、色相饱和度、曲线等的操作； 掌握整体色彩的快速调整方法	利用色阶命令、曲线命令、色彩平衡命令、色相/饱和度命令等对图像进行精细调整	4
		技能	能熟练使用选区与填色； 能根据不同的要求运用校色、调色命令对图像进行校色		
特效制作	1. 艺术字体设计	知识	掌握利用图层样式制作浮雕字体的方法	艺术效果滤镜组； 使用滤镜及图层样式产生浮雕装饰等效果	2
		技能	能运用图层样式中的各种命令对字体进行艺术处理		
	2. 七彩花壁纸	知识	掌握艺术效果类滤镜中各种滤镜效果的处理； 掌握模糊类滤镜中各种滤镜效果的处理； 掌握外挂滤镜的下载及安装	渲染滤镜组、风格化滤镜组、抽出滤镜； 如何用滤镜中的纹理滤镜命令制作出裂纹效果、颗粒效果、马赛克瓷砖效果、纹理构成效果等应用技巧	2
		技能	能运用滤镜中的各种柔化效果与图像选择区进行配合处理，制作出辐射柔化效果和动态柔化效果		
	3. 冰块特效	知识	掌握笔触效果类滤镜的使用； 掌握扭曲类滤镜的使用； 掌握渲染滤镜、纹理滤镜及其他各类滤镜的使用	扭曲滤镜组、模糊滤镜组、消失点滤镜； 其他各类滤镜的使用效果	2
		技能	能运用滤镜中的各种扭曲命令，掌握如何对图像或选择区域作扭曲变形处理，制作出逼真的冰块等不同效果的作品		
矢量插图	1. 电子贺卡	知识	掌握有关路径的基本概念及钢笔工具的使用	使用钢笔工具绘制路径	2
		技能	会进行路径与选区的转换		
	2. 海报制作	知识	掌握形状工具组的使用； 掌握实现路径与选区的转换	根据需要进行路径与选择区域间的转换	4
		技能	能绘制各种不同的路径及对路径进行调整修改		

模块	任务		知识与技能	重难点	学时
矢量插图	3. 商业插画	知识	灵活使用路径进行描边,填充颜色和图案	使用路径进行描边、填充等处理	4
		技能	会运用各种不同的路径进行描边、填充颜色和图案等效果处理		
综合应用之平面广告制作	1. 商业海报	知识	理清商业类设计思路; 合理整合素材与文本	撰写广告文案; 设计创意	2
		技能	能运用路径工具、形状工具、选区工具等绘制需要的图形; 能运用画笔工具表现背景图形		
	2. 文娱类海报	知识	灵活运用图层样式,实现特效字体; 灵活使用路径进行描边; 掌握实现路径与选区的转换; 灵活运用图像调整,制作剪影	文娱类海报的构思创意; 文娱类海报的版式设计	2
		技能	能运用图层样式制作特效; 能运用钢笔工具勾绘所需的素材内容; 能使用"阈值"等处理图像剪影效果		
	3. 公益海报	知识	分析设计思路; 掌握路径工具及转换为选区、编辑选区	公益海报的构思创意; 公益海报的版式设计	2
		技能	能运用钢笔工具勾绘所需的素材内容		
综合应用之封面设计	1. 书籍封面设计	知识	掌握图层与蒙版的使用; 掌握各种选区工具和自由变换工具的使用	书籍封面的整体风格	4
		技能	能灵活运用蒙版、文字工具; 能灵活运用曲线命令; 能灵活运用变换工具		
	2. 自荐书设计	知识	掌握书籍封面整体设计规则; 掌握立体字特效制作	构思创意; 立体字特效	4
		技能	能整体设计封面、书脊和封底		
综合应用之网页制作	1. GIF 动画	知识	掌握 GIF 动画的定义; 利用图层实现动画效果	如何让对象"动"起来	4
		技能	能利用参考线、标尺等辅助工具准确定位需"动"的部分; 能准确定位动画图层; 会保存 GIF 动画格式		

续表

模块	任务	知识与技能		重难点	学时
综合应用之网页制作	2.活动类网站首页	知识	了解网站首页设计的基本原理； 掌握运用各种填充方式及素材整合的方法； 掌握合理分割网页版面的方法； 正确存储及发布网页格式	网页版式设计； 网页版面分割； 网页格式发布	4
		技能	会运用各种不同的路径进行描边、填充颜色或图案等效果处理； 能灵活使用画笔工具,对画笔的软硬度进行合适的设置； 能运用切片工具合理分割版面； 会发布网页格式(.html)		
	3.展示类网站首页	知识	学会导航条设计； 学会合理整合素材； 学会合理分割网页版面； 学会正确存储及发布网页格式	网页版式设计； 网页版面分割	4
		技能	能运用切片工具合理分割版面； 会发布网页格式(.html)		

七、教学实施

(一)师资要求

1.专任教师

从事本课程教学的专任教师应具备以下相关知识、技能和资质：

(1)具有高中或中职教师资格证书；

(2)获得国家图形图像处理(四级)以上或同等地位的职业资格证书。

2.兼职教师

从事本课程教学的兼职教师应具备以相关知识、技能和资质：

(1)具有3年以上相关行业工作经历,曾参与广播影视或建筑动画商业作品的制作；

(2)具有3年以上相关行业工作经历,具有丰富的图形图像处理技巧,获得从事数字媒体相关工作的职业资格证书。

本课程的教师资源由专任教师和兼职教师共同组成,其中30%以上的课程教学由兼职教师完成。

（二）教学环境要求

（1）配置有投影仪的多媒体教室。

（2）配置有投影仪或极域电子教室软件的多媒体机房，达到一人一机的实训条件。

（三）学习资源

1.教材

本课程选用由陈泓吉主编的重庆大学出版社出版的《图形图像处理教程——视觉艺术与 Photoshop 技术》。

2.参考教材

《韩国风：Photoshop 创意设计》，赵柄哲，中国青年出版社。

《Photoshop CS5 从新手到高手》，龙马工作室，人民邮电出版社。

3.网络资源

可以参考由重庆大学出版社网站（http://www.cqup.com.n）提供的相关课件、教学设计及教学素材。

学习网站 http://www.68ps.com。

（四）教学方法

本课程主要采用项目教学法，综合运用讲授法、练习法、案例教学、小组讨论、任务驱动、项目实训等方法。

（五）课程评价

1.评价内容

模　块	任　务	评价内容
认识 Photoshop	认识 Photoshop 界面	了解 Photoshop 的界面组成； 会使用 Photoshop 界面的基本操作
图像合成	1. 服饰招贴设计——选区运用	会创建和编辑选区； 会移动工具和裁剪工具的应用技巧； 30 分钟能完成简单的图像合成，能根据所给要求，对图像进行一定的处理； 120 分钟能完成选区综合案例——服饰招贴设计
	2. 电脑桌面设计——不规则选区运用	掌握创建磁性套索工具等不规则选区的多种途径； 能使用"色彩范围"创建选区； 90 分钟能完成选区综合案例——电脑桌面设计
	3. 平面广告——魔术棒、魔术橡皮擦等工具的使用	会创建近似选区的方法； 会使用"魔术棒、魔术橡皮擦"等工具创建选区； 120 分钟能完成平面广告综合案例

续表

项　目	任　务	评价内容
图层、蒙版与通道	1. 创意杯子——图层基本操作	会使用图层面板,对图像文件中的图层进行增删、合并、排列; 会填充图层和调整图层; 90 分钟能完成图层简单案例——创意杯子
	2. 海报制作——图层样式、图层蒙版与通道	了解图层样式、图层混合模式等概念,并且灵活运用图层样式; 完成图层样式案例——特效字; 熟练使用图层蒙板; 掌握蒙板通道的应用技巧,会应用通道、蒙板、选择区; 掌握快速蒙板工具的使用; 150 分钟能完成综合案例——海报制作
图像调整	1. 贺卡设计——画笔工具、形状工具	能灵活使用画笔工具; 能对画笔的软硬度进行合适的设置; 120 分钟能完成综合案例——贺卡设计
	2. 美化图像——修图工具	掌握一系列修图工具的应用技巧,比如加深减淡工具、污点修复画笔工具、修补工具、仿制图章工具、模糊工具、锐化工具、涂抹工具的应用; 能使用各种修图工具,对所给的素材图片进行合理的修补; 150 分钟能完成综合案例——美化图像
	3. 老照片翻新——图片上色	了解色彩模式; 掌握亮度对比度、色阶、色相饱和度、曲线等的操作; 掌握整体色彩的快速调整的方法
		能熟练使用选区与填色; 能根据不同的要求运用校色、调色命令对图像进行校色; 150 分钟能完成综合案例——老照片翻新
特效制作	1. 艺术字体设计	掌握利用图层样式制作浮雕字体的方法; 能运用图层样式中的各种命令对字体进行艺术处理; 120 分钟能完成综合案例——艺术字体设计
	2. 七彩花壁纸	掌握艺术效果类等滤镜中各种效果的处理; 能运用滤镜中的各种柔化效果与图像选择区进行配合处理,制作出辐射柔化效果和动态柔化效果; 150 分钟能完成综合案例——七彩花壁纸
	3. 冰块特效	掌握渲染滤镜、纹理滤镜及其他各类滤镜的使用; 能运用滤镜中的各种扭曲命令,掌握如何对图像或选择区域作扭曲变形处理,制作出逼真的冰块等不同效果的作品; 150 分钟能完成综合案例——冰块特效

项　目	任　务	评价内容
矢量插图	1.电子贺卡	掌握有关路径的基本概念及钢笔工具的使用； 会进行路径与选区的转换； 120分钟能完成综合案例——电子贺卡
	2.海报制作	掌握形状工具组的使用； 掌握实现路径与选区的转换； 能绘制各种不同的路径及对路径进行调整修改； 120分钟能完成综合案例——海报制作
	3.商业插画	灵活使用路径进行描边、填充颜色或图案； 会运用各种不同的路径进行描边、填充颜色或图案等效果处理； 150分钟能完成综合案例——商业插画
综合应用之平面广告制作	1.商业海报	理清商业类设计思路； 合理整合素材与文本； 能运用路径工具、形状工具、选区工具等绘制需要的图形； 能运用画笔工具表现背景图形； 150分钟能完成综合案例——商业海报
	2.文娱类海报	灵活运用图层样式,实现特效字体； 灵活使用路径进行描边； 掌握实现路径与选区的转换； 灵活运用图像调整,制作剪影； 150分钟能完成综合案例——文娱类海报
	3.公益海报	分析设计思路； 掌握路径工具及转换为选区、编辑选区 能运用钢笔工具勾绘所需的素材内容； 150分钟能完成综合案例——公益海报
综合应用之封面设计	1.书籍封面设计	能灵活运用蒙版、文字工具； 能灵活运用曲线命令； 能灵活运用变换工具； 150分钟能完成综合案例——书籍封面设计
	2.自荐书设计	掌握书籍封面整体设计规则； 掌握立体字特效制作； 能整体设计封面、书脊和封底； 150分钟能完成综合案例——自荐书设计

续表

项　目	任　务	评价内容
综合应用之 网页制作	1. GIF 动画	掌握 GIF 动画的定义； 能准确定位动画图,利用图层实现动画效果； 能利用参考线、标尺等辅助工具准确定位需"动"的部分； 会保存 GIF 动画格式； 150 分钟能完成综合案例——GIF 动画
	2. 活动类网站首页	会运用各种不同的路径进行描边、填充颜色或图案等效果处理； 能灵活使用画笔工具,对画笔的软硬度进行合适的设置； 能运用切片工具合理地分割版面； 会发布网页格式(. html)； 150 分钟能完成综合案例——活动类网站首页
	3. 展示类网站首页	导航条设计； 合理整合素材； 能运用切片工具合理地分割版面； 会发布网页格式(. html)； 150 分钟能完成综合案例——展示类网站首页

2. 评价方式

采用理论和实作相结合的形式对学生进行考核,进行学生作品评价,并且参加人力资源和社会保障部计算机信息高新技术考试《图形图像处理》(中级操作员级)的认证考试。

整个学科成绩由 3 部分构成,半期成绩占 30%,期末成绩占 40%,平时成绩占 30%。平时成绩考核由上课纪律、作业完成情况、参与小组讨论情况、学生自我评价和学生互评等构成。

三维动画制作基础课程标准

一、课程基本情况

课程代码	09020007	课程类别	专业方向课
计划课时	72	建议开课时间	第 2 学期
先修课程	计算机基础、计算机美术基础、办公软件应用		
后续课程	三维建筑表现		

二、课程标准制订依据

本标准依据《中等职业学校数字媒体技术应用岗位能力标准》和《中等职业学校数字媒体技术应用专业人才培养方案》以及国家办公软件应用职业资格证书（四级）的具体要求制订。

三、课程定位

本课程是 3 年制中职数字媒体技术应用专业学生使用,主要培养本专业学生三维动画的基础建模操作,主要针对的是建筑模型的创建,属于数字媒体专业学生的专业核心课。

四、课程目标

通过本课程的学习,使学生熟练掌握 3ds Max 软件的使用方法与技巧,能用 3ds Max 软件制作影视包装和建筑动画中需要的模型、Logo 等元素。

(一)专业知识

(1)熟悉 3ds Max 软件的界面操作、基本工具的运用、标准基本体及扩展基本体的创建方法;

(2)熟练掌握 3ds Max 中的移动、旋转、缩放等工具;一些快捷有效的操作方式:捕捉工具、对齐工具、阵列工具;

(3)熟练掌握条线的点、线、样条层级的修改运用,能够运用样条线制作铁艺模型;

(4)掌握用二维图形及修改器制作三维模型的方法,重点学习用挤出、车削、倒角修改器制作墙体的方法;

(5)可编辑多边形的点、线、圈线、面的修改及运用,利用可编辑多边形制作较复杂的模型,以及给模型布线;

(6)三维模型修改器的运用,运用弯曲、扭曲、锥化的修改器给模型增加造型;

(7)复合建模的运用,放样复合建模制作造型较难的模型;

(8)插件的安装和运用,树木插件的安装和运用,理解动力学建模的方法。

(二)专业技能

(1)能够制作家具类的各种模型;

(2)能够看懂 CAD 视图,简化视图,制作墙体模型;

(3)能够制作造型复杂的铁艺模型;

（4）能够利用 3ds Max 软件制作影视包装需要的模型；

（5）能够利用可编辑多边形制作较复杂的模型；

（6）知道现代家具与欧式家具的区别，制作造型各异且优美的家具模型，并设置摄像机；

（7）能够制作室外的房屋模，并制作周围的绿色植物场景。

（三）职业素质

（1）培养学生精益求精的工作态度、严谨的工作作风、吃苦耐劳和团结协作的精神。

（2）培养三维模型制作从业人员的良好职业态度，按时完成制作项目，对自己的作品能够精益求精。

五、课程设计思路

本课程是在进行广泛行业调研的基础上，由数字媒体技术应用的行业专家及本校计算机应用专业的骨干教师一起，对中职数字媒体技术应用专业学生的工作岗位进行了分析。根据完成岗位任务所需知识和技能重组课程内容，选取工作中的典型案例作为教学项目。根据学生的认知规律，由简单到复杂，由标准基本体的运用、样条线的运用、修改器的运用、复合建模的运用及复杂的家具模型的创建等模块构成。本课程以任务为驱动、行动为导向，按理论与实践相结合的方法进行教学实施，最终培养学生所要从事的工作岗位需要的相关能力。

六、教学内容与课时分配

模块	任 务		知识与技能	重难点	学时
建模基础	1. 认识 3ds Max 软件	知识	了解 3ds Max 软件的发展简史及运用领域； 认识 3D 模型及熟悉软件的界面布局； 学会在 3ds Max 中新建文件的操作； 掌握 3ds Max 软件中文件的新建打开及保存文件的方式； 掌握改变视图布局的不同方法； 识记视图转换的常用快捷键	看懂模型在不同视图中构成的面	6
		技能	能够看懂 3ds Max 软件的视图布局； 有一定的立体思维，看懂正交视图和非正交视图； 知道 3ds Max 软件能打开的文件格式		

模块	任务	知识与技能		重难点	学时
建模基础	2.标准几何体的创建及场景管理	知识	理解参数化物体的概念； 掌握标准基本体的创建及修改方法； 理解在 3ds Max 中场景的概念； 掌握场景的管理方法； 熟练掌握物体的移动、旋转、缩放操作； 理解物体的不同显示方式； 能看懂模型在不同视图中显示出的不同形状； 识记相关操作中的快捷键	灵活使用常用工具	2
		技能	能够运用标准基本体制作简单常用的模型		
	3.样条线的运用	知识	掌握样条线的共同属性； 学会样条线中点、线、条层级的编辑； 学会将".jpeg"格式的图片导入到 3ds Max 中； 灵活运用样条线创建模型的方法； 识记在软件中常用到的英文单词	制作光滑造型美观的样条模型	10
		技能	能够制作造型独特美观的铁艺模型		
建模	1.二维物体转化为三维模型	知识	理解二维图形转化为三维模型的方法； 熟练掌握车削、挤出修改器的运用； 学会运用挤出修改器制作墙体； 学会将 CAD 图纸简化及导入到 3D 软件中； 熟练掌握轮廓倒角修改器的运用	看懂并能简化 CAD 图纸，配合挤出修改器制作墙体	6
		技能	能够通过修改器的运用将二维图形转化为三维模型		
	2.三维修改器的运用	知识	熟练掌握弯曲、锥化、扭曲修改器的运用方法； 掌握一些较常见的修改器； 理解三维变形修改器的原理	弯曲、锥化、扭曲修改器的运用	10
		技能	能够运用三维模型修改器制作造型独特美观的模型		

续表

模块	任务	知识与技能		重难点	学时
建模	3.复合建模的运用	知识	理解放样建模的原理； 掌握放样建模的方法； 掌握放样后的三维模型的修改方法； 掌握散布复合建模的方法； 掌握图形合并复合建模的方法； 理解复合建模的相关概念	放样复合建模方法的灵活运用	8
		技能	一些复杂的模型可以通过复合建模的方法得到		
	4.多边形建模的运用	知识	理解可编辑多边形的概念； 掌握多边形建模中点、线、圈线和面的各项参数的设置和编辑方法； 理解软选择和体素的相关原理； 掌握多边形的布线原理； 能灵活运用多边形进行建模操作	可编辑多边形的点、线、圈线及面层级的修改和运用	10
		技能	利用可编辑多边形的特点制作造型复杂、面数较多的三维模型		
	5.家具类模型的创建	知识	掌握多边形编辑中面层级的编辑； 掌握阵列工具的使用； 理解轴心点的运用； 掌握多边形编辑中的点、圈线层级的编辑； 理解并区别欧式和现代家具的特点	制作家具模型时一些常用的操作方法	8
		技能	能够根据照片图形制作家具模型		
室内外建筑模型的创建	1.室内外建筑模型创建	知识	了解现代家具的特点； 了解色彩和家装的关系,掌握色彩的基础知识； 熟练掌握 CAD 图纸的简化方法； 掌握运用 CAD 图纸制作墙体方法； 理解比例得当的问题； 学会 3ds Max 中摄像机的创建； 掌握室外建模中门、窗、阳台等的创建方法	软件中摄像机的使用	6
		技能	能够根据建筑图纸制作室外模型,能根据图纸制作室内的家具模型并正确摆放		

模块	任 务	知识与技能		重难点	学时
室内外建筑模型的创建	2.建模插件的运用	知识	学会树插件(Tree Storm)的安装和运用; 了解其他树木插件; 掌握蔓藤生长插件(Guruware Ivy); 掌握其他 3ds Max 常用的插件的安装方法; 了解动力学建模的方法	3ds Max 插件的安装方法; 动力学建模方法的理解	6
		技能	会安装插件,能根据制作需要选择运用插件		

七、教学实施

(一)师资要求

1.专任教师

从事本课程教学的专任教师应具备以下相关知识、技能和资质:

(1)具有高中或中职教师资格证书;

(2)获得国家计算机操作员(四级)以上或同等地位的职业资格证书。

2.兼职教师

从事本课程教学的兼职教师应具备以下相关知识、技能和资质:

(1)具有 3 年以上相关行业工作经历,曾参与广播影视或建筑动画商业作品的制作;

(2)具有 3 年以上相关行业工作经验,有一定的艺术设计修养,熟悉 3ds Max、Auto-CAD、SketchUp 等软件,能解决建模时遇到的问题。有建筑模型创建的技能技巧,具备从事数字媒体技术教学的资格证书;

本课程的教师资源由专任教师和兼职教师共同组成,其中 70% 的课程教学由专任教师完成,30% 的课程教学由兼职教师完成。

(二)教学环境要求

(1)配置有投影仪的多媒体教室。

(2)配置有投影仪或极域电子教室软件的多媒体机房,达到一人一机的实训条件。

（三）学习资源

1. 教材

本课程选用由张妍霞主编的机械工业出版社出版的《3ds Max 职业应用实训教程》教材。

2. 参考教材

《基础模型的创建》，王玉梅，人民邮电出版社。

3. 网络资源

火星时代（http://www.hxsd.com）。

（四）教学方法

本课程主要采用项目教学法，综合运用讲授法、练习法、案例教学、小组讨论、任务驱动、项目实训等方法。具体来讲，三维建模的运用主要采用讲授法、任务驱动、案例教学、小组讨论和项目实训的方法。

（五）课程评价

1. 评价内容

模　块	任　务	评价内容
基本三维模型的创建	1. 掌握软件的基本操作	认识并掌握软件的界面构成，看懂不同视图； 会打开、保存、新建工程文件； 能够灵活掌握视图之间的转换
	2. 标准基本体创建三维模型	20 分钟利用标准基本体制作课桌； 30 分钟利用标准基本体制作台式电脑； 60 分钟利用标准基本体制作客厅中的简易家具，比如茶几、板凳、饭桌等
	3. 学会软件中场景的管理	知道场景的概念及 3ds Max 软件中的哪些元素构成场景； 会对模型进行孤立、冻结、锁定操作； 能熟练操作移动、旋转、缩放工具； 会将多个三维物体成组、解组
样条的创建及与二维修改器的灵活运用	1. 样条线的创建	知道样条线的属性并能对样条线的 3 个层级进行修改； 20 分钟利用样条线制作复杂铁艺模型； 30 分钟内能够根据照片勾画出三维模型的线条
	2. 样条与二维修改器的结合运用	能够看懂并简化 CAD 图纸； 能用样条线与挤出修改器制作房屋的墙体及屋顶装饰； 能运用车削修改器制作瓶装物体； 能够利用轮廓倒角修改器制作模型及 Logo 标志

项 目	任 务	评价内容
高级建模方法的运用	1.三维修改器的灵活运用	30分钟用弯曲修改器制作楼梯旋转模型; 20分钟用锥化修改器制作凉亭; 30分钟用扭曲修改器制作花瓶
	2.复合建模的运用	放样复合建模的概念及参数修改; 能够在30分钟内用复合建模创建罗马柱; 理解并能运用图形合并与散布复合建模
	3.多边形建模的运用	理解多边形建模的原理; 会给复杂模型进行布线操作
室内与室外模型的创建	1.室内模型的创建	180分钟内能够根据CAD图纸制作室内客厅效果图的模型并摆放摄像机
	2.室外模型的创建	240分钟内制作室外房屋群体模型图并制作周围环境效果,例如树、水池、道路等
建模插件的运用	树木插件的运用	知道软件中插件的安装位置; 会安装树木插件并能运用

2.评价方式

平时成绩(50%)+半期成绩(20%)+期末成绩(30%)=总成绩(100%)

平时:考勤+课堂+作业。

半期:以技能考试为主,成绩由学生互评、教师评价两部分组成,各占总技能成绩的20%、80%。

期末:技能(技能以作品的形式呈现,成绩由学生互评、教师评价、行业专家评价三部分组成,各占总技能成绩的20%、40%、40%)。

二维动画制作基础(Flash)课程标准

一、课程基本情况

课程代码	09020008	课程类别	专业核心课
计划课时	72	建议开课时间	第2学期
先修课程	图形图像处理	后续课程	三维建筑表现

二、课程标准制订依据

本标准依据《中等职业学校数字媒体技术应用岗位能力标准》和《中等职业学校数字媒体技术应用专业人才培养方案》的具体要求制订。

三、课程定位

本课程是 3 年制中职数字媒体技术应用专业学生使用,主要培养本专业学生前期的绘画基础和后期的制作动画技术,属于专业课中的核心课。

四、课程目标

通过本课程的学习,能够熟练掌握 Flash 软件的线条、铅笔、钢笔、椭圆、颜料桶、颜色面板等填充工具和绘图工具的使用,从而可以在今后的二维动画公司中成为角色设计师、场景设计师,可以独立创造动画人物形象和场景。能够熟练掌握逐帧动画、运动补间动画、形状补间动画、遮罩层动画、引导层动画、脚本编程交互动画,从而可以在网页、动画、广告公司制作动画片、各种小游戏、电子演示课件 、MTV、广告、网页等,从而成为一名专业技术很强的动画制作人员。能够应用其他多媒体工具软件与 Flash 相结合,创作出中大型动画作品。能够成为一名初级动画设计师或是制作人员。

(一) 专业知识

(1)掌握线条、铅笔、钢笔、矩形、椭圆、多角星形、文本等绘制工具的使用;

(2)掌握墨水瓶、颜料桶、颜色面板、渐变变形等填充工具的使用;且能对图形对象进行变形、排列;

(3)掌握图形元件、按钮元件、影片剪辑元件的概念、优点、创建方法、编辑技巧;

(4)掌握图层命名、删除、调整顺序、分类;

(5)掌握时间轴、关键帧、空白关键帧、普通帧以及帧的复制、粘贴、删除、移动等操作;

(6)掌握逐帧动画、运动补间动画、形状补间动画、遮罩层动画、引导层动画的创建方法、属性设置;

(7)掌握脚本交互动画、特效动画的制作方法。

(二) 专业技能

(1)能够熟练使用绘制工具、填充工具、编辑图形的知识,从而可以画各种物体和动植物图;

（2）可以根据主题画出背景图和各种场景图；

（3）能够熟练运用各种基础动画、脚本交互动画，制作广告、片头、MTV、电子演示课件、小游戏、小型动画故事篇及网页动画。

（三）职业素质

（1）学会沟通和协调人际关系；

（2）具有集体意识和团队合作精神；

（3）具有行业规范意识和时间观念；

（4）能独立学习，具有获取信息的能力；

（5）初步具备前期绘制动画设计和后期制作动画的能力。

五、课程设计思路

本课程是在进行广泛行业调研的基础上，由数字媒体技术应用的行业专家及本校计算机应用专业的骨干教师一起，对中职数字媒体技术应用专业学生的工作岗位进行了分析。根据完成岗位任务所需知识和技能重组课程内容，选取工作中的典型案例作为教学项目。根据学生的认知规律，由简单到复杂，从前期的绘画基础到后期的制作动画，由8个模块构成，共有25个学习任务。本课程以任务为驱动、行动为导向，按理论与实践相结合的方法进行教学实施，最终培养学生所要从事的工作岗位需要的相关能力。

六、教学内容与课时分配

模块	任 务		知识与技能	重难点	学时
动画基础	1.了解教学规范	知识	学习上机规则；了解本学期 Flash 的教学内容	了解本学期 Flash 的教学内容	2
		技能	通过小组的协作讨论，提高学生的表达能力		
	2.了解教学指导	知识	了解 Flash cs4 软件，掌握 Flash 的功能；了解基本动画和简单的交互动画；明白学习这门动画课程的目标	了解 Flash cs4 软件及它的优点和功能；小组讨论4部欣赏的动画作品，协作完成教学任务	2
		技能	能在欣赏4部动画的过程中，辨别用到了哪些动画技术；区分基本动画和简单的交互动画		

续表

模块	任务		知识与技能	重难点	学时
动画基础	3. 掌握 Flash 概述	知识	认识 Flash 操作界面； 掌握动画制作流程； 掌握逐帧动画制作方法	动画制作流程； 逐帧动画制作方法； 逐帧动画制作实例	2
		技能	Flash 软件基本操作； 会简单地制作逐帧动画实例		
	4. 掌握 Flash 格式	知识	掌握位图和矢量图各自的特点； 了解 Flash 导出各种动画格式的特点； 了解 Flash 的播放器	导入动画中不同格式的位图和矢量图； 导出不同格式动画的区别； Flash 播放器	2
		技能	能够将位图转换成矢量图； 能够将不同格式的位图和矢量图导入到 Flash 中； 能导出各种不同格式的动画		
绘图工具	1. 绘制工具	知识	掌握线条、铅笔、钢笔工具的使用； 掌握矩形、椭圆、多角星形工具的使用； 掌握刷子、文本工具的使用	掌握各种绘制工具的使用； 用绘制工具画小熊猫和七星瓢虫	4
		技能	能用绘制工具画"米"字、小房屋、信封、小熊猫、七星瓢虫、QQ 登入框等		
	2. 填充工具	知识	掌握墨水瓶、颜料桶、滴管工具的使用； 掌握颜色面板、渐变变形工具的使用； 掌握滴管、橡皮擦、查看工具的使用	掌握各种填充工具的使用； 用填充工具画放射小球和线性字体	2
		技能	能用填充工具画长方形、放射小球、线性字体		
	3. 编辑图形	知识	掌握各种工具选择图形对象； 对图形对象进行变形、排列； 掌握线条、填充处理技巧	用选择工具调整颜料盘； 用变形面板和任意变形工具翻转"福"字与合成爱心； 用对齐面板对齐方块	2
		技能	能用选择工具调整颜料盘； 能用变形面板和任意变形工具翻转"福"字与合成爱心； 用对齐面板对齐方块		
	4. 掌握综合练习	知识	综合运用绘制工具和填充工具画图形、编辑图形	月亮夜景图、戒烟标记、花朵的制作	2
		技能	能用绘制工具、填充工具画月亮夜景图、戒烟标记、花朵的制作		

模块	任务	知识与技能		重难点	学时
元件与库	1. 制作元件	知识	元件的概念及优点； 元件的种类和创建方法； 元件的编辑	3 种元件的创建和区别； 按钮嵌套图形元件	2
		技能	会创建 3 种元件,会用按钮嵌套图形元件		
	2. 实例和库	知识	实例的创建和属性设置； 库资源的使用	实例的属性设置、影片剪辑 嵌套按钮、图形元件的练习	2
		技能	会使用影片剪辑嵌套按钮、图形元件		
	3. 综合练习	知识	元件、实例和库的知识点	创建 3 种元件； 隐形按钮与数字按钮的创建	2
		技能	会创建 3 种元件； 会制作隐形按钮和数字按钮		
层与时间轴	1. 掌握图层管理	知识	了解图层的概述； 掌握图层的命名、删除、调整顺序等操作方法； 掌握图层的分类	图层的基本操作； 图层的分类及遮罩层、引导层的理解	2
		技能	会图层的命名、隐藏等操作； 会做文字、图片等遮罩效果		
	2. 掌握时间轴与帧	知识	认识时间轴； 了解帧的分类及特点； 掌握帧的复制、粘贴、删除、移动等操作方法	普通帧、关键帧、空白关键帧的理解、区别、应用	2
		技能	会帧的复制、移动等基本操作； 会插入关键帧、空白关键帧、普通帧		
	3. 制作综合练习	知识	掌握图层的管理、遮罩层的理解、帧的操作	两个被遮罩对象的制作； "寿"字遮罩和遮罩飞机和雪橇	2
		技能	能够完成"两个被遮罩对象"的制作； "寿字遮罩"和遮罩飞机和雪橇的制作		
基本动画	1. 制作逐帧动画	知识	了解动画的原理； 明白动画的基本类型； 掌握逐帧动画的定义和基本操作	动画的原理、川剧变脸和跳动的字的练习	4
		技能	会制作笔的旋转、川剧变脸、跳动文字的逐帧动画		

续表

模块	任务		知识与技能	重难点	学时
基本动画	2. 制作运动补间动画	知识	掌握运动补间动画的知识； 了解移动动画和旋转动画	运动补间动画的知识； 4 个运动补间动画的练习； 铜钱的旋转与移动、摇摆的芦苇练习	4
		技能	会秒针的旋转、笔的旋转、铜钱的旋转与移动、摇摆的芦苇的练习		
	3. 制作形状补间动画	知识	掌握形状补间动画的概念、创建流程、时间轴面板、属性面板	形状补间动画的知识； 形状补间动画的练习； 图形变化练习、爱心变成圆和音乐会的练习	4
		技能	会三角形变成圆、2 变成 8、图形变化练习； 爱心变成圆和音乐会练习		
	4. 制作遮罩层动画	知识	掌握遮罩层动画概念、创建步骤	遮罩层动画的概念、创建步骤、遮罩层动画的练习； 望远镜、文字逐渐显示练习、圆的遮罩运动练习	4
		技能	会望远镜、文字逐渐显示练习、圆的遮罩运动练习		
	5. 制作引导层动画	知识	掌握引导层动画概念、创建步骤	引导层动画的概念、创建步骤、引导层动画的练习； 老鼠画汽车、4 个小球运动、科技之光的动画练习	4
		技能	会制作老鼠画汽车、4 个小球运动、科技之光的动画		
	6. 制作综合练习	知识	掌握有声动画的知识点、时间轴特效动画	有声动画的认识及动物按钮、特效动画及特效相册、综合动画； 小车运动、蜡烛制作	4
		技能	会动物按钮、特效相册的制作； 会制作基本动画		
交互动画	制作交互动画	知识	掌握 ActionScript 脚本交互动画； 理解常用的脚本编程语句	常用的脚本编程语句、Play 和 Stop 按钮、箭头等的制作	6
		技能	会制作简单的 5 个交互动画		
作品发布	了解作品发布	知识	掌握优化影片的方法； 了解影片的下载性能； 掌握影片的各种发布格式	影片的优化方法、影片的各种发布格式	2
		技能	用"小人跑步.fla"文件，测试影片后查看下载性能，用"中秋之夜.fla"文件发布成各种不同格式的影片		

模块	任务	知识与技能		重难点	学时
综合动画	1.制作欣赏小狗	知识	综合复习前面7个模块的知识点	欣赏小狗综合动画的制作	2
		技能	会制作欣赏小狗综合动画		
	2.制作购物宣传片头	知识	综合复习前面7个模块的知识点	购物宣传片头综合动画的制作	4
		技能	会制作购物宣传片头		
	3.制作宁夏MTV	知识	综合复习前面7个模块的知识点	宁夏MTV综合动画的制作	4
		技能	会制作宁夏MTV的综合动画		

七、教学实施

(一)师资要求

1.专任教师

从事本课程教学的专任教师应具备以下相关知识、技能和资质:

(1)有非常强的Flash动画制作技术,熟悉绘制工具、填充工具、编辑图形的使用;

(2)熟悉基础动画和交互动画的操作技巧,具有丰富的动画制作经验;

(3)能够熟练运用Flash软件制作片头、MTV、电子演示课件、网页动画等,掌握Flash软件的应用技巧;

(4)创作的动画作品具有思想性、科学性、创造性、艺术性、技巧性,思想新颖、构思独特、有一定的技巧,有一定的表现力和改造力。

2.兼职教师

从事本课程教学的兼职教师应具备以下相关知识、技能和资质:

(1)具有3年以上相关行业工作经历,曾参与动画绘制、制作项目商业作品的制作;

(2)具有3年以上相关行业工作经历,具有丰富的Flash动画制作经验,长期参与项目的制作(片头、网页动画、MTV、小游戏、小型动画短片);

本课程的教师资源由专任教师和兼职教师共同组成,其中30%以上的课程教学由兼职教师完成。

(二)教学环境要求

(1)配置有投影仪的多媒体教室。

(2)配置有投影仪或极域电子教室软件的多媒体机房,达到一人一机的实训条件。

(三)学习资源

1.教材

本课程选用由钟勤主编的重庆大学出版社出版的《Flash cs4 动画基础教程》教材。

2．参考教材

《Flash cs3 基础与实例教程》，张小毅为总主编，重庆大学出版社出版。

3．网络资源

可以参考由重庆大学出版社网站（http：//www.cqup.com.n）提供的相关课件、教学设计及教学素材。

（四）教学方法

本课程主要采用项目教学法，综合运用讲授法、练习法、案例教学、小组讨论、任务驱动、项目实训等方法。具体来讲，前期的绘制基础、绘制工具、填充工具部分主要采用讲授法和练习法，后期的基础动画、交互动画主要采用任务驱动、案例教学、小组讨论和项目实训的方法。

（五）课程评价

1．评价内容

模　块	任　务	评价内容
动画基础	1．教学指导	了解 Flash cs4 软件的知识点； 在欣赏 4 部动画的过程中，明白该动画软件的运用领域； 了解基础动画和交互动画的区别； 明确本学期需掌握的知识技能目标
	2．Flash 概述	掌握 Flash 的动画制作流程、逐帧动画的制作方法； 45 分钟制作"打字文字""秒针旋转"逐帧动画
	3．Flash 格式	理解位图和矢量图各自的特点； 掌握 Flash 导出各种动画格式的特点； 会使用 Flash Plyer 播放器
绘图工具	1．绘制工具	掌握线条、铅笔、钢笔、巨蟹、椭圆、多角星形、刷子、文本工具的使用； 135 分钟绘制"米字"、小房屋、一把小红伞、一封信封、小熊猫、七星瓢虫、静态文本、QQ 登入框
	2．填充工具	掌握墨水瓶、颜料桶、颜色面板、渐变变形工具、橡皮擦、滴管工具的使用； 90 分钟绘制长方形、放射小球、线性字体
	3．编辑图形	掌握各种工具选择图形对象，对图形对象进行变形、排列； 90 分钟制作翻转"福"字、合成爱心、对齐方块
	4．综合练习	90 分钟制作月亮夜景图、戒烟标记、花朵

续表

模　块	任　务	评价内容
元件与库	1. 元件	掌握元件的种类、创建方法、元件的编辑； 45 分钟创建 3 种元件,会用按钮嵌套图形元件
	2. 实例和库	掌握实例的创建和属性设置； 45 分钟制作影片剪辑嵌套按钮、图形元件
	3. 综合练习	90 分钟创建 3 种元件、制作隐形按钮和数字按钮
层与时间轴	1. 图层管理	会图层的命名、隐藏等操作； 会做文字、图片等遮罩效果
	2. 时间轴与帧	会帧的复制、移动、删除等基本操作； 会插入关键帧、空白关键帧、普通帧
	3. 综合练习	135 分钟完成"两个被遮罩对象""寿字遮罩"和"遮罩飞机和雪橇"
基本动画	1. 逐帧动画	135 分钟制作"笔的旋转、川剧变脸、跳动的字"动画
	2. 运动补间动画	135 分钟制作"秒针的旋转、笔的旋转、铜钱的旋转与移动、摇摆的芦苇"动画
	3. 形状补间动画	135 分钟制作"三角形变成圆、2 变成 8、图形变化、爱心变成圆、音乐会"动画
	4. 遮罩层动画	135 分钟制作"望远镜、文字逐渐显示、圆的遮罩运动"动画
	5. 引导层动画	135 分钟制作"老鼠画汽车、4 个小球运动、科技之光"动画
	6. 综合练习	180 分钟制作"动物按钮、特效动画、特效相册、小车运动、蜡烛制作"动画
交互动画	交互动画	270 分钟制作"Play 和 Stop 按钮、箭头"等 5 个动画
作品发布	作品发布	掌握优化影片的方法、影片的各种发布格式； 45 分钟用"小人跑步.fla"文件测试影片后,查看下载性能； 用"中秋之夜.fla"文件,发布成各种不同格式的影片
综合动画	1. 欣赏小狗	135 分钟制作欣赏小狗综合动画
	2. 购物片头	135 分钟制作购物片头动画
	3. 宁夏 MTV	135 分钟制作宁夏 MTV 动画

2. 评价方式

采用实作的形式对学生进行考核,按样式完成作品和创意版面设计。整个学科成绩由 3 部分构成。半期成绩占 20%,期末成绩占 60%,平时成绩占 20%,平时成绩考核由上课纪律、作业完成情况、小组讨论情况、学生自我评价和学生互评等构成。

建筑 CAD 识图与处理课程标准

一、课程基本情况

课程代码	09020009	课程类别	专业技能课
计划课时	432	建议开课时间	第 3 学期
先修课程	图形图像处理	后续课程	三维建筑表现

二、课程标准制订依据

本标准依据《中等职业学校数字媒体技术应用岗位能力标准》和《中等职业学校数字媒体技术应用专业人才培养方案》的具体要求制订。

三、课程定位

本课程是 3 年制中职数字媒体技术应用专业学生使用,主要培养本专业学生掌握 CAD 软件的应用,并会用 CAD 绘制基本的建筑图形和制作三维建筑模型。

四、课程目标

通过本课程的学习,让学生掌握 CAD 软件三维建筑模型的应用;能够运用基本绘图命令绘制图形;能够运用编辑命令进行图形的编辑操作;能够熟练运用基本绘图命令和修改命令绘制三维建筑模型和立面图形。

(一) 专业知识

(1)熟悉 CAD 制图的基本绘图命令,如直线、圆、矩形、椭圆、多段线、图块、文字、填充等命令;

(2)熟悉 CAD 制图的基本修改命令,如偏移、复制、镜像、阵列、缩放、圆角等命令;

(3)掌握用多线命令绘制墙体和基本的三维建筑模型建筑图形;

(4)掌握三维建筑模型和立面图的绘制方法。

(二) 专业技能

(1)能够运用基本绘图命令和编辑命令绘制图形;

(2)掌握图块的创建和插入操作、文字样式的创建和文字的书写操作;

(3)图层的创建和设置以及图案填充的操作方法；

(4)掌握基本的尺寸标注技能和图纸的打印输出。

(三)职业素质

(1)学会沟通和协调人际关系；

(2)具有集体意识和团队合作精神；

(3)具有行业规范意识和时间观念；

(4)能独立学习,具有获取信息的能力；

(5)初步具备利用CAD制作三维建筑模型图的能力。

五、课程设计思路

本课程是在进行广泛行业调研的基础上,由数字媒体技术应用的行业专家及本校计算机应用专业的骨干教师一起,对中职数字媒体技术应用专业学生的工作岗位进行了分析,根据完成岗位任务所需知识和技能重组课程内容,选取工作中的典型案例作为教学项目。根据学生的认知规律,从简单的命令讲解到三维建筑模型图的绘制,由6个模块构成,共有18个学习任务。本课程以任务为驱动、行动为导向,按理论与实践相结合的方法进行教学实施,最终培养学生所要从事的工作岗位需要的相关能力。

六、教学内容与课时分配

模块	任务		知识与技能	重难点	学时
卫生间的绘制	1.绘制浴缸	知识	掌握图形界限设置方法；掌握坐标的应用；掌握直线的绘制；掌握偏移和圆角命令的操作方法	图形界限的设置；偏移和圆角命令的应用	4
		技能	能用直线、偏移和圆角命令绘制浴缸		
	2.绘制台面盆	知识	熟练应用直线命令；掌握圆、椭圆、修剪命令的操作方法；掌握对象捕捉功能的应用	对象捕捉的应用；圆、椭圆和修剪命令的操作	4
		技能	能用直线、圆、椭圆和修剪命令绘制台面盆		
	3.绘制马桶	知识	熟练应用椭圆、偏移、修剪命令；掌握矩形、镜像命令的操作方法	垂直镜像和水平镜像的灵活应用	4
		技能	能用所学的命令绘制马桶		

续表

模块	任务		知识与技能	重难点	学时
客厅的绘制	1.绘制电视柜	知识	熟练应用所学命令； 掌握复制、圆弧命令的操作方法	圆弧和复制命令的应用	4
		技能	能用所学的命令绘制电视柜		
	2.绘制沙发	知识	熟练绘制圆弧； 掌握旋转、移动命令的操作方法	正确估计图形尺寸并进行绘制	4
		技能	能用所学的命令绘制沙发		
	3.绘制地毯	知识	掌握阵列、图案填充命令的操作方法	图案填充中的弧岛检测	4
		技能	熟练应用阵列、图案填充命令绘制地毯		
卧室的绘制	1.绘制衣橱	知识	掌握图块的创建和插入； 掌握多段线命令的操作； 提高学生的识图能力	图块的创建和插入	4
		技能	能正确绘制衣橱		
	2.绘制床、床头柜	知识	掌握利用样条曲线和圆弧绘制不规则曲线图形； 掌握 SKETCH 命令徒手绘图	绘制样条曲线	4
		技能	能正确绘制出床、床头柜		
	3.文字的注写	知识	能熟练运用绘图命令和编辑命令； 掌握创建文字样式； 掌握文字的注写	创建文字样式和文字的注写	4
		技能	能创建文字样式和正确书写文字		
建筑平面图的绘制	1.绘制墙线	知识	掌握创建图层和设置； 掌握多线绘制的方法和步骤	图层的创建和设置	4
		技能	能用多线命令绘制墙线		
	2.绘制门窗	知识	掌握图层管理和应用； 掌握图块的创建和插入； 掌握设计中心，了解工具选项板	图块的创建和插入	4
		技能	能快速绘制门窗		
	3.尺寸的标注	知识	快速创建文字样式、文字注写； 掌握建筑图案的填充； 掌握标注样式创建、尺寸标注； 了解尺寸标注的类型	标注样式创建	4
		技能	能正确标注图形的尺寸		

续表

模块	任务	知识与技能		重难点	学时
室内设计图的绘制	1.绘制样板文件	知识	掌握图形样板文件创建和使用的方法； 掌握布局空间的应用； 掌握表格的操作方法	认识样板文件、布局和标准	4
		技能	能正确绘制样板文件		
	2.绘制顶棚图	知识	掌握室内装修设计施工图制作标准； 掌握室内设计图的绘制方法； 具有 CAD 图形绘制的较高技能	认识室内装修设计施工图制作标准	4
		技能	能正确绘制顶棚图		
	3.室内设计图的打印	知识	了解模型空间与图纸空间； 掌握使用布局进行打印	认识模型空间与图纸空间	4
		技能	能打印图纸		
建筑施工图的绘制	1.绘制建筑总平面图	知识	了解房屋建筑的国家标准； 掌握建筑总平面图的表现内容； 理解新建筑物的表现规定； 能熟练绘制 CAD 图	建筑总平面图的表现内容； 新建筑物的表现规定； 建筑总平面图的阅读注意内容	4
		技能	能绘制建筑总平面图		
	2.绘制建筑平面图	知识	掌握建筑平面图的形成和用途； 理解底层平面图的内容和要求	建筑平面图的形成； 底层平面图的内容和要求	4
		技能	能绘制建筑平面图		
	3.绘制立面图	知识	掌握建筑立面图的基本内容； 理解建筑立面图的规格和要求	建筑立面图的基本内容； 建筑立面图的规格和要求	4
		技能	能绘制建筑立面图		

七、教学实施

(一)师资要求

1.专任教师

从事本课程教学的专任教师应具备以下相关知识、技能和资质：

(1)具有高中或中职教师资格证书；

(2)获得国家计算机操作员(四级)以上或同等地位的职业资格证书。

2.兼职教师

从事本课程教学的兼职教师应具备以下相关知识、技能和资质：

(1)具有 3 年以上相关行业工作经历,曾参与三维建筑模型图商业作品的制作；

（2）具有 3 年以上相关行业工作经历，具有丰富的 CAD 三维建筑模型应用技巧，获得从事数字媒体相关工作的职业资格证书。

本课程的教师资源由专任教师和兼职教师共同组成，其中 30% 以上的课程教学由兼职教师完成。

（二）教学环境要求

（1）配置有投影仪的多媒体教室。
（2）配置有投影仪或极域电子教室软件的多媒体机房，达到一人一机的实训条件。

（三）学习资源

1. 教材

本课程选用由叶家敏主编的华东师范大学出版社出版的《Auto CAD 2007——建筑装饰》教材。

2. 参考教材

《AutoCAD2007 绘图基础》，机械工业出版社，华联科技编著。

《AutoCAD2007 建筑制图实战训练》，人民邮电出版社，王海英、詹翔编著。

《AutoCAD 建筑设计案例教程》，中国铁道出版社，沈大林主编。

3. 网络资源

可以参考网站（http://www.shlzwh.com）提供的相关课件、教学设计及教学素材。

（四）教学方法

本课程主要采用项目教学法，综合运用讲授法、练习法、案例教学、小组讨论、任务驱动、项目实训等方法。具体来讲，前面命令部分主要采用讲授法和练习法，后面建筑平面图实例主要采用任务驱动、案例教学、小组讨论和项目实训的方法。

（五）课程评价

1. 评价内容

模　块	任　务	评价内容
卫生间的绘制	1. 绘制浴缸	能熟练绘制直线和圆角； 20 分钟绘制出浴缸； 注意学生作图尺寸的精确度
	2. 绘制台面盆	能熟练绘制圆和椭圆； 能正确应用偏移和修剪命令； 20 分钟绘制出台面盆； 注意学生作图尺寸的精确度
	3. 绘制马桶	能熟练绘制椭圆和矩形； 25 分钟绘制出马桶； 注意学生作图的精确度

项　目	任　务	评价内容
客厅的绘制	1. 绘制电视柜	能熟练绘制圆弧； 30 分钟绘制出电视柜； 注意学生作图的精确度
	2. 绘制沙发	能正确应用旋转和移动命令； 35 分钟绘制出沙发； 注意学生作图的精确度
	3. 绘制地毯	能正确应用复制命令； 25 分钟绘制出地毯； 注意学生作图的精确度
卧室的绘制	1. 绘制衣橱	能熟练绘制多段线； 能正确创建图块和插入图块； 30 分钟绘制出衣橱； 注意学生作图的精确度
	2. 绘制床、床头柜	能正确应用复制命令； 30 分钟绘制出床和床头柜； 注意学生作图的精确度
	3. 文字的注写	能正确书写文字； 30 分钟将文字添加在图形中； 注意学生文字书写的方法和速度
建筑平面图的绘制	1. 绘制墙线	能正确应用多线命令； 30 分钟绘制出房屋平面图； 注意学生作图的精确度
	2. 绘制门窗	能熟练应用圆弧命令； 20 分钟绘制出房屋的门和窗； 注意学生作图的精确度
	3. 尺寸的标注	能正确应用尺寸标注命令； 30 分钟标注出房屋平面图的尺寸； 注意学生是否灵活选择合适的标注
室内设计图的绘制	1. 绘制样板文件	能正确绘制样板文件； 能精确设置样板文件
	2. 绘制顶棚图	能正确绘制凸窗； 能正确绘制灯饰； 注意学生作图的精确度
	3. 室内设计图的打印	掌握室内装修设计施工图制作标准； 能正确打印出图纸

续表

项　目	任　务	评价内容
建筑施工图的绘制	1. 绘制建筑总平面图	正确应用绘图和编辑命令绘制出建筑总平面图； 正确打印出建筑总平面图； 注意学生作图的精确度
	2. 绘制建筑平面图	正确应用绘图和编辑命令绘制出建筑平面图； 正确打印出建筑平面图； 注意学生作图的精确度
	3. 绘制立面图	知道立面图和平面图的区别； 正确绘制出房屋立面图； 注意学生作图的精确度

2. 评价方式

平时成绩(50%) + 半期成绩(20%) + 期末成绩(30%) = 总成绩(100%)

平时:考勤 + 课堂 + 作业(课堂以小组成绩为主)。

半期:以技能考试为主,成绩由学生互评、教师评价两部分组成,各占总技能成绩的20%、80%。

期末:理论 + 技能(理论为闭卷考试,考题出自本科目题库;技能以作品的形式呈现,成绩由学生互评、教师评价、行业专家评价3部分组成,各占总技能成绩的20%、40%、40%)。

影视编辑(Premiere)课程标准

一、课程基本情况

课程代码	09020010	课程类别	专业方向课
计划课时	144	建议开课时间	第3学期
先修课程	计算机基础、图形图像处理	后续课程	影视特效

二、课程标准制订依据

本标准依据《中等职业学校数字媒体技术应用岗位能力标准》和《中等职业学校数字媒体技术应用专业人才培养方案》以及国家办公软件应用职业资格证书(四级)的具体要求制订。

三、课程定位

本课程是 3 年制中职数字媒体技术应用专业学生使用,主要培养本专业学生的专业技能方向课中的影视编辑,属于专业课中核心方向课。

四、课程目标

掌握影视剪辑软件 Adobe Premiere 中各项功能及使用方法,掌握常见影视节目的剪辑制作、音频编辑、后期合成的方法,能够熟练运用影视剪辑软件 Adobe Premiere 进行校色、蒙版、抠像、使用特效和添加字幕的操作,能独立完成常见的影视节目的影视剪辑工作。

(一)专业知识

(1)熟悉影视剪辑软件 Adobe Premiere 中各项功能及使用方法;

(2)能够了解影视节目制作的相关流程;

(3)掌握镜头语言的基础知识;

(4)了解剧本与分镜头脚本;

(5)了解影视节目的常见类别。

(二)专业技能

(1)能够利用影视剪辑软件 Adobe Premiere 采集素材,管理各类素材;

(2)能够熟练使用影视剪辑软件 Adobe Premiere 独立完成常见影视节目的剪辑;

(3)能够熟练运用影视剪辑软件 Adobe Premiere 进行校色、蒙版、抠像以及特效、字幕的制作;

(4)能独立完成常见的影视节目的影视剪辑工作。

(三)职业素质

(1)培养学生精益求精的工作态度、严谨的工作作风、吃苦耐劳和团结协作的精神;

(2)培养影视从业人员良好的职业态度,做好影视编辑器材的安全维护工作,树立主人翁的意识。

五、课程设计思路

本课程是在进行广泛行业调研的基础上,由数字媒体技术应用的行业专家及本校计算机应用专业的骨干教师一起,对中职数字媒体技术应用专业学生的工作岗位进行了分析,根据完成岗位任务所需知识和技能重组课程内容,选取工作中的典型案例作为教学项目。根据学生的认知规律,由基础到综合,从基础的软件基本操作、影视基础知识到获取素材、视频特效的添加、字幕的添加、音乐的编辑、综合案例的制作,由 7 个模块构成,共有 27 个学习任务。本课程以任务为驱动、行动为导向,按理论与实践相结合的方法进行教学实施,最终培养学生所要从事的工作岗位需要的相关能力。

六、教学内容与课时分配

模块	任务	知识与技能		重难点	学时
初识影视剪辑软件	1. 认识视频	知识	了解视觉暂留现象; 掌握视频的概念; 了解模拟、数字视频; 了解帧、帧率、场、隔行扫描、逐行扫描; 掌握电视制式的分类以及常见国家使用的电视制式	电视制式的分类以及常见国家使用的电视制式	4
		技能	能区分常见国家电视制式的种类		
	2. 认识Premiere	知识	了解线性编辑; 掌握非线性编辑; 掌握 Premiere 的启动方法、界面布局、各个功能面板的作用	Premiere 各个功能面板的作用	4
		技能	能正确启动 Premiere; 能正确地辨别 Premiere 各个功能面板		
	3. 认识影视节目制作的基本流程	知识	掌握影视节目制作流程; 掌握新建项目文件的方法; 掌握导入素材的方法; 掌握修改素材显示比例和方式的方法; 掌握渲染素材的方法; 掌握刻录光盘的方法	新建项目文件 渲染素材	6
		技能	能够新建项目文件; 能够用不同方法导入素材; 能够修改素材显示比例和方式; 能够渲染素材; 能够刻录光盘		

续表

模块	任务		知识与技能	重难点	学时
管理与编辑素材	1. 获取素材	知识	了解数字 DV 与磁带 DV； 掌握利用采集卡采集素材的方法； 掌握在 Premiere 中各种素材的图标； 掌握重新链接脱机文件的方法； 掌握在 Premiere 项目窗口中管理素材的方法； 了解在 Premiere 中支持的文件类型	采集素材； 管理素材	8
		技能	能利用采集卡采集素材； 能够重新链接脱机文件； 能够在 Premiere 项目窗口中管理素材		
	2. 认识关键帧	知识	掌握工具面板中各种工具的使用方法； 掌握新建字幕的方法； 掌握特效控制台中特效控制的参数； 掌握给各个参数添加关键帧的方法	能够新建字幕； 能够添加"透明度"关键帧动画	6
		技能	能够使用"剃刀"工具； 能够新建字幕； 能够添加"透明度"关键帧动画		
	3. 展示汽车	知识	掌握修改"静帧图像默认持续时间"的方法； 掌握新建时间线和时间线嵌套的方法	嵌套时间线	4
		技能	能够修改"静帧图像默认持续时间"； 能够新建、嵌套时间线		
影视创作的基础知识	1. 认识景别	知识	掌握镜头的概念； 掌握景别的概念、分类和作用	景别的分类； 景别的作用	4
		技能	能数出影视作品中的镜头个数； 能够划分出影视作品中的景别个数		
	2. 认识蒙太奇	知识	掌握蒙太奇的概念； 掌握镜头与蒙太奇的关系； 掌握蒙太奇的作用	蒙太奇的作用	4
		技能	能鉴赏影视作品中蒙太奇的手法； 会运用蒙太奇思维构思镜头		
	3. 探索镜头组接规律	知识	掌握镜头组接规律； 掌握轴线规律	镜头组接规律	12
		技能	能使用镜头组接规律； 能正确地运用轴线规律； 能对数据排序和分类汇总； 会筛选查看数据		

续表

模块	任务		知识与技能	重难点	学时
影视创作的基础知识	4. 运用转场特效制作画册	知识	掌握视频转场特效的使用方法； 掌握视频转场特效的自定义设置的方法	自定义设置特效参数	4
		技能	能够添加视频转场特效； 能够自定义设置特效参数		
视频特效的处理与运用	1. 调整素材颜色	知识	了解 RGB 色彩模式； 了解色彩属性； 掌握色彩平衡特效的运用及参数设置的方法； 掌握更改颜色特效的运用及参数设置的方法	色彩平衡特效的运用及参数设置； 更改颜色特效的运用及参数设置	4
		技能	会使用色彩平衡特效； 会使用更改颜色特效		
	2. 变换素材形状	知识	掌握边角固定特效的运用及参数设置的方法； 掌握网格特效的运用及参数设置的方法	边角固定特效的运用及参数设置； 网格特效的运用及参数设置	4
		技能	会使用边角固定特效； 会使用网格特效		
	3. 使用镜像特效	知识	掌握镜像特效的运用及参数设置的方法； 掌握照明效果特效的运用及参数设置的方法； 掌握裁剪特效的运用及参数设置的方法	镜像特效的运用及参数设置； 照明特效的运用、裁剪特效的运用及参数设置	4
		技能	会使用镜像特效； 会使用照明效果特效； 会使用裁剪特效		
	4. 制作水墨画效果	知识	掌握黑白特效的运用及参数设置的方法； 掌握查找边缘特效的运用及参数设置的方法； 掌握色阶、色彩均化、高斯模糊特效的运用及参数设置的方法	黑白特效的运用及参数设置； 查找边缘特效的运用及参数设置； 色阶、色彩均化、高斯模糊特效的运用及参数设置	4
		技能	会使用黑白特效； 会使用查找边缘特效； 会使用色阶特效； 会使用色彩均化特效； 会使用高斯模糊特效		

模　块	任　务		知识与技能	重难点	学时
视频特效的处理与运用	5. 使用模糊特效	知识	掌握模糊特效的运用及参数设置的方法；掌握模糊特效关键帧动画的设置方法	制作模糊特效的关键帧动画	4
		技能	会使用模糊特效；能够制作模糊特效的关键帧动画		
	6. 抠像	知识	了解抠像的原理；掌握抠像的方法	抠像的方法	8
		技能	能够按要求对视频进行抠像		
音频效果的处理与应用	1. 录歌	知识	掌握调音台的使用方法；掌握录歌的方法	录歌的方法	4
		技能	能够利用调音台录制歌曲		
	2. 制造卡拉OK的回音效果	知识	了解延迟、延时、反馈、混合的概念	制造卡拉OK的回音效果	4
		技能	能够制造卡拉OK的回音效果		
	3. 分离歌曲左右声道	知识	了解单声道、立体声的概念；掌握单声道转换为立体声的方法；掌握立体声转化为单声道的方法	单声道转换为立体声；立体声转化为单声道	4
		技能	能够分离立体声为左右声道；能够将立体声转换为单声道；能够将单声道转换为立体声		
	4. 制作奇异音调的音乐	知识	掌握声音声调调整的方法；掌握声音速度调整的方法	调整声音声调、速度	4
		技能	能够调整声音声调；能够调整声音速度		
字幕的处理与应用	1. 制作常用静态字幕	知识	熟悉常用静态字幕的类别；掌握静态字幕的制作方法；掌握字幕属性设置的方法	制作常用静态字幕	8
		技能	能够制作常用静态字幕；能够设置字幕属性		
	2. 制作常用动态字幕	知识	熟悉常用动态字幕的类别；掌握滚动、游动字幕的制作方法	制作滚动、游动字幕	8
		技能	能够制作滚动、游动字幕		

续表

模块	任务		知识与技能	重难点	学时
字幕的处理与应用	3. 利用字幕窗口绘制图形	知识	熟悉字幕窗口的工具栏； 掌握工具栏绘制图形的各个工具	利用字幕绘制图形	4
		技能	能够利用字幕窗口绘制图形		
	4. 利用字幕制作片尾	知识	了解影视节目片尾的形式； 掌握摆入字幕片尾的制作方法； 掌握滚动字幕制作片尾的方法	滚动字幕制作片尾； 制作摆入字幕片尾	8
		技能	能够利用滚动字幕制作片尾； 能够制作摆入字幕片尾		
综合案例	1. 制作电影片头	知识	了解影视节目的常见类别； 了解影视片头的形式； 掌握综合运用关键帧动画的方法； 掌握镜头组接规律	综合运用镜头组接规律	8
		技能	能够制作关键帧动画； 能够综合运用镜头组接规律		
	2. 制作影视节目片头	知识	掌握视频特效的使用方法； 掌握综合运用关键帧动画的方法； 掌握镜头组接规律	合理运用视频特效	8
		技能	能够制作关键帧动画； 能够综合运用镜头组接规律； 能够合理运用视频特效		

七、教学实施

(一)师资要求

从事本课程教学的兼职教师应具备以下相关知识、技能和资质：

(1)具有3年以上相关行业工作经历，曾参与广播影视或建筑动画商业作品的制作。

(2)具有3年以上相关行业工作经历，具有丰富的影视后期特效制作技巧，获得从事数字媒体相关工作的职业资格证书。

本课程的教师资源由兼职教师组成，其中30%以上的课程教学由兼职教师完成。

(二)教学环境要求

(1)配置有投影仪的多媒体教室。

(2)配置有投影仪或极域电子教室软件的多媒体机房，达到一人一机的实训条件。

(三)学习资源

1. 教材

本课程选用由江媛媛主编的重庆大学出版社出版的《影视剪辑案例教程》教材。

2. 参考教材

《影视剪辑经典商用案例》,龙飞主编,上海科学普及出版社出版。

3. 网络资源

可以参考由重庆大学出版社网站(http://www.cqup.com.n)提供的相关课件、教学设计及教学素材。

(四)教学方法

本课程主要采用项目教学法,综合运用讲授法、练习法、案例教学、小组讨论、任务驱动、项目实训等方法。具体来讲,主要采用任务驱动、案例教学、小组讨论和项目实训的方法。

(五)课程评价

1. 评价内容

模　块	任　务	评价内容
初识影视剪辑软件	1. 认识视频	能够正确判断常见国家使用的电视制式; 能够正确组装非线性编辑系统
	2. 认识 Premiere	能够说出各个功能面板的作用
	3. 认识影视节目制作的基本流程	能够在 40 分钟之内制作完成"春天来了"的视频制作; 能够在 30 分钟之内把制作的视频刻录成 DVD 光盘
管理与编辑素材	1. 获取素材	能够在 20 分钟内完成各种素材的导入; 能够在 25 分钟之内完成对某一段磁带素材的采集
	2. 认识关键帧	能够在 25 分钟之内完成字幕的添加; 能够在 40 分钟之内完成"透明度"关键帧动画的制作; 能够在 20 分钟之内完成作品的输出
	3. 展示汽车	制作展示汽车的广告案例,80 分钟完成时间线的建立和时间线的嵌套
影视创作基础知识	1. 认识景别	能够对一部时长 90 分钟的电影进行景别的划分以及景别作用的分析
	2. 认识蒙太奇	能够对一部时长 90 分钟的电影进行蒙太奇手法的分析
	3. 探索镜头组接规律	能够对一部时长 90 分钟的电影进行镜头组接规律的分析
	4. 运用转场特效制作画册	能够在 45 分钟内在时间线上使用所有转场特效; 能够在 30 分钟内完成四季转场画册的制作

续表

项　　目	任　　务	评价内容
视频特效的处理与运用	1. 调整素材颜色	能够在 45 分钟之内完成偏色作品的制作； 能够在 45 分钟之内完成更改颜色作品的制作； 能够在 45 分钟之内完成连续颜色更改的作品的制作
	2. 变换素材形状	能够在 90 分钟之内完成变换素材形状的作品的制作
	3. 使用镜像特效	能够在 120 分钟之内完成沙漠水源作品的制作
	4. 制作水墨画效果	能够在 90 分钟之内完成沙漠水源作品的制作
	5. 使用模糊特效	能够在 90 分钟之内完成春风吹的作品的制作
	6. 抠像	能够在 120 分钟之内完成生日祝福作品的制作
音频效果的处理与应用	1. 录歌	能够在 45 分钟之内完成录制歌曲的作品的制作
	2. 制造卡拉 OK 的回音效果	能够在 90 分钟之内完成卡拉 OK 的回音效果的作品的制作
	3. 分离歌曲左右声道	能够在 120 分钟之内完成分离歌曲左右声道的作品的制作
	4. 制作奇异音调的音乐	能够在 120 分钟之内完成奇异音调的音乐的作品的制作
字幕的处理与应用	1. 制作常用静态字幕	能够在 120 分钟之内完成各种常见静态字幕的作品的制作
	2. 制作常用动态字幕	能够在 120 分钟之内完成常见动态字幕的作品的制作
	3. 利用字幕窗口绘制图形	能够在 120 分钟之内完成绘制节目预告的作品的制作
	4. 利用字幕制作片尾	能够在 120 分钟之内完成字幕制作片尾的作品的制作
综合案例	1. 制作电影片头	能够根据给定的主题在规定时间内完成电影片头的制作
	2. 制作影视节目片头	能够根据给定的主题在规定时间内完成影视节目片头的制作

2. 评价方式

平时成绩(50%) + 半期成绩(20%) + 期末成绩(30%) = 总成绩(100%)

平时:考勤 + 课堂 + 作业(课堂以小组成绩为主)。

半期:以技能考试为主,成绩由学生互评、教师评价两部分组成,各占总技能成绩的 20%、80%。

期末:理论 + 技能(理论为闭卷考试,考题出自本科目题库;技能以作品的形式呈现,成绩由学生互评、教师评价、行业专家评价 3 部分组成,各占总技能成绩的 20%、40%、40%)。

音、视频制作(EDIUS)课程标准

一、课程基本情况

课程代码	09020011	课程类别	专业核心课
计划课时	72	建议开课时间	第 3 学期
先修课程	计算机基础、计算机美术基础、办公软件应用、图形图像处理	后续课程	影视特效

二、课程标准制订依据

本标准依据《中等职业学校数字媒体技术应用岗位能力标准》和《中等职业学校数字媒体技术应用专业人才培养方案》的具体要求制订。

三、课程定位

本课程是 3 年制中职数字媒体技术应用专业学生使用,主要培养本专业学生的影视剪辑和后期合成的能力,属于专业课中非常重要的核心课。

四、课程目标

通过本课程的学习,使学生掌握 EDIUS 软件的使用方法;能熟练进行影视后期剪辑和合成,具有胜任影视编辑岗位和影视动画岗位的相关能力。

(一)专业知识

(1)能够熟练操作 EDIUS 软件及传奇字幕;
(2)能够与 Photoshop、After Effects、3ds Max 等软件紧密结合使用。

(二)专业技能

(1)通过各种各样的案例训练,让学生熟练地操作 EDIUS 软件及快捷键;
(2)在掌握电视编辑理论知识的基础上,能够熟练制作出电视节目、专题片、广告等;
(3)具备分析素材、利用资源的能力;
(4)熟悉影视后期合成的流程和方法,并最终输出为成品文件。

（三）职业素质

（1）学会沟通和协调人际关系；

（2）具有集体意识和团队合作精神；

（3）具有行业规范意识和时间观念；

（4）能独立学习，具有获取信息的能力；

（5）具备进行影视剪辑和后期合成的能力。

五、课程设计思路

本课程是在进行广泛行业调研的基础上，由数字媒体技术应用的行业专家及本校计算机应用专业的骨干教师一起，对中职数字媒体技术应用专业学生的工作岗位进行了分析，根据完成岗位任务所需知识和技能重组课程内容，选取工作中的典型案例作为教学项目。根据学生的认知规律，从简单的 EDIUS 基础知识、基本操作到专题片制作、多机位晚会编辑，由 11 个模块构成，共 19 个学习任务。本课程以任务为驱动、行动为导向，按理论与实践相结合的方法进行教学实施，最终培养学生胜任影视剪辑和影视动画岗位的相关能力。

六、教学内容与课时分配

模块	任务	知识与技能		重难点	学时
EDIUS产品介绍	主流后期编辑软件介绍	知识	了解非线性编辑、线性编辑； 了解非编辑软件与非编辑卡； 了解各级别的非编辑系统	对硬件的识别	1
		技能	能够识别主流非编； 能够识别非编系统与非编辑软件的区别		
电视基础知识	电视基础知识	知识	了解与识别电视中的制式、场、帧、线、像素等； 熟悉常用文件格式特性	电视基础知识的理解与识别	1
		技能	能够识别各种异常电视信号，知道异常与什么有关		

模块	任务		知识与技能	重难点	学时
EDIUS 基本操作	1. 基础剪辑	知识	熟悉工程设置及各参数意思； 了解各个面板属性； 熟悉素材库的管理及素材导入； 了解时间线各轨道名称； 时间线上剪辑工具的运用及剪辑快捷键的使用	对素材属性的识别	4
		技能	能够掌握根据素材属性新建工程的方法； 素材面板快捷键的运用； 时间线上对音视频的基本剪辑； 提供 30 分钟原始素材在时间线上进行剪辑		
	2. 视频输出	知识	了解文件类型属性； 熟悉文件质量参数	视频输出时每一项参数的设置需要仔细	1
		技能	将剪辑合成好的广告输出为 MPGE-2		
EDIUS 实用工具剪辑	1. 剪辑的基础知识	知识	了解电视剪辑知识； 熟悉每个镜头入点与出点； 掌握主观镜头、客观镜头、反应镜头、空镜头的概念； 掌握怎么辨别一个镜头的好与不好； 掌握运动镜头有哪些； 了解播放窗口预览素材的剪辑运用	镜头语言的理解； 入点与出点的快速操作； 两个组接镜头运用有叠加效果时对素材出点与入点的判断	6
		技能	通过观片与讲解能够学会从专业角度了解电视或电影； 能够对电视语言有一定理解； 能够知道剪辑中剪辑什么； 运用播放窗口剪辑每一个镜头（剪辑 3 分钟电视剧中出现的每一个镜头画面）		
	2. 判断逻辑镜头组接	知识	了解时间线上菜单的使用； 掌握剪辑中常用的几种模式覆盖、波纹编辑、链接、吸附； 了解镜头与镜头的正确组接； 了解什么是夹帧； 熟悉现有素材,判定逻辑顺序	剪辑点的正确选择	6
		技能	能够知道影片的逻辑性； 能够熟练掌握剪辑基础工具； 能够熟悉镜头组接最基础的标准是什么； 判断电视剧的逻辑顺序（将一个 45 分钟的电视剧分成 10 个不同的片段,每个片段的前后处有多余或缺少的镜头）		

续表

模块	任务	知识与技能		重难点	学时
EDIUS 实用工具剪辑	3. 编辑风光片	知识	熟悉窗口、时间线常用的快捷键； 知道什么是风光片； 掌握风光片镜头语言、音乐的特点； 了解视频编辑流程； 掌握音频大小的处理方法； 熟悉两音频之间过渡处理及音频特效的使用	较快地熟悉现有素材内容、找准每个景区特点； 编辑中多用快捷键	18
		技能	能够通过播放窗口快速选择有效镜头； 能够对风光片特点有一定认识； 能够对风光片有条理地剪辑； 能够正确选择与风光片相符的背景音乐		
	4. 音频知识	知识	了解音频播放设备； 认识视频拍摄收音设备及用途； 熟悉低音、高音、混响效果； 熟悉 EDUIS 软件调音台的使用； 掌握软件声道切换的方法； 熟悉音频转场效果； 了解软件中音频效果器； 掌握对杂音的处理技术	较快识记专业术语； 调节播放设备高低音； 能够较快调节高低音	10
		技能	能够识别音频专业参数及代码； 能够辨别独立设备收音与摄像机自身收音的区别； 能够设置声道转换； 能够将监听设备调到适当位置准确监听； 能够将高低音调节适当； 能够处理普通类的杂音； 能剪辑串烧音乐 MV		
EDIUS 转场特效的运用	制作汽车图片展示	知识	掌握视频布局的运用； 掌握图片运动方式； 掌握转场特效运用； 熟悉画面的安全区域	根据自己的需要设置运动速度和选择音乐	12
		技能	能够将固定图片模拟摄像运动效果； 能够根据不同图片所展示特点采取不同的运动方式； 能够根据图片运动速度选择背景音乐		

模块	任　务		知识与技能	重难点	学时
Quick Titler 字幕 的运 用	1.制作固定字 幕条	知识	了解 QuickTitler 字幕界面； 了解电视画面中出现的固定字幕类型与作用； 熟悉字幕在电视运用中的字体、大小、颜色标准； 熟悉常用字幕与色块的运用； 掌握字幕工具、属性设置； 掌握固定色块与固定字幕的结合运用； 掌握字幕条与特效的运用	对字幕版式的原创设计	12
		技能	能够制作固定字幕； 能够设计名字字幕条； 能够掌握字幕安全区域； 能够掌握制作字幕的注意事项； 能够制作电视画面中的固定字幕的常见类型		
	2.流动字幕	知识	了解电视画面中出现的流动字幕的版式、形式和场合； 掌握流动字幕的制作方法； 掌握流动字幕与视频特效、布局结合运用的方式	熟练掌握流动字幕与视频特效、布局结合运用的方式	6
		技能	能够制作流动字幕从左到右出现； 能够制作流动字幕从画面中出； 能够制作流动字幕与色块同时出		
	3.上拉字幕	知识	了解电视画面中出现的上拉字幕的版式、形式和场合； 掌握上拉字幕的制作方法； 掌握上拉字幕与视频画面的综合运用	掌握上拉字幕与视频画面的综合运用； 字幕版式的美观	6
		技能	能够制作电视中常用的几种版式； 能够将字幕与视频画面综合运用		
Quick Titler 字幕 的综 合运 用	1.为风光片加上片头字幕 片中景区介绍 流动字幕 片尾结束人员 职务上拉字幕	知识	根据内容综合运用字幕	使片头固定字幕设计美观； 片尾字幕排列美观	6
		技能	能够根据本片风格制作字幕		
	2.为串烧音乐 MV 添加唱词 字幕	知识	了解唱词字幕意思； 熟练掌握唱的每句歌词字幕入点与出点	较快地制作唱词字幕	6
		技能	能够根据常规办法制作唱词字幕		

续表

模块	任 务	知识与技能		重难点	学时
传奇字幕的使用	1. 制作一首歌曲的唱词字幕	知识	熟悉传奇字幕的安装； 熟悉传奇字幕内挂在 EDUIS 软件中的路径； 熟悉传奇唱词字幕的使用方法	能够准确打出字幕和及时拍出所说字幕	6
		技能	能够根据所唱内容拍出字幕		
	2. 制作节目中特效字幕	知识	熟练操作字幕入屏、停留、出屏时的特效设置	较快地设计好字幕版式	6
		技能	能够用传奇制作丰富多彩的字幕特效		
EDIUS 在视频效果中的运用	视频特殊情况的运用	知识	掌握时间效果、时间持续的使用方法； 掌握画面模糊、马赛克使用方法； 掌握老电影调色方法和专题片调色方法； 了解色彩基础知识； 掌握操作水墨特效画面	根据镜头需要知道运用相应特效	30
		技能	能够制作快慢速镜头画面； 能够制作急缓特效； 能够制作局部模糊与马赛克； 能够根据视频调节画面颜色； 能够制作出水墨特效的视频画面		
专题片制作	综合运用学习	知识	了解专题片制作流程； 理解剪辑技巧； 熟悉镜头景别； 熟悉专题片镜头组接、镜头时间长短通用规律； 理解分镜头	对文稿的理解； 中心思想归纳； 自己创作片头、片插、片尾的字幕	12
		技能	综合运用 能够理解分镜头； 能够将文稿转为视频画面； 能够编辑专题片； 能够制作要求不高的专题片片头、片插、片尾字幕； 以 12 分钟的专题片素材（素材无声音），编辑为 3 分钟有声音的成品		

模块	任务	知识与技能		重难点	学时
多机位晚会编辑	综合运用学习	知识	熟练掌握综合知识； 理解综艺晚会中镜头组接规律； 理解综艺晚会中镜头时间长短控制； 掌握光盘包装尺寸及设计要求	字幕版式的设计； 声音口型的对应； 剪辑点的选择； 光盘包装设计的美观性	66
		技能	节目字幕的运用及效果； 3 机位原声音的对应； 声道的切换； 晚会常见景别及其运用； 不同类型节目景别的组接； 根据节目类型剪节凑、找剪辑点； 节目之间的组接； 片尾上拉字幕； 能够设计光盘包装		

七、教学实施

(一)师资要求

1. 专任教师

从事本课程教学的专任教师应具备以下相关知识、技能和资质：

(1)具有高中或中职教师资格证书；

(2)本课程任课教师应具备一定的影视后期特效合成工作经验,熟练掌握 Premiere、Photoshop、After Effects、EDIUS 4 门影视后期应用软件；

(3)能以行业企业发展需求和岗位工作任务要求选择实践教学内容；

(4)教师要求了解中职教育教学规律,结合学生特点,将培养目标中的专业知识、专业技能、职业素养三大指标融合到实训项目,确保实现课程目标。

2. 兼职教师

从事本课程教学的兼职教师应具备以下相关知识、技能和资质：

(1)具有 3 年以上相关行业工作经历,曾参与广播影视或建筑动画商业作品的制作；

(2)本课程任课教师应具备一定的影视后期特效合成工作经验,熟练掌握 Premiere、Phtoshop、After Effects、EDIUS 4 门影视后期应用软件；

(3)能以行业企业发展需求和岗位工作任务要求选择实践教学内容；

(4)教师要求了解中职教育教学规律,结合学生特点,将培养目标中的专业知识、专业技能、职业素养三大指标融合到实训项目,确保实现课程目标。

本课程的教师资源由专任教师和兼职教师共同组成,其中30%以上的课程教学由兼职教师完成。

(二)教学环境要求

(1)课程全部安排在多媒体机房进行,配置有投影仪、安装有极域电子教室软件;

(2)提供相应的 3ds Max、Photoshop、After Effects、Premiere PRO、EDUIS、传奇字幕等软件进行教学和学习,并保证学生每人一台计算机;

(3)视频素材、图片、文字。

(三)学习资源

1. 教材

本课程选用由肖一峰编著的科学出版社出版的《EDIUS 视音频制作标准教程(全彩)》教材。

2. 参考教材

《电视画面编辑》,何苏,中国广播电视出版社。

《电视节目编辑》,许行明,中国传媒大学出版社。

3. 网络资源

EDUIS 基础视频教程(http://bbs. edius. cn/)。

(四)教学方法

本课程主要采用项目教学法,综合运用讲授法、练习法、案例教学、小组讨论、任务驱动、项目实训等方法。

(五)课程评价

1. 评价内容

模　块	任　务	评价内容
EDIUS 产品介绍	主流后期编辑软件介绍	能够识别各个非编辑设备标识; 拿出两张非编卡让学生识别
电视基础知识	电视基础知识	能够识别及知道是什么原因导致异样视频
EDIUS 基本操作	1. 基础剪辑 2. 视频输出	提供一段 30 分钟无序的素材进行剪辑,将所有广告汇总剪辑; 将剪辑合成的广告输出成 MPGE-2、标清、8 M 压缩码率、一次转码、质量等级为 5

续表

项　目	任　务	评价内容
EDIUS 实用工具剪辑	1. 剪辑基础知识	通过观片与讲解能够学会从专业角度了解电视或电影； 运用播放窗口剪辑每一个镜头（剪辑 3 分钟电视剧中出现的每一个镜头画面）
	2. 判断逻辑镜头组接	将一个 45 分钟电视剧分成 10 个不同的片段，每个片段序号零乱、每个片段的前后处有多余或缺少的镜头
	3. 编辑风光片	根据素材剪辑为 10 分的风光片，运用播放窗口剪辑有效画面，展现景点特点，优美画面，加背景音乐
	4. 音频知识	提供 10 首歌曲，让学生根据歌词意思剪辑成串烧音乐 MV； 提供 1 段有杂音的采访音频文件，首先剪辑音频内容流畅性再将声音去杂，调到最佳状态
EDIUS 转场特效的运用	制作汽车图片展示	提供众多音频素材、100 张汽车图片，将它制作为一个运动视频并根据图片速度加与之相适应的音乐
QuickTitler 字幕的运用	1. 制作固定字幕条	提供电视屏幕上各种样式固定字幕，观摩制作 2 个版式，原创 5 个，文字说明适用在什么情况下； 原创设计 5 个人物名字字幕条
	2. 流动字幕	制作流动字幕从左到右出； 制作流动字幕从画面中出； 制作流动字幕与色块同时出
	3. 上拉字幕	提供 5 个上拉字幕版式模拟制作
QuickTitler 字幕综合运用	风光片字幕的综合运用	在原剪辑风光片成片中加上片头字幕； 片中景区介绍流动字幕； 提供职务字幕文档制作片尾结束上拉字幕； 能够根据本片风格制作字幕
	串烧音乐 MV 添加唱词字幕	在原有串烧音乐上制作唱词字幕
传奇字幕的使用	1. 制作一首歌曲的唱词字幕	提供一首音乐 MV，学生将歌曲歌词听出打成文档； 设计字幕并根据所唱内容拍出字幕
	2. 制作节目中特效字幕	提供一段娱乐游戏类节目，提出需要在片中强调字幕，学生根据视频画面设计版式、制作特效字幕
EDIUS 在视频效果中的运用	视频特殊情况的运用	制作快慢速镜头画面； 制作急缓特效； 制作局部模糊与马赛克； 根据视频调节画面颜色； 制作出水墨特效的视频画面

续表

项　目	任　务	评价内容
专题片制作	综合运用学习	提供专题片文稿,将12分钟的专题片素材(素材无声音)编辑为3分钟成品;先删除文稿、剪辑原声音、剪辑镜头画面,并制作片头、片插、片尾字幕
多机位晚会编辑	综合运用学习	节目字幕条的运用及效果添加; 3机位原声音的对应; 声道的切换; 编辑合成、片尾上拉字幕 制作封面盘面设计、操作课时

2. 评价方式

平时成绩(50%)+半期成绩(20%)+期末成绩(30%)=总成绩(100%)

平时:考勤+课堂+作业(课堂以小组成绩为主)。

半期:以技能考试为主,成绩由学生互评、教师评价两部分组成,各占总技能成绩的20%、80%。

期末:理论+技能(理论为闭卷考试,考题出自本科目题库;技能以作品的形式呈现,成绩由学生互评、教师评价、行业专家评价3部分组成,各占总技能成绩的20%、40%、40%)。

影视特效(After Effects)课程标准

一、课程基本情况

课程代码	09020012	课程类别	专业核心课
计划课时	288	建议开课时间	第2、3学期
先修课程	计算机基础、计算机美术基础、图形图像处理	后续课程	影视编辑

二、课程标准制订依据

本标准依据《中等职业学校数字媒体技术应用岗位能力标准》和《中等职业学校数字媒体技术应用专业人才培养方案》的具体要求制订。

三、课程定位

本课程是 3 年制中职数字媒体技术应用专业学生使用,主要培养本专业学生的影视特效、影视包装及制作影视动画的能力,是影视编辑和影视动画岗位必须具备的技能,是重要的专业核心课。

四、课程目标

通过本课程的学习,使学生掌握制作影视特效和影视动画的方法,能够进行影视包装,具备制作各类影视片头的能力。

(一)专业知识

(1)能够熟练操作 After Effects CS 软件;

(2)能够与 Adobe Premiere、EDUIS、3ds Max 紧密结合使用;

(3)综合运用特效及插件制作电视栏目包装、三维动画合成、影视特效、互联网动画、后期剪辑、多媒体制作等操作与运用;

(4)培养学生学习兴趣及独立思考的能力。

(二)专业技能

(1)通过各种各样的案例训练,让学生熟练地操作 After Effects 软件,制作出各式各样的影片特效;

(2)在掌握基本理论知识的基础上,能熟练使用特效合成软件中的各种工具,按创意要求完成合成任务;

(3)具备分析素材、描述问题、利用资源的能力;

(4)熟悉影视后期合成的流程和方法,并最终输出为影视特效成品文件。

(三)职业素质

(1)学会沟通和协调人际关系;

(2)具有集体意识和团队合作精神;

(3)具有行业规范意识和时间观念;

(4)能独立学习,具有获取信息的能力;

(5)初步具备制作影视片头的能力。

五、课程设计思路

本课程是在进行广泛行业调研的基础上,由数字媒体技术应用的行业专家及本校计算机应用专业的骨干教师一起,通过对中职数字媒体技术应用专业学生的工作岗位进行了分析,根据完成岗位任务所需知识、技能重组课程内容,选取工作中的典型案例作为教学项目,根据学生的认知规律,从简单的影视特效、影视动画到插件、粒子效果等。本课程以任务为驱动、行动为导向,按理论与实践相结合的方法进行教学实施,最终培养学生具备影视编辑和影视动画岗位的相关能力。

六、教学内容与课时分配

模块	任务		知识与技能	重难点	学时
影视包装基础知识	1.影视包装介绍	知识	了解影视包装的含义和运用领域; 知道影视包装设计中所涉及内容	影视包装内容的理解	1
		技能	能够熟练区分影视包装各个内容的名称; 能够理解包装内容中的主次关系		
	2.影视包装与视频	知识	了解电视制式、速率; 了解电视高标清分辨率及常见参数分辨率; 了解常用音频、视频、图片格式	对各类型参数能够熟记分辨率大小	1
		技能	能够熟记电视制式速率高标清像素		
	3.影视包装相关软件	知识	了解影视包装有哪些软件; 了解各软件的优缺点及主流区域; 了解 After Effects CS4 软件	能够识别多种影视包装软件名称	1
		技能	能够识别影视包装软件; 能够知道常用包装软件特点		
AE CS4 快速入门	1.安装软件	知识	了解在 Windows 中安装 After Effects CS4 的系统要求; 知道如何安装 AE 软件	对软件安装不成功,有分析原因的能力	1
		技能	能够熟练安装 AE 软件; 能够知道当不能安装成功时,如何解决		
	2.认识基本界面	知识	了解基本界面各面板的作用; 了解每个面板的英文单词	较快地识别每个面板的英文单词	2
		技能	能够知道每个界面的作用; 能够逐一识别各个面板的英文单词		

续表

模块	任　务		知识与技能	重难点	学时
AE CS4 快速入门	3. 熟悉基本操作	知识	熟练掌握新建工程、打开、保存、导入； 熟记工程扩展名； 熟悉项目面板内各图标意思； 了解合成的概念； 熟练掌握新建合成设置	熟练地新建工程、新建合成； 熟记英文单词	2
		技能	能够操作新建工程、保存、打开、导入； 能够重新打开面板； 能够新建设置合成参数； 能够归类整理所导入的素材； 能够操作新建合成项目		
		知识	运用工具栏中新建字幕工具； 熟悉时间线上基本图层变换属性； 熟记变换属性中 A、P、S、R、T 快捷键； 掌握关键帧基本概念； 掌握动画预览多种方法及快捷键； 熟悉渲染 AVI 文件	变换属性的综合运用	4
		技能	能够熟练操作设置中心点、位置、缩放、旋转、不透明的简单文字动画； 能够制作五彩缤纷的文字动画及输出		
	4. AE 预设文字动画	知识	熟悉菜单栏上 Animation 下拉菜单中有预设动画； 熟练掌握如何使文字附有动画效果	较多字幕的排版	2
		技能	能够快速制作 AE 预设字幕效果		
	5. 常见快捷键	知识	能熟练掌握常用快捷键	快捷键的运用	1
		技能	能够熟练地运用快捷键； 知道每个快捷键的作用		
应用效果	常用特效	知识	掌握常用特效的使用方法	特效的运用	30
		技能	能在作品中运用常见的特效		

续表

模块	任务		知识与技能	重难点	学时
特效插件	常用插件	知识	能够安装并使用 AE 相关的插件； 掌握常用 AE 相关插件的使用方法	插件的运用	30
		技能	能够安装使用 AE 相关插件		
文字特效	1. 金属文字	知识	熟悉制作金属文字流程； 掌握金属文字制作方法	金属文字的制作方法	12
		技能	能制作立体金属文字		
	2. 三维文字	知识	熟练掌握三维文字制作流程； 掌握三维金属文字制作方法	三维文字的制作方法	12
		技能	能够掌握三维文字的制作与思路； 能够完成虚拟物体的创建； 能够运用父子连接的关系		
	3. 辉光文字	知识	熟悉制作辉光文字的流程； 掌握辉光文字的制作方法	表达式的来源和应用； 父子连接； 调节层的排放的含义	12
		技能	能制作辉光文字		
	4. 透明文字	知识	熟悉制作透明文字的流程； 掌握透明文字的制作方法	对于 Layer shadow 的单词的理解； 内阴影和外阴影的区别和应用； 综合效果的添加	12
		技能	能制作透明文字		
	5. 光条闪烁文字	知识	熟悉制作光条闪烁文字的流程； 掌握光条闪烁文字的制作方法	对粒子下面各个属性的理解和应用； 对摄影机位置的安排	12
		技能	能制作光条闪烁文字		
	6. 光点文字	知识	了解平面文字在 AE 中怎样变成 3D 效果 了解雾化的设置、模糊的设置； 熟悉制作光点文字的流程； 掌握新建固态层的方法； 了解灯光的设置； 掌握 CC star Burst、Brightness & Contrast、Blur & Sharpen 的参数设置	光点文字特效的应用	12
		技能	能够制作光点文字特效		

模块	任 务		知识与技能	重难点	学时
文字特效	7. 分形文字	知识	了解文字的进入方式和形成方式； 熟悉分形文字操作流程； 熟练掌握 Mask 的应用； 熟练掌握 Position、Roughen Edges、ramp、Channel、Color Doge 叠加模式、遮罩层等特效的应用； 熟练掌握 Fractal Noise 特效的应用； 熟练掌握模式的叠加方式：Overly 的处理	模式应用； 分形噪波的设置	12
		技能	能够制作分形噪波； 能够掌握叠加模式； 能够掌握综合文字特效和模式的应用		
	8. 水波文字	知识	熟悉制作水波文字的流程； 掌握水波文字的制作方法	对 Levels、Curves 的参数设置； 对分形噪波的形式设置	12
		技能	能制作水波文字		
	9. 粒子文字	知识	熟悉制作粒子文字的流程； 掌握粒子文字的制作方法	对 Particular 的每个单词的理解,对参数的设置； 对 Transform 下子属性的关键帧的设置； 对 Easy Ease 的处理	12
		技能	能制作粒子文字		
视频特效	1. 心电图案例	知识	掌握 Grid 的位置寻找和应用； 掌握 Reduce Interlace Flicker、Timecode、Numbers 的设置； 掌握钢笔工具和 Glow 的应用	对钢笔工具的贝滋拐点的灵活应用； 对网格大小、线条粗细的设置	12
		技能	能够制作心电图		
	2. 制作奥运五环	知识	了解分形噪波的不同效果的处理； 了解分形噪波和光晕的综合套用方式； 掌握 Scale 的设置； 了解 Mask Feather 的范围影响； 掌握 Fractal Noise 的参数设置； 了解 Polar Coordinates 的设置； 掌握摄影机的创建,轴向的设置	会摄影机的控制； 轴向的选择	12
		技能	能够制作奥运五环		

续表

模块	任务	知识与技能		重难点	学时
视频特效	3. 盒子演示案例	知识	了解盒子的创建是利用仿真效果； 掌握 Rmap 的位置的应用； 了解叠加模式； 了解 CC Particle World 的应用； 掌握 Curves、Fast Blur 的设置	对 Ramp 的黑白意思的理解； 对 Fast Blur 的设置	12
		技能	能够导入和应用 Ramp； 能够设置 Glow； 能够设置 Curves、Fast Blur		
	4. 制作粒子卡片	知识	了解卡片设置是由色彩光条位移运动形成； 掌握 Ramp 的应用； 掌握 Position 的应用 了解摄影机的创建； 知道 Shatter 的位置和应用，以及参数的设置； 了解虚拟体的创建	对 Shatter 参数的设置； 对 Ramp 形式的选择； 摄影机创建前的设置	12
		技能	能够应用 Ramp； 能够创建摄像机； 能够应用虚拟体； 能够设置 Shatter		
	5. 制作倒表数字	知识	了解倒表数字应用的作用； 了解 Fractal Noise、Gaussian Blur 的应用； 掌握 Leves 的设置； 知道 Radial Wipe 的应用； 掌握表达式的输入和应用； 掌握模式的添加及分形噪波的设置	叠加模式的选择； 表达式的设置和应用	12
		技能	掌握 Mask Feather 的应用		
遮罩与抠像	抠像的运用	知识	知道 Keying 中最常用的 Keylight、luma key、color key； 熟练掌握 Mask 抠像的操作方法； 知道形状图层的创建与修改方法	人物衣着与背景布相近情况下的抠像	12
		技能	理解并掌握抠像的技术和方法		
专题片片头制作	综合运用		综合运用		12

七、教学实施

(一)师资要求

1. 专任教师

从事本课程教学的专任教师应具备以下相关知识、技能和资质:

(1)具有高中或中职教师资格证书;

(2)具备一定的影视后期特效合成工作经验并熟练掌握 Premiere、Photoshop、After Effects、3ds Max 4 门影视后期应用软件。

2. 兼职教师

从事本课程教学的兼职教师应具备以下相关知识、技能和资质:

(1)具有 3 年以上相关行业工作经历,曾参与广播影视或建筑动画商业作品的制作;

(2)具备一定的影视后期特效合成工作经验,熟练掌握 Premiere、Photoshop、After Effects、3ds Max 4 门影视后期应用软件;

(3)能以行业企业发展需求和岗位工作任务要求选择实践教学内容;

(4)教师要求了解中职教育教学规律,结合学生特点,将培养目标中的专业知识、专业技能、职业素养三大指标融合到实训项目,确保实现课程目标。

本课程的教师资源由专任教师和兼职教师共同组成,其中 30% 以上的课程教学由兼职教师完成。

(二)教学环境要求

(1)课程全部安排在多媒体机房进行,配置有投影仪、安装有极域电子教室软件;

(2)提供相应的 3ds Max、Photoshop、After Effects、Premiere PRO 等软件进行教学和学习,并保证学生每人一台计算机;

(3)视频素材、图片、特效插件。

(三)学习资源

1. 教材

《After Effects CS4 影视合成特效制作完全学习手册》,彭超,人民邮电出版社。

2. 参考教材

《Adobe After Effects CS4 经典教程》,美国 Adobe 公司,人民邮电出版社。

3. 网络资源

http://www.adobe.com、http://www.vhxsd.com、李涛 AE 教程等。

(四)教学方法

本课程主要采用项目教学法,综合运用讲授法、练习法、案例教学、任务驱动、项目实训等方法。

(五)课程评价

1.评价内容

模　块	任　务	评价内容
AE CS4 快速入门	1.安装软件	提供 AE 安装文件给学生,让学生安装英文版 AE
	2.熟悉基本操作 AE 预设文字动画	熟记 A、P、S、R、T 快捷键; 制作五彩缤纷文字动画及输出
		提供一段文稿及配音制作同步打字效果; 提供片头元素(主标题、副标题、Logo),利用预设动画创作片头
	3.了解并能运用常见快捷键	采用表格形式测试,提供操作,要求学生填写快捷键
应用效果	常用的特效	运用 Glow 制作无彩光线; 给出图片运用 Curves、Levels、Color Correction 调色练习; 运用 Noise@ Grain 中 Fractal、Noise 制作云彩或水波; 运用 Channel 将图片色彩校正; 运用 Simulation 将图像切分为规则的卡片形状,然后对这些卡片进行飞散或汇聚; 运用 Blur@ Sharpen 制作画面模糊效果及文字关键帧模糊; 运用 Generate 中 Ramp effect 创建一个两色渐变效果; 运用 Perspective 中 Bevel alpha effect 在图像 Alpha 通道的边缘产生高光与阴影效果制作文字立体感
特效插件	常用特效插件	运用 3D stoeke 制作手写体福字; 运用 Particular 制作飘落的花瓣; 运用 Light Factory 与文字结合制作特效; 运用 Starglow 与文字结合制作特效; 运用 Shine 制作发光文字; 运用 FE Sphere 制作地球; 运用 Digital Film Lab 色彩校正
文字特效	金属文字	在规定时间内制作指定的金属文字
	三维文字	在规定时间内制作指定的三维文字
	辉光文字	在规定时间内制作指定的辉光文字
	透明文字	在规定时间内制作指定的透明文字
	光条闪烁文字	在规定时间内制作指定的光条闪烁文字
	光点文字	在规定时间内制作指定的光点文字
	分形文字	在规定时间内制作指定的分形文字
	水波文字	在规定时间内制作指定的水波文字
	粒子文字	在规定时间内制作指定的粒子文字

续表

项　目	任　务	评价内容
视频特效	制作心电图	模拟制作心电图
	制作奥运五环	模拟制作奥运五环
	制作盒子演示	模拟制作盒子演示
	制作粒子卡片	模拟制作粒子卡片
	制作倒表数字	模拟制作倒表数字
遮罩与抠像	抠像的运用	提供出像视频扣像
专题片 片头制作	综合运用	提供专题片片头元素(文字、Logo、宣传语、50 张相片); 根据所学知识创作片头特效动画

2. 评价方式

学生成绩评定由 3 部分组成:班主任评价、学生评价、行业教师评价。

学生评价成绩为 100 分制 = 学生自评(50%) + 班委会测评(50%)。

专业评价成绩为 100 分制 = 平时作业(20%) + 期末理论成绩(10%) + 期末实作成绩(70%)。

学生平时作业按优秀、良好、合格、不合格、未做 5 个等级评价,不合格和未做有两次补录机会,第三次依然为不合格,将不补记。

平时作业总分值为 20 分,单次优秀分数 = 20 除以平时作业总计次数;良好分数为优秀分数的 3/4;合格为优秀分数的 2/4;不合格、未做为 0。

总评成绩 = 专业评价成绩(70%) + 班主任评价(20%) + 学生评价(10%)。

平时成绩考核由上课纪律,作业完成情况考核;期末考试采用实作的形式对学生进行考核,对学生作品进行评价,参与作品评价的人员有:行业代表、学生代表及任课教师。

三维建筑表现课程标准

一、课程基本情况

课程代码	09020013	课程类别	专业方向课
计划课时	432	建议开课时间	第 3 学期
先修课程	计算机基础、图形图像处理、三维动画基础		

二、课程标准制订依据

本标准依据《中等职业学校数字媒体技术应用岗位能力标准》和《中等职业学校数字媒体技术应用专业人才培养方案》的具体要求制订。

三、课程定位

本课程是 3 年制中职数字媒体技术应用专业学生使用,主要培养本专业学生的建筑模型的创建及后期的渲染合成等基本建筑动画技能,属于数字媒体技术应用专业重要的专业课。

四、课程目标

通过本课程的学习,能够制作不同风格的家装效果图纸;能够制作室外不同建筑风格的楼体效果图(包括单体透视、建筑群体、规划、鸟瞰等);能够制作不同的环境效果(雨、烟、雾等);能够制作建筑动画效果。

(一)专业知识

(1)应用 3ds Max 软件进行建筑表现方向的模型的创建;
(2)能对模型进行附材质和贴图的操作,能够自己制作一些常用的材质;
(3)能够给场景加入灯光,懂一定的布光理论;
(4)有一定的空间构造理论,能够给场景加入摄像机;
(5)理解三维动画理论,能够制作建筑动画。

(二)专业技能

(1)能够制作不同风格的室内装修效果图;
(2)能够制作不同风格布局的工装效果图;
(3)能够制作室外的单体楼透视效果图;
(4)能够制作室外建筑群体效果透视图及鸟瞰效果图;
(5)能够制作建筑的规划效果图;
(6)能运用摄像机制作建筑表现动画。

(三)职业素质

(1)培养学生精益求精的工作态度、严谨的工作作风、吃苦耐劳和团结协作的精神;
(2)培养三维模型制作从业人员的良好职业态度,按时完成制作项目,对自己的作品能够精益求精。

五、课程设计思路

　　本课程是在进行广泛行业调研的基础上,由数字媒体技术应用的行业专家及本校计算机应用专业的骨干教师一起,对中职数字媒体技术应用专业学生的工作岗位进行了分析,根据完成岗位任务所需知识和技能重组课程内容,选取工作中的典型案例作为教学项目。根据学生的认知规律,由简单到复杂,从简单三维基础建模到后期的建筑动画合成,由 3 个模块构成,共 3 个学习任务。本课程以任务为驱动、行动为导向,按理论与实践相结合的方法进行教学实施,最终培养学生所要从事的工作岗位需要的相关能力。

六、教学内容与课时分配

模块	任　务		知识与技能	重难点	学时
建筑模型的创建	3D 基础建模	知识	了解 3ds Max 的工具、导航器、场景管理; 掌握二维样条编辑命令; 掌握三维物体创建及多边形编辑三维物体; 掌握多边形相关修改器	软件的熟练操作; 根据设计师要求,熟练准确建模,达到行业要求的建模技能水平	50
		技能	熟练使用 3ds Max 的工具、导航器、场景管理等; 熟悉二维样条的创建与编辑命令,熟练应用二维样条建模; 熟练掌握二维样条编辑、修改器综合应用; 熟练掌握三维物体创建与修改,使用多边形编辑三维物体; 多边形有关的修改器讲解,多边行建模		
	3D 高级建模	知识	掌握室外地形分析与图纸判读; 复杂结构分析与处理; 多边形地形建模; 复杂结构的高级建模	复杂多边形建模; 多边形地形建模; 复杂结构等的高级建模	150
		技能	能熟练地进行多边形地形建模; 能进行复杂结构的高级建模; 能独立创建出符合设计师要求的高级室内外模型		

续表

模块	任务	知识与技能		重难点	学时
渲染	渲染	知识	掌握材质概念及常用材质； 了解灯光特性； 了解摄像机相关名词概念	正确选用材质； 灯光的应用与参数的选择	100
		技能	能根据材质特性，正确选用材质； 能根据灯光作用与特性，正确应用灯光； 能正确渲染效果图		
建筑动画	建筑动画制作	知识	掌握动画基础知识； 掌握路径、变换、材质、镜头、关键帧动画的编辑和制作； 掌握插件安装及运用，利用插件制作环境效果和人物等； 了解脚本结构与特点	正确地运用所学知识进行动画制作； 相关插件的运用	132
		技能	能进行高级建模； 能够制作路径动画、变换动画、材质动画、镜头动画、关键帧动画； 能熟练使用相关插件； 能根据客户脚本完成创建场景、设置动画、输出镜头等工作		

七、教学实施

(一)师资要求

1. 专任教师

从事本课程教学的专任教师应具备以下相关知识、技能和资质：

(1)具有高中或中职教师资格证书；

(2)获得国家计算机操作员(四级)以上或同等地位的职业资格证书。

2. 兼职教师

从事本课程教学的专任教师应具备以下相关知识、技能和资质：

(1)具有 3 年以上相关行业工作经历，曾参与广播影视或建筑动画商业作品的制作；

(2)具有 3 年以上建筑动画制作经验，能够熟练使用 3ds Max、VRAY、After Effects、Photoshop 等软件，能够准确识别建筑设计图纸、领会设计师意图，并有较高的艺术修养和责任感，能够制作精美的镜头效果，获得从事数字媒体相关工作的职业资格证书。

本课程的教师资源由专任教师和兼职教师共同组成，其中 30% 以上的课程教学由兼职教师完成。

（二）教学环境要求

（1）配置有投影仪的多媒体教室；

（2）配置有投影仪或极域电子教室软件的多媒体机房，达到一人一机的实训条件。

（三）学习资源

1.教材

本课程选用由尖峰科技编著的中国青年出版社出版的《3ds Max8 从入门到精通》教材。

2.参考教材

《3ds Max & VRay & Photoshop 极致表现室外建筑篇》，聚光数码科技主编，电子工业出版社。

3.网络资源

火星时代（http：//www. hxsd. com）。

（四）教学方法

本课程主要采用项目教学法，综合运用讲授法、练习法、案例教学、小组讨论、任务驱动、项目实训等方法。

（五）课程评价

1.评价内容

模　块	任　务	评价内容
建筑模型的创建	1.室内各种模型的创建	45 分钟内完成客厅家具模型的制作； 30 分钟完成卧室模型的制作； 20 分钟内完成洗漱间模型的创建
	2.室外房屋模型的创建	45 分钟内完成室外现代小区群体房屋模型的创建； 60 分钟内完别墅群体模型的创建； 60 分钟内完成欧式小区群体房屋模型创建
	3.室外环境模型的创建	能完成室外道路、树木、汽车等模型的创建； 180 分钟内完成园林场景模型的创建
室内外效果图的制作	1.室内效果图制作	能够在规定时间内完成现代风格的室内效果图并能根据客户要求渲染出图纸； 能够在规定时间内制作出欧式效果图并根据要求渲染出图纸
	2.室外效果图的制作	能够根据 CAD 图纸制作室外模型，并赋予适当的材质和渲染出符合客户需要的图纸
	3.园林效果图的制作	根据设计师的图纸制作并渲染符合要求的园林效果图

续表

项 目	任 务	评价内容
建筑动画的制作	1. 摄像机动画的制作	能够根据客户需要给建筑场景添加摄像机动画,并保存适当的格式; 理解摄像机的原理,有一定的空间构图能力
	2. 建筑动画的制作	能够利用影视制作软件完成建筑动画的镜头组接,使其成为一个完整的建筑广告或宣传片

2. 评价方式

平时成绩(50%) + 半期成绩(20%) + 期末成绩(30%) = 总成绩(100%)。

平时成绩:考勤 + 课堂 + 作业。

半期成绩:以技能考试为主,成绩由学生互评、教师评价两部分组成,各占总技能成绩的 20% 、80% 。

期末成绩:技能(技能以作品的形式呈现,成绩由学生互评、教师评价、行业专家评价3 部分组成,各占总技能成绩的 20% 、40% 、40%)。

数字广播级摄像机的操作与运用课程标准

一、课程基本情况

课程代码	09020014	课程类别	专业核心课
计划课时	216	建议开课时间	第2、3学期
先修课程	影视编辑		

二、课程标准制订依据

本标准依据《中等职业学校数字媒体技术应用岗位能力标准》和《中等职业学校数字媒体技术应用专业人才培养方案》的具体要求制订。

三、课程定位

本课程是 3 年制中职数字媒体技术应用专业学生使用,属于专业课中核心课程,也是一门教、学、做一体化的综合技术课,技能性很强,主要培养本专业学生数字广播级摄像机的操作与综合运用的技能。

四、课程目标

通过本课程的学习,使学生熟练掌握摄像机的菜单设置和操作技术,学习使用摄像辅助设备如:移动轨道车、三脚架、脚轮和小摇臂等的应用,在器材设备应用的基础上主要强化学生对影视画面的处理与视表方法的探索。

通过实训,从操作上提高学生技术能力,学习摄像师的职业规范,在画面处理过程中,主要培养学生的构图设计、景别控制能力以及镜头语言的运用,能利用相关的专业知识解决影视摄像中的实际问题。培养学生的团队合作意识和方法,激发学生的创造力和实战能力。

(一)专业知识

(1)认识影视摄像涉及的领域;

(2)了解摄像师的工作;

(3)掌握不同类型摄像机的设置与操作;

(4)掌握相关辅助设备的使用方法;

(5)认识影视制式、视频格式;

(6)掌握常见的持机姿势和要领;

(7)掌握机位确定的原则和方法;

(8)掌握影视画面处理的基本方法和技巧;

(9)全面掌握影视摄像的理论和实作知识。

(二)专业技能

(1)能够识别各类广播级摄像机;

(2)能根据不同的环境选择白平衡、焦距、光圈、色温;

(3)能根据拍摄要求和现场条件,选择不同的持机方式;

(4)能根据内容、主题、现场环境条件选择机位,正确取景;

(5)能使用手动聚焦,实现"由实转虚""由虚转实"的操作;

(6)能根据内容、主题、现场环境采用最佳的布局均衡构图;

(7)能使用固定镜头,拍摄静态场景如会议、新闻采访等;

(8)能使用运动镜头,拍摄动态场景如运动会、校园活动、自编自演情景剧等。

(三)职业素质

(1)学会沟通和协调人际关系;

(2)具有集体意识和团队合作精神;

(3)具有行业规范意识和时间观念;

(4)能独立学习,具有获取信息的能力;

(5)初步具备拍摄方案设计和评估的能力。

五、课程设计思路

本课程是在进行广泛行业调研的基础上,由数字媒体技术应用的行业专家及本校计算机应用专业的骨干教师一起,对中职数字媒体技术应用专业学生的工作岗位进行了分析,根据影视类岗位工作标准和流程设计教学环节和实训内容。教学内容采用模块化专项训练,遵循基础性、综合性、设计性实践的递进规律,基础性和综合性实践环节主要由教师讲解示范,指导学生进行规范性的训练和操作,按理论与实践相结合的方法进行教学实施,最终培养学生工作岗位相关能力。设计性实践环节充分发挥学生的自主性和创新性,主要采用"因材施教""兴趣培养""重点拔尖"的教学观点,以学生为主体设置自由开放的实训内容。

六、教学内容与课时分配

模块	任务	知识与技能		重难点	学时
神奇的影视世界	1.认识影视历史	知识	了解电影、电视的诞生; 理解录像技术发展史; 认识影视节目类型	影视节目类型	2
		技能	能正确判断节目类型		
	2.认识摄像涉及领域	知识	理解摄像与文学、摄像与美术摄影、摄像与音乐戏剧、摄像与科技的联系	理解摄像与文学、摄像与美术摄影、摄像与音乐戏剧、摄像与科技的联系	2
		技能	体会摄像是技术与艺术的结合体		
	3.培养摄像师的素质	知识	熟悉摄像师的基本素质要求	培养学生的敬业精神	2
		技能	熟悉摄像师的基本素质要求		
认识摄像器材	1.初识摄像机	知识	认识常用的几种分类方法:按质量、按制作方式、按摄像器件、按信号处理方式分类; 理解各类摄像机的特点	广播级摄像机的类型及特点	6
		技能	能够识别各类广播级摄像机; 能根据脚本需要选择合适的摄像机		
	2.认识辅助设备	知识	认识录像带、储存卡; 认识电池、三脚架	电池的使用、装卸、充电的方法; 三脚架的使用方法	6
		技能	能识别各种类型的录像带、储存卡; 能正确使用、装卸电池,会充电; 能正确安装、使用三脚架		

模块	任　务		知识与技能	重难点	学时
并不神奇的摄像机	1. 认识摄像机	知识	熟悉摄像机各部分名称及位置； 认识光学镜头	镜头、寻像器、话筒、主机和附件的位置； 摄像机常用按钮的位置和作用； 光学镜头的分类及运用范围	12
		技能	能正确判断镜头、寻像器、话筒、主机和附件的位置； 能正确操作摄像机常用按钮,理解其作用； 能根据需要选择合适的光学镜头		
	2. 认识影视制式	知识	认识常用的制式:PAL 制式、NTSC 制式、SECAM 制式	PAL 制式及参数	2
		技能	能正确设置国内影视制式		
	3. 认识视频格式	知识	认识常用的视频格式:DV 格式、DVCPRO 格式、DVCAM 格式、MICRO MV 格式等	HDV 格式、HDCAM 格式、MXF 格式、DVCAM 格式常用视频格式的转换方法	2
		技能	能判断不同摄像机所使用的视频格式； 会根据需要转换视频格式		
摄像机的基本操作	1. 调试准备摄像机	知识	掌握白平衡、焦距、光圈、色温的调整方法及使用原则	白平衡、焦距、光圈、色温的调整方法及使用原则	24
		技能	能根据不同的环境选择白平衡、焦距、光圈、色温		
	2. 常见的持机姿势和要领	知识	掌握固定机身的方法； 掌握徒手持机方式	使用三脚架固定摄像机； 徒手持机的要领； 扛式、抱式、举式、拎式等持机方式	18
		技能	能熟练使用三脚架固定摄像机； 掌握徒手持机的要领； 会采用扛式、抱式、举式、拎式等持机方式； 能根据拍摄要求和现场条件,选择不同的持机方式		
	3. 维护与保养摄像机	知识	掌握摄像机及其附件的维护与保养	摄像机的维护与保养	4
		技能	能根据需要正确维护、保养器材		
摄像机的视点与画面效果	1. 确定机位	知识	掌握视点定位三要素:距离、方向、高度； 认识轴线	视点定位三要素:距离、方向、高度； 轴线原则及运用	8
		技能	能根据内容、主题、现场环境条件选择机位； 理解轴线原则		

续表

模块	任　务		知识与技能	重难点	学时
摄像机的视点与画面效果	2. 合理取景	知识	掌握取景原则； 认识景别； 掌握景别的作用及运用	取景原则； 景别的作用及运用	16
		技能	掌握"远取其势、中取其形、近取其神"的原则； 能根据内容、主题、现场环境正确取景		
	3. 准确聚焦	知识	掌握聚焦的方式； 掌握聚焦的操作步骤； 熟悉聚焦的运用	手动聚焦的操作步骤； 聚焦的运用	18
		技能	会自动聚焦； 能手动聚焦； 能使用手动聚焦，实现"由实转虚""由虚转实"的操作		
多变的构图	均衡构图	知识	掌握构图要领； 掌握构图方法； 熟悉构图形式； 理解透视关系	构图的具体要领； 常用的构图方法和形式； 结合机位变换理解物体透视关系	10
		技能	能根据内容、主题、现场环境采用最佳的布局均衡构图，做到"平、美、透气"； 理解"主体与陪体""前景与背景""局部与整体"的关系； 体会常见透视关系"景物近大远小、物体近高远低、光影近浓远淡"		
摄像机的位置与镜头类型	1. 认识固定镜头	知识	掌握固定镜头的视觉效果； 理解固定镜头的特性； 掌握拍摄固定镜头的操作要领	拍摄固定镜头的操作要领； 对固定镜头特性的理解和运用； 避免无缘无故乱动	32
		技能	能使用固定镜头拍摄静态场景：会议、新闻采访等		
	2. 认识运动镜头	知识	理解"起幅""落幅"的概念； 掌握"推、拉、摇、移、跟"的表现特征、操作步骤、拍摄要领、技法运用； 理解复合镜头的使用技巧	"推、拉、摇、移、跟"的表现特征、操作步骤、拍摄要领、技法运用	32
		技能	能使用运动镜头拍摄动态场景：运动会、校园活动、自编自演情景剧等		

模块	任 务		知识与技能	重难点	学时
摄像的艺术创作	1. 认识镜头语言	知识	理解镜头语言的概念；掌握客观镜头、主观镜头、反应镜头、空镜头的特征、作用及应用	客观镜头、主观镜头、反应镜头、空镜头的特征、作用及应用	10
		技能	能根据内容、主题、现场环境等，选择合适的镜头表现方式		
	2. 认识镜头切分	知识	理解镜头与时间、空间的关系；掌握镜头切分的原则	镜头与时间、空间的关系；镜头切分的原则	10
		技能	能正确处理时间概念上对镜头的切断；能正确处理空间上对场景人物的分割		

七、教学实施

(一)师资要求

1. 专任教师

从事本课程教学的专任教师应具备以下相关知识、技能和资质：

(1)具有高中或中职教师资格证书；

(2)获得国家摄影师职业资格证书中级以上或同等地位的职业资格证书。

2. 兼职教师

从事本课程教学的兼职教师应具备以下相关知识、技能和资质：

(1)具有 3 年以上行业工作经历，曾参与广播影视或建筑动画商业作品的制作；

(2)具有 3 年以上相关行业工作经历，具有丰富的实战拍摄经验，获得从事数字媒体相关工作的职业资格证书。

本课程的教师资源由专任教师和兼职教师共同组成，其中 30% 以上的课程教学由兼职教师完成。

(二)教学环境要求

(1)配置有投影仪的多媒体教室；

(2)专业级和广播级摄像机及相应辅助设备。

(三)学习资源

1. 教材

本课程选用苏启崇主编的中国广播电视出版社出版的《实用电视摄像》教材。

2. 参考教材

《摄像基础教程》(升级版)，夏正达主编，上海人民美术出版社出版。

《电视摄像的理论与实务》,王瀚东主编,华中科技大学出版社出版。

《电视摄像艺术新论》,周毅主编,中国广播电视出版社出版。

3. 网络资源

电视人网站(http://www.tv1926.com);记者网(http://www.jzwcom.com)提供的相关视频资料及专业技术文章。

(四)教学方法

本课程采用项目教学法,以小组协作的方式进行。以摄像机的操作为基础,把画面处理与综合性拍摄训练作为重点,主要由教师讲解示范,指导学生进行规范性的训练和操作,在实训中增强学生对摄像技术理论的理解。实践环节充分发挥学生的自主性和创新性,主要采用"因材施教""兴趣培养""重点拔尖"的教学观点,以学生为主体设置自由开放的实训内容。

(五)课程评价

1. 评价内容

模 块	任 务	评价内容
神奇的影视世界	1. 认识影视历史	理解什么是摄影; 能正确判断节目类型
	2. 认识摄像涉及领域	能正确分析评价影片
	3. 培养摄像师的素质	能吃苦耐苦,具有团队协作精神,服从安排,爱护设施设备,身体素质良好
认识摄像器材	1. 初识摄像机	能正确区分摄像机; 能根据脚本需要选择合适的摄像机
	2. 认识辅助设备	会安装、使用三脚架; 会正确使用、装卸电池、会充电; 能正确安装、使用录像带、储存卡
并不神奇的摄像机	1. 认识摄像机	能正确开关摄像机; 能初步使用摄像机
	2. 认识影视制式	能熟记国内 PAL 制式的参数指标
	3. 认识视频格式	能识别 HDV、HDCAM、DVCOM 格式; 能使用格式转换软件,转换文件格式
摄像机的基本操作	1. 调试准备摄像机	会正确使用摄像机; 能正确处理各种预设故障; 能熟记各种环境下的基本设置技巧
	2. 常见的持机姿势和要领	会使用三脚架固定摄像机、校水平; 徒手持机:扛式 30 分钟,抱式 30 分钟,跪式 30 分钟,举式 10 分钟,拎式 10 分钟。要求:姿式正确,画面不能抖动
	3. 维护与保养摄像机	能正确维护、保养器材

项　目	任　务	评价内容
摄像机的视点与画面效果	1. 确定机位	能根据内容、主题、现场环境条件选择机位； 模拟场景：现场采访，独自加班，三人交谈
	2. 合理取景	变化角度、距离、方向拍摄：大门、标语、建筑物、静物各 1 分钟
	3. 准确聚焦	迅速快，准确度高，一次到位； 模拟场景：虚实变幻、高光聚焦、低光聚焦
多变的构图	均衡构图	拍摄动态人物、静态人物、风景、静物各 1 分钟。要求：构图标准、美观
摄像机的位置与镜头类型	1. 认识固定镜头	能结合影视作品进行分析； 拍摄场景：主席台讲话 2 分钟、圆桌会议 2 分钟、街景闹市 2 分钟、建筑群 2 分钟（注意：景别变换，特写、中景、大中景、人全、全景、远景的运用）
	2. 认识运动镜头	能结合影视作品进行分析； 拍摄场景：捡东西 2 分钟、散步 2 分钟朋友见面 2 分钟、领导视察 2 分钟
摄像的艺术创作	1. 认识镜头语言	对作品进行分析、总结，有一定的鉴赏能力； 拍摄场景：仰拍 1 分钟俯拍 1 分钟跟拍 2 分钟
	2. 认识镜头切分	对作品进行分析、总结，有一定的鉴赏能力； 拍摄场景：两人对话、老友见面。 要求：镜头表述清楚，注意表现细节

2. 评价方式

学生考核采取"理论＋实作"的方式，理论占 30%，实作技能占 70%。其中实作技能包括：单项技能（30 分）、综合技能（40 分）。由行业专家、学生代表及任课教师共同对学生作品进行评价。

整个学科成绩由 3 部分构成。半期成绩占 20%，期末成绩占 60%，平时成绩占 20%，平时成绩考核由上课纪律、作业完成情况、参与小组讨论情况、学生自我评价和学生互评等构成。

教学设计
JIAOXUE SHEJI

数字媒体基础教学设计

一、概述

(一)教学设计思路

本课程是在进行广泛行业调研的基础上,由数字媒体技术应用的行业专家及本校计算机应用专业的骨干教师一起,通过对中职数字媒体技术应用专业学生的工作岗位进行了分析,根据完成岗位任务所需知识、技能重组课程内容,选取工作中的典型案例作为教学项目,按照学生的认知规律,从简单的文字、图像、音视频、动画等媒体素材的采集处理到复杂的数字媒体产品的集成发布,由 10 个项目构成,共有 33 个学习任务。本课程以任务为驱动、行动为导向,按理论与实践相结合的方法进行教学实施,最终培养学生所要从事的工作岗位相关的能力。

(二)课程组成框图

本课程从"统一载体、项目关联"的前提出发,本着"任务驱动、案例教学"和"学生为主、教师为辅"的宗旨,充分考虑了中等职业学校教与学的时间需求,结合中职学生的就业方向进行了有针对性的教学设计。由于每一个项目都对应到每个开发环节,所以各项目因为开发流程而相互关联。教材以开发"纪念乔布斯"的多媒体光盘及网站为主线,学材以开发学生自己"个人简介"的多媒体光盘及网站为主线,有效地激发了学生的学习兴趣,学习成果充满个性化,学完即可进行成果转化。本课程组成框图如下:

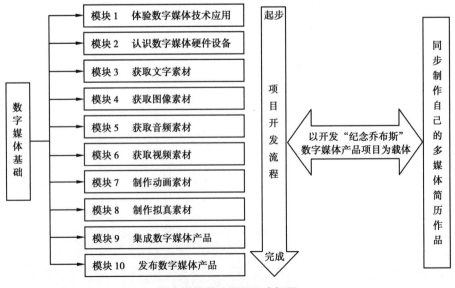

数字媒体基础课程组成框图

二、模块教学设计

每个学习单元就是一个项目,在项目的驱动下,通过完成项目下的任务(包括基本知识的学习和基本技能的训练),最终实施项目。其中:

项目综述:概括说明本项目的内容,以及学生应达到的知识点和操作技能目标。

任务概述:提出本任务要学习的知识内容和所要完成的具体实例。

知识链接:讲述与本任务实例有关的知识和操作技巧。

知 识 窗:讲述与本任务实例有关的知识拓展。

做 一 做:以填空、简答、讨论或实训等形式进行课堂练习。

课后练习:提供本任务的习作练习内容,以检查学生操作技能的掌握情况。

模块教学设计见下表:

模块教学设计

模块	任 务	知识与技能		重难点	学时
体验数字媒体技术应用	1. 走进精彩的数字媒体世界	知识	掌握图文素材的特点; 掌握音视频素材的特点; 掌握动画素材的特点; 理解数字媒体的交互性和集成性	掌握图文、音视频素材的特点	1
		技能	会下载并浏览电子杂志		
	2. 体验掌上数字媒体设备	知识	了解智能手机操作系统; 了解智能手机的数字媒体功能	掌上数字媒体设备	
		技能	会操作智能手机		
	3. 认识信息和媒体	知识	理解信息及媒体的概念; 了解信息与媒体的关系	信息与媒体的概念及关系	1
		技能	能说出信息与媒体的概念		
	4. 了解数字媒体的应用领域	知识	数字媒体的应用领域	数字媒体应用领域	
		技能	能说出3种以上的数字媒体应用领域		
认识数字媒体硬件设备	1. 参观校园广播站和校园电视台	知识	了解广播站音频设备; 了解电视台视频设备; 了解数字媒体演示系统、教育系统、娱乐系统	不同广播电视设备的型号及性能指标	1
		技能	能识别各种广播电视设备; 能识别典型的数字媒体系统		
	2. 认识媒体数字化处理核心设备	知识	能处理数字媒体的主流计算机平台; 认识数字媒体信息处理设备	数字媒体信息处理设备	1

续表

模块	任务		知识与技能	重难点	学时
认识数字媒体硬件设备	3. 认识数字媒体信息存储设备	技能	数字媒体信息存储设备(光存储、磁存储); 认识数字媒体信息存储设备	数字媒体信息存储设备	1
	4. 认识各种接头、接口及连接线	知识	了解各种设备接头、接口及连接方式; 认识连接各种硬件设备的接头	不同设备之间的连接	1
		技能	能认识各种接口及接头,并能使用各种连接线连接相关设备		
获取文字素材	1. 采集文本文字素材	知识	纯文本文字素材和格式化文字素材; 为操作系统安装字体; 录入文字的方法(键盘、手写、语音); 使用扫描仪及智能手机对文字素材进行扫描识别	文本素材的特点; 文本素材的获取; 使用扫描仪扫描识别文本	2
		技能	为 Windows 操作系统安装字体; 能使用设备扫描识别文本素材		
	2. 制作图像化文字素材	知识	掌握文本信息获取的方式及相关知识; 掌握文本信息的特点与优势; 理解文本信息应用的原则及注意事项; 了解图像化文字的优点; 掌握制作图像化文字素材的方法	制作图像化文字素材	2
		技能	能使用 Cool 3D 制作三维图像化文字素材		
	3. 设计数据化文字素材	知识	数据文字与图表	数据化文字的图表表示; 优秀图表的设计准则	2
		技能	能用图表表示数据		
获取图像素材	1. 采集已有的图像素材	知识	了解位图和矢量图的区别; 掌握网上下载图像素材的方法; 掌握截取屏幕图像的方法	采用"下载、截图、扫描、拍摄、绘制"等方法获取图像素材	2
		技能	会下载图像素材; 会截取计算机屏幕图像素材		
	2. 使用数码相机和扫描仪获取图像素材	知识	掌握获取图形图像素材的各种方法; 掌握图像处理软件 Photoshop 的操作技巧; 会使用数码相机拍摄图像; 会使用扫描仪扫描图像	数码相机和扫描仪的使用	2
		技能	能使用扫描仪及数码相机扫描及拍摄图像素材		

模块	任　务		知识与技能	重难点	学时
获取图像素材	3. 使用数位板绘制肖像	知识	数位板绘制图像	安装数位板驱动并使用数位板绘制图像素材	2
		技能	会安装并使用数位板		
	4. 编辑与处理图像素材	知识	了解编辑处理图像素材的方法；了解图像压缩及格式；了解数字图像的基本参数	使用 Photoshop 编辑和处理图像素材	3
		技能	能使用 Photoshop 进行基本的图像素材处理；能使用 Photoshop 制作出符合需求的图形图像素材		
获取音频素材	1. 采集已有的音频素材	知识	学会从网上下载音频素材；学会对 CD 光盘中的音频素材进行抓轨采集；学会分离视频中的音频素材；学会录制网页中的音频素材	音频素材的下载和录制；音频素材的编辑和处理	2
		技能	能使用计算机、录音笔等硬件设备录音；能操作 GoldWave 及 Audition 等音频处理软件编辑处理音频素材；会使用恰当的方法获取所需的音频素材		
	2. 使用数码设备录制音频	知识	学会使用电脑录音；学会使用录音笔、手机等便携设备录音	使用计算机设备录音	2
		技能	掌握采集与处理音频素材的各种方法		
	3. 使用软件生成音频素材	知识	了解和使用音频软件的基本使用方法	使用软件制作简单音频素材	2
		技能	能使用软件生成音频素材		
	4. 编辑与处理音频素材	知识	了解对音频素材进行编辑和处理；理解数字音频和 MIDI 的概念；了解音频的压缩及格式；掌握音频编辑软件 GoldWave 及 Audition 的操作技巧	使用 Audition 软件进行音频的编辑处理；GoldWave 及 Audition 等音频编辑软件的使用	3
		技能	能应用本模块中的各种方法获得符合需求的音频素材		

续表

模块	任务	知识与技能		重难点	学时
获取视频素材	1. 采集已有的视频素材	知识	学会从网上下载视频素材； 学会录制计算机屏幕上的视频素材； 掌握网上下载视频的技巧和方法； 掌握屏幕录像的操作方法	使用屏幕录制软件录制视频素材； 屏幕录制软件 Camtasia Studio 的使用	2
		技能	学会从网上下载视频和录制屏幕视频的方法； 能使用屏幕录像软件		
	2. 使用摄像机拍摄视频	知识	掌握摄像机的基本操作； 学会使用摄像机拍摄视频素材； 认识摄像机并了解其使用方法	用摄像机拍摄视频素材	4
		技能	学会摄像机的基本操作		
	3. 编辑与处理视频素材	知识	掌握 Premiere 编辑视频的操作流程； 使用 Premiere 编辑处理视频素材； 电视系统的制式； 视频的压缩及格式	视频剪辑软件 Premiere 的使用； 用 Premiere 剪辑视频素材	4
		技能	学会使用 Premiere 剪辑视频素材		
制作动画素材	1. 制作有趣的 GIF 动画	知识	视觉暂留动画原理； 制作 GIF 动画； 制作 Flash 动画	动画原理及类型	2
		技能	学会用 Ulead GIF Animator 制作 GIF 动画； 掌握 GIF 动画的制作方法		
	2. 制作简单的 Flash 动画	知识	动画的类型：逐帧、运动渐变、形状渐变、运动引导、遮罩变化； 掌握 Flash 动画的制作方法	Flash 软件的使用	3
		技能	学会制作 Flash 动画		
	3. 制作基本的影视动画	知识	了解影视动画的制作方法	影视动画和网络动画的区别； After Effects 软件的操作	3
		技能	制作基本的影视动画； 学会用 After Effects 制作简单的影视动画		
制作拟真素材	1. 制作逼真的三维足球	知识	了解常用的三维软件：3ds Max、Maya、Softimage； 掌握 3ds Max 的基本操作； 学会制作三维模型； 学会为三维模型设置材质	三维模型制作； 为三维模型设置材质； 绿屏视频素材抠像	4
		技能	学会用 3ds Max 制作三维模型； 学会为三维模型设置材质； 掌握 3ds Max 软件的基本使用方法		

模块	任务	知识与技能		重难点	学时
制作拟真素材	2.合成虚拟演播室效果	知识	理解抠像及视频合成的原理； 掌握抠像原理； 掌握 After Effects 软件抠像操作； 掌握 Keylight 抠像插件的使用	三维空间感的建立； 三维软件的操作使用； 视频抠像合成原理	4
		技能	会用 After Effects 软件进行抠像合成		
集成数字媒体产品	1.制作电子杂志	知识	获取并整理制作电子杂志的素材； 为电子杂志制作软件 ZineMaker 安装模板； 制作电子杂志； 掌握操作电子杂志制作软件 ZineMaker 的方法	制作电子杂志； 使用 PHPCMS 制作网站； 数字媒体产品的开发流程及框架设计	2
		技能	会制作电子杂志		
	2.开发单机版数字媒体产品	知识	了解数字媒体产品的开发流程； 数字媒体产品框架设计	数字媒体产品的框架设计	3
		技能	会构建各种数字媒体框架		
	3.集成网络版数字媒体产品	知识	了解 CMS 系统； 掌握使用 CMS 系统快速搭建网站的方法	CMS 系统的操作使用	3
		技能	会用 PHPCMS 快速制作一个网站		
发布数字媒体产品	1.刻录光盘	知识	学会刻录音乐 CD 光盘； 学会刻录数据光盘	刻录光盘； 制作光盘盘面及外包装	2
		技能	会使用 Nero 刻录光盘		
	2.包装光盘	知识	学会设计光盘盘面； 学会设计光盘外包装； 学会打印光盘盘面及外包装； 掌握制作并打印光盘盘面及光盘盒封面的方法	光盘盘面及外包装的设计	3
		技能	会光盘盘面及外包装的制作		
	3.发布网络版数字媒体产品	知识	了解网络版数字媒体产品的发布流程	网站发布及推广	3
		技能	会注册域名； 会申请网站空间； 会上传发布网站并推广网站		

三、教学方案设计

为确保各教学任务的成功实施,在明确了课程整体设计思路并对单元进行了教学设计的基础上,对各任务进行分解、细化,按照理论与实践一体化的教学设计思路进行了教学方案的设计。

(一)模块1"体验数字媒体技术应用"教学方案设计

任务1 "走进精彩的数字媒体世界"教学方案设计

课　题		走进精彩的数字媒体世界	课型	理论＋实作	课时	1
教学任务	知识	了解电子杂志中所涉及的各种数字媒体元素; 基本掌握文字、图像、音视频以及动画等的特征				
	技能	会从网络上获得并使用电子杂志; 能对比出电子杂志相对于传统纸质杂志的优点				
	情感	树立自信心,相信自己能够完成学习目标; 增强自主探究学习的能力,产生学习兴趣; 培养良好的团队协作意识,形成小组自主合作学习能力				
重难点	重点	电子杂志中各种媒体元素的特征; 智能手机中的各种数字媒体功能				
	难点	电子杂志中的数字媒体与传统媒体相比的优点; 各种智能手机操作系统的优缺点				
学情分析		学习的重点是从文化课转移到技能操作上,学生对本课程兴趣很大。但是学生缺乏坚持到底的毅力,需要由浅入深地进行教学,树立学生的信心,加入小组活动,调动学生积极性				
教　法		任务驱动、讲练结合、小组协作、启发教学				
学　法		营造"262效能课堂",轻松愉悦的小组协作学习				
手　段		多媒体教学				
教　具		多媒体课件、多媒体教室、辅助教学网站(www.iszmt.com)				
教　学　过　程						
活　动	教　师	学　生	可能出现的状况及应对策略	设计意图	备注	
创设情境 引入新课	(1)回顾上节课的学习内容; (2)展示课件上的知识、技能、情感目标、重难点内容	(1)翻看笔记回忆上节课的主要内容; (2)明确本堂课的学习目标,记录下来		激发兴趣 明确目标	5分钟	

活动1 下载《火星CG》 电子杂志	给出下载地址,演示下载操作步骤	记录好操作步骤,随堂实作		启发探究 技巧点拨	5分钟
活动2 浏览《火星CG》 电子杂志	引导学生浏览《火星CG》电子杂志	浏览《火星CG》电子杂志	状况:部分学生时间不够,不能按时完成; 应对:加强过程中的提醒	讲授新课 传授知识	15分钟
活动3 讨论该电子 杂志中出现 的媒体形式	布置讨论议题,提出要求,巡视各组讨论情况	分组讨论	状况:部分组长带头能力较差,不能找到解决办法,成员不积极参与; 应对:给予特别关注和指导	学生主体 分组讨论	10分钟
活动4 小组展示 收获成果	根据教学环境情况使用投影、展台或极域电子教室展示各组合作学习成果	(1)评价:组长交叉互评组员学习成果; (2)各小组对照评价标准进行自评	状况:部分学生的自评和互评结论有失偏颇; 应对:给予专门的点评	作品欣赏 点评归纳	5分钟
课堂小结 拓展提高	以小组的方式分组进行课堂小结,回顾本堂课的主要内容,并且布置课后作业。对比电子杂志与传统纸质杂志所表现出来的特性,并思考这些特性相对于传统媒体的优缺点	课后浏览水晶石公司网站和2010年上海世博会网站,体验数字媒体在建筑可视化、影视特效、汽车工业设计、商业演示以及拟现实技术中的应用		课堂小结 布置作业 学以致用	5分钟

任务 2　"体验掌上数字媒体设备"教学方案设计

课　题	体验掌上数字媒体设备	课型	理论＋实作	课时	1

教学任务	知识	了解智能手机操作系统； 了解智能手机的数字媒体功能
	技能	会使用智能手机操作系统； 会使用智能手机中的各种数字媒体功能
	情感	树立自信心,相信自己能够完成学习目标； 增强自主探究学习的能力,产生学习兴趣； 培养良好的团队协作意识,形成小组自主合作学习能力
重难点	重点	智能手机中的各种数字媒体功能
	难点	各种智能手机操作系统的优缺点
学情分析		智能手机是新兴的便携式数字媒体设备,在学生中的普及程度也非常高,越来越多的学生通过智能手机拍摄照片、视频以及录制声音,还可以通过一些智能手机应用对这些媒体素材进行简单的编辑。所以学生对智能手机是有一定的了解的,本任务就是让学生更深入地了解智能手机,体验掌上数字媒体的功能
教　法		任务驱动、讲练结合、小组协作、启发教学
学　法		营造"262 效能课堂",轻松愉悦的小组协作学习
手　段		多媒体教学
教　具		多媒体课件、多媒体教室、辅助教学网站(www.iszmt.com)

教 学 过 程

活　动	教　师	学　生	可能出现的状况及应对策略	设计意图	备注
创设情境 引入新课	(1)展示两款采用不同操作系统的智能手机； (2)展示课件上的知识、技能、情感目标、重难点内容	(1)翻看笔记回忆上节课的主要内容； (2)明确本堂课的学习目标,记录下来		激发兴趣 明确目标	5 分钟
活动 1 了解智能手机操作系统	通过前面展示的采用不同操作系统的智能手机,引入介绍智能手机操作系统	拿出自己的智能手机并体验其操作方式与其他同学手机的不同	状况:部分学生时间不够,不能按时完成； 应对:加强过程中的提醒	讲授新课 传授知识	5 分钟
活动 2 了解 iPhone 4S 的数字媒体功能	通过 iPhone 4S 讲解智能手机的各种数字媒体功能	做好笔记	状况:理论知识理解起来困难,不容易记忆； 应对:以图文并茂的方式讲解	讲授新课 传授知识	17 分钟

活动3 访问 HTC 公司网站,了解 One X 手机的情况	给出 HTC(台湾宏达国际电子股份有限公司)的官方网站网址,引导学生找到介绍 One X 手机的页面	分组完成了解 One X 手机功能的任务,记录下本组成员的成果	状况:部分组长带头能力较差,不能找到解决办法,成员不积极参与;应对:给予特别关注和指导	学生主体实践操作分组讨论	10分钟
活动4 小组展示收获成果	根据教学环境情况使用投影、展台或极域电子教室展示各组合作学习成果	(1)评价:组长交叉互评组员学习成果;(2)各小组对照评价标准进行自评	状况:部分学生的自评和互评结论有失偏颇;应对:给予专门的点评	作品欣赏点评归纳	5分钟
课堂小结拓展提高	Iphone 4S 为例,总结智能手机中的各种数字媒体功能。回顾本堂课的主要内容,并且布置课后作业	到手机卖场去试用一下 ios、安卓以及 Windows Phone3 种系统的最新款智能手机,体验一下各种手机的功能		课堂小结布置作业学以致用	3分钟

任务3 "认识信息和媒体"教学方案设计

课　题		认识信息和媒体		课型	理论+实作	课时	1
教学任务	知识	掌握信息的定义;理解媒体及数字媒体					
	技能	能说出信息和媒体的区别;能说出信息和媒体的关系					
	情感	树立自信心,相信自己能够完成学习目标;增强自主探究学习的能力,产生学习兴趣;培养良好的团队协作意识,形成小组自主合作学习能力					
重难点	重点	信息及媒体的定义					
	难点	信息和媒体的区别及关系					
学情分析		本任务的学习重点为掌握信息及媒体的概念,都是理论知识,较为枯燥,应该充分尊重中职学生的特点,降低理论知识的难度,多采用形象生动的例子					
教　法		任务驱动、讲练结合、小组协作、启发教学					
学　法		营造"262 效能课堂",轻松愉悦的小组协作学习					
手　段		多媒体教学					
教　具		多媒体课件、多媒体教室、辅助教学网站(www.iszmt.com)					

续表

教 学 过 程					
活　动	教　师	学　生	可能出现的状况及应对策略	设计意图	备注
创设情境引入新课	提出问题:与"信息"和"媒体"相关的词语越来越多地出现在人们的日常工作和学习生活中。那么,究竟什么是"信息"?什么是"媒体"	(1)翻看笔记回忆上节课的主要内容; (2)明确本堂课的学习目标,记录下来		激发兴趣明确目标	5 分钟
活动 1了解什么是信息	通过展示重庆市的天气预报网页,引导学生找出该网页中的各种信息	积极参与	状况:部分学生时间不够,不能按时完成; 应对:加强过程中的提醒	启发探究技巧点拨	5 分钟
活动 2了解什么是媒体及数字媒体	展示国内媒体刊登的乔布斯逝世的消息图片,引导学生完成教材上提出的几个问题	分组讨论,积极参与	状况:部分组长带头能力较差,不能找到解决办法,成员不积极参与; 应对:给予特别关注和指导	学生主体实践操作分组讨论	17 分钟
活动 3讲解信息与媒体的关系	理论讲授	认真听课,做好笔记	状况:理论知识理解起来困难,不容易记忆; 应对:以图文并茂的方式讲解	讲授新课传授知识	10 分钟
活动 4模仿"你说我猜"娱乐节目	邀请学生上台表演该节目,并引导台下的学生说出该节目中的"信息"及"媒体"	积极参与	状况:部分学生的自评和互评结论有失偏颇; 应对:给予专门的点评	放松心情快乐学习	5 分钟
课堂小结拓展提高	回顾本堂课的主要内容,并且布置课后作业。请学生列举出手机短信的媒体特征,并思考它与彩信有哪些区别	课后复习信息和媒体的概念,做到深入理解		课堂小结布置作业学以致用	3 分钟

任务4 "了解数字媒体的应用领域"教学方案设计

课 题		了解数字媒体的应用领域		课型	理论+实作	课时	1
教学任务	知识	了解数字媒体在教育领域及商业领域的应用； 了解数字媒体在出版领域及娱乐领域的应用					
	技能	能说出数字媒体的各种应用领域； 能举出数字媒体在各应用领域的应用实例					
	情感	树立自信心,相信自己能够完成学习目标； 增强自主探究学习的能力,产生学习兴趣； 培养良好的团队协作意识,形成小组自主合作学习的能力					
重难点	重点	数字媒体在教育领域和商业领域的应用					
	难点	数字媒体在出版领域及娱乐领域的应用					
学情分析		学生对本课程兴趣很大,但是学生缺乏坚持到底的毅力,需要由浅入深地进行教学,树立学生的信心,加入小组活动,调动学生积极性					
教 法		任务驱动、讲练结合、小组协作、启发教学					
学 法		营造"262效能课堂",轻松愉悦地小组协作学习					
手 段		多媒体教学					
教 具		多媒体课件、多媒体教室、辅助教学网站(www.iszmt.com)					

教 学 过 程

活 动	教 师	学 生	可能出现的状况 及应对策略	设计意图	备注
创设情境 引入新课	提出问题:知道数字媒体在哪些领域进行了应用吗? 分发打印引导问题和任务	(1)翻看笔记回忆上节课的主要内容； (2)明确本堂课的学习目标,记录下来		激发兴趣 明确目标	5分钟
活动1 讲解数字媒体在教育领域的应用	以多媒体教室为例讲解多媒体教学演示系统,以洪恩"开天辟地"为例讲解多媒体教育软件	认真听讲,做好笔记	状况:理论知识理解起来困难,不容易记忆； 应对:以图文并茂的方式讲解	讲授新课 传授知识	9分钟
活动2 讲解数字媒体在商业领域的应用	展示多媒体触摸屏系统,讲解数字媒体在商业领域的应用	认真听讲,做好笔记	状况:理论知识理解起来困难,不容易记忆； 应对:以图文并茂的方式讲解	讲授新课 传授知识	9分钟

续表

活动3 讲解数字媒体在出版领域的应用	讲解数字媒体在出版领域的应用	认真听讲,做好笔记	状况:理论知识理解起来困难,不容易记忆; 应对:以图文并茂的方式讲解	讲授新课 传授知识	10分钟
活动4 讲解数字媒体在娱乐领域的应用	讲解数字媒体在娱乐领域的应用	认真听讲,做好笔记	状况:理论知识理解起来困难,不容易记忆; 应对:以图文并茂的方式讲解	讲授新课 传授知识	9分钟
课堂小结 拓展提高	回顾本堂课的主要内容,并且布置课后作业	课后上网了解最新的数字媒体技术发展资讯,把握数字媒体技术的发展趋势		课堂小结 布置作业 学以致用	3分钟

(二)模块2"认识数字媒体硬件设备"教学方案设计

任务1 "参观校园广播站和校园电视台"教学方案设计

课 题		参观校园广播站和校园电视台	课型	理论＋实作	课时	1
教学任务	知识	了解校园广播站中的数字媒体硬件设备; 了解校园电视台中的数字媒体硬件设备				
	技能	能说出校园广播站和电视台中各种硬件设备的名称; 能说出各种硬件设备的基本功能和参数				
	情感	树立自信心,相信自己能够完成学习目标; 增强自主探究学习的能力,产生学习兴趣; 培养良好的团队协作意识,形成小组自主合作学习能力				
重难点	重点	认识校园广播站和校园电视台中的各种硬件设备				
	难点	校园广播站和校园电视台中各种硬件设备的功能及参数				
学情分析		注意中职学生比较好动的特点,积极引导学生爱护参观校园广播电视台过程中的各种设施设备				
教法		任务驱动、讲练结合、小组协作、启发教学				
学法		营造"262效能课堂",轻松愉悦的小组协作学习				
手段		多媒体教学				
教具		多媒体课件、多媒体教室、辅助教学网站(www.iszmt.com)				

		教 学 过 程			
活 动	教 师	学 生	可能出现的状况 及应对策略	设计意图	备注
创设情境 引入新课	事先做好联系工作,带领学生到学校广播电视台参观	做好参观准备,随身带上笔记本和笔		激发兴趣 明确目标	5分钟
活动1 参观校园 广播站	实地讲解校园广播站的各种媒体设备	认真听讲,做好笔记	状况:大部分学生都是第一次接触这些设备,问题较多; 应对:作好解答	讲授新课 传授知识	5分钟
活动2 参观校园 电视台	实地讲解校园电视台的各种媒体设备	认真听讲,做好笔记	状况:大部分学生都是第一次接触这些设备,问题较多; 应对:作好解答	讲授新课 传授知识	15分钟
活动3 讲解各种数字媒体系统	分别讲解数字媒体演示系统、教育系统和影音娱乐系统	认真听讲,做好笔记	状况:理论知识理解起来困难,不容易记忆; 应对:以图文并茂的方式讲解	讲授新课 传授知识	10分钟
活动4 "数字视频设备的发展与展望"讨论	做好学生分组工作,并提供讨论议题	(1)评价:组长交叉互评组员学习成果; (2)各小组对照评价标准进行自评	状况:部分组长带头能力较差,不能找到解决办法,成员不积极参与; 应对:给予特别关注和指导	学生主体 实践操作 分组讨论	5分钟
课堂小结 拓展提高	以小组的方式分组进行课堂小结,回顾本堂课的主要内容,并且布置课后作业	课后观察学校的多媒体教室,记录构成这多媒体教室的各种设备的名称		课堂小结 布置作业 学以致用	5分钟

任务2 "认识媒体数字化处理核心设备"教学方案设计

课 题		认识媒体数字化处理核心设备	课型	理论+实作	课时	1
教学任务	知识	了解PC机和苹果机; 基本掌握PC机处理数字媒体信息的核心部件				
	技能	能说出PC机和苹果机的区别; 能认识PC机的各部件				
	情感	树立自信心,相信自己能够完成学习目标; 增强自主探究学习的能力,产生学习兴趣; 培养良好的团队协作意识,形成小组自主合作学习的能力				

续表

重难点	重点	PC 机处理数字媒体信息的核心部件			
	难点	苹果机的架构及操作系统			
学情分析	虽然学生中使用过计算机的较多,但是了解计算机内部结构的并不多,根据中职生的特点,应该尽量采用实物展示的方式				
教　法	任务驱动、讲练结合、小组协作、启发教学				
学　法	营造"262 效能课堂",轻松愉悦的小组协作学习				
手　段	多媒体教学				
教　具	多媒体课件、多媒体教室、辅助教学网站(www.iszmt.com)				

教　学　过　程

活　动	教　师	学　生	可能出现的状况及应对策略	设计意图	备注
创设情境引入新课	(1) 回顾上节课的学习内容; (2) 展示课件上的知识、技能、情感目标、重难点内容	(1) 翻看笔记回忆上节课的主要内容; (2) 明确本堂课的学习目标,记录下来		激发兴趣明确目标	5 分钟
活动 1 了解主流计算机平台	讲解 IBM 兼容机和苹果机,谈谈 PC 机发展过程中的故事	认真听讲,做好笔记	状况:理论知识理解起来困难,不容易记忆; 应对:以图文并茂的方式讲解	讲授新课传授知识	5 分钟
活动 2 在系统中查看计算机硬件配置	演示查看计算机硬件配置的操作步骤,并提醒应注意的事项	认真听讲,做好笔记。在教师的引导下,积极主动实践		讲授新课传授知识实践操作	15 分钟
活动 3 拆开计算机主机机箱,观察里面的情况	事先准备好一个可供拆卸的计算机主机和螺丝刀等工具,拆开机箱并展示内部结构	认真观察,提出问题	状况:部分学生观察不仔细; 应对:给予特别关注和指导	学生主体实践操作	10 分钟
活动 4 讲解计算机的各种部件	根据教学环境情况使用投影、展台或极域电子教室展示计算机内的各种部件,讲解其参数	认真听讲,做好笔记	状况:部分学生的自评和互评结论有失偏颇; 应对:给予专门的点评	讲授新课传授知识	5 分钟
课堂小结拓展提高	回顾本堂课的主要内容,并且布置课后作业	课后访问中关村、太平洋和泡泡网等著名的 IT 网站,了解当前计算机各种配置及部件的行情		课堂小结布置作业学以致用	5 分钟

任务 3　"认识数字媒体信息存储设备"教学方案设计

课　题	认识数字媒体信息存储设备		课型	理论＋实作	课时	1
教学任务	知识	了解光盘的发展和光盘的规格； 了解闪存卡、摄像机存储卡、DV 磁带以及阵列等磁存储设备				
	技能	能说出光盘的种类和常见规格； 能识别各种光存储和磁存储设备				
	情感	树立自信心，相信自己能够完成学习目标； 增强自主探究学习的能力，产生学习兴趣； 培养良好的团队协作意识，形成小组自主合作学习的能力				
重难点	重点	各种光存储设备和磁存储设备				
	难点	各种存储设备的特点				
学情分析	学生对光盘和 U 盘等常见的存储设备应该比较了解，但是对一些比较专业的存储设备（如专业摄像机存储卡）又缺乏认识，应该从他们熟悉的设备着手，逐步深入					
教　法	任务驱动、讲练结合、小组协作、启发教学					
学　法	营造"262 效能课堂"，轻松愉悦地小组协作学习					
手　段	多媒体教学					
教　具	多媒体课件、多媒体教室、辅助教学网站（www.iszmt.com）					

教　学　过　程

活　动	教　师	学　生	可能出现的状况及应对策略	设计意图	备注
创设情境 引入新课	（1）回顾上节课的学习内容； （2）展示课件上的知识、技能、情感目标、重难点内容	（1）翻看笔记回忆上节课的主要内容； （2）明确本堂课的学习目标，记录下来		激发兴趣 明确目标	5 分钟
活动 1 认识光存储设备	讲解光盘的发展历史，光盘的尺寸规格，CD、DVD、BD 的基础知识	认真听讲，做好笔记	状况：理论知识理解起来困难，不容易记忆； 应对：以图文并茂的方式讲解	启发探究 技巧点拨 小组探究 交流分享	5 分钟
活动 2 认识磁存储设备	讲解闪存卡、摄像机存储卡、DV 磁带、移动硬盘、U 盘等知识	认真听讲，做好笔记	状况：理论知识理解起来困难，不容易记忆； 应对：以图文并茂的方式讲解	讲授新课 传授知识	10 分钟

续表

活动3 分组讨论各种存储设备在数字媒体系统中的应用	布置讨论议题,提出要求,巡视各组讨论情况	分组讨论	状况:部分组长带头能力较差,不能找到解决办法,成员不积极参与; 应对:给予特别关注和指导	学生主体分组讨论	15分钟
活动4 小组展示收获成果	根据教学环境情况使用投影、展台或极域电子教室展示各组合作学习成果	(1)评价:组长交叉互评组员学习成果; (2)各小组对照评价标准进行自评	状况:部分学生的自评和互评结论有失偏颇; 应对:给予专门的点评	作品欣赏点评归纳	5分钟
课堂小结拓展提高	以小组的方式分组进行课堂小结,回顾本堂课的主要内容,并且布置课后作业	课后上中关村、太平洋和泡泡网等著名的IT网站浏览目前市面上主流存储器的资讯,并记录下各种主流存储器的参数		课堂小结布置作业学以致用	5分钟

任务4 "认识各种接头、接口及连线"教学方案设计

课　题		认识各种接头、接口及连线	课型	理论+实作	课时	1
教学任务	知识	认识传输数据的各种接头、接口及连线; 认识传输音视频的各种接头、接口及连线				
	技能	能够说出各种接头接口及连线的名称; 能够根据需求合理选用各种接头、接口及连线组建系统				
	情感	树立自信心,相信自己能够完成学习目标; 增强自主探究学习的能力,产生学习兴趣; 培养良好的团队协作意识,形成小组自主合作学习的能力				
重难点	重点	各种接头、接口及连线的名称及功能				
	难点	根据不同需求选择合适的接头、接口及连线				
学情分析		学生在使用数码产品的过程中,或多或少都接触过一些常见的接头、接口以及连线,以此为突破口向其传授相关知识				
教　法		任务驱动、讲练结合、小组协作、启发教学				
学　法		营造"262效能课堂",轻松愉悦地小组协作学习				
手　段		多媒体教学				
教　具		多媒体课件、多媒体教室、辅助教学网站(www.iszmt.com)				

		教　学　过　程			
活　动	教　师	学　生	可能出现的状况及应对策略	设计意图	备注
创设情境引入新课	(1)回顾上节课的学习内容; (2)展示课件上的知识、技能、情感目标、重难点内容	(1)翻看笔记回忆上节课的主要内容; (2)明确本堂课的学习目标,记录下来		激发兴趣明确目标	5分钟
活动1 认识传输数据的接头、接口及连线	讲解传输数据的接头、接口及连线	认真听讲,做好笔记	状况:理论知识理解起来困难,不容易记忆; 应对:以图文并茂的方式讲解	讲授新课传授知识	10分钟
活动2 认识传输音视频的接头、接口及连线	讲解传输音视频的接头、接口及连线	认真听讲,做好笔记	状况:理论知识理解起来困难,不容易记忆; 应对:以图文并茂的方式讲解	讲授新课传授知识	15分钟
活动3 认识各种转接头	讲解各种转接头	认真听讲,做好笔记	状况:理论知识理解起来困难,不容易记忆; 应对:以图文并茂的方式讲解	讲授新课传授知识	10分钟
课堂小结拓展提高	以小组的方式分组进行课堂小结,回顾本堂课的主要内容,并且布置课后作业	课后观察计算机主机箱后的各种接口,并说出它们各自的作用		课堂小结布置作业学以致用	5分钟

(三)模块3"获取文字素材"教学方案设计

任务1　"获取文字素材"教学方案设计

课　题		采集文本文字素材	课型	理论＋实作	课时	2
教学任务	知识	了解文本文字和非文本文字的概念及区别; 掌握录入文本文字和扫描识别文本文字的方法				
	技能	能够使用键盘、手写及语音识别的方法录入文字; 会用扫描仪和智能手机扫描识别文本文字				
	情感	树立自信心,相信自己能够完成学习目标; 增强自主探究学习的能力,产生学习兴趣; 培养良好的团队协作意识,形成小组自主合作学习的能力				

续表

重难点	重点	使用扫描仪和智能手机扫描识别文本文字			
	难点	智能手机安装相关应用软件后对文本进行扫描识别			
学情分析		学生对本课程兴趣很大,但是学生缺乏坚持到底的毅力,需要由浅入深地进行教学,树立学生的信心,加入小组活动,调动学生积极性			
教　法		任务驱动、讲练结合、小组协作、启发教学			
学　法		营造"262 效能课堂",轻松愉悦地小组协作学习			
手　段		多媒体教学			
教　具		多媒体课件、多媒体教室、辅助教学网站(www.iszmt.com)			

<table>
<tr><td colspan="6" align="center">教　学　过　程</td></tr>
<tr><td>活　动</td><td>教　师</td><td>学　生</td><td>可能出现的状况及应对策略</td><td>设计意图</td><td>备注</td></tr>
<tr><td>创设情境
引入新课</td><td>(1)回顾上节课的学习内容;
(2)展示课件上的知识、技能、情感目标、重难点内容</td><td>(1)翻看笔记回忆上节课的主要内容;
(2)明确本堂课的学习目标,记录下来</td><td></td><td>激发兴趣
明确目标</td><td>5 分钟</td></tr>
<tr><td>活动 1
使用设备录入文本文件</td><td>键盘录入;
手写录入;
语音识别录入</td><td>认真听讲,做好笔记</td><td>状况:理论知识理解起来困难,不容易记忆;
应对:以图文并茂的方式讲解</td><td>启发探究
技巧点拨</td><td>20 分钟</td></tr>
<tr><td>活动 2
使用设备扫描识别文本文件</td><td>翻到教材的任意一页,使用扫描仪和 OCR 软件对页面上的文字进行扫描识别,演示操作步骤</td><td>记录好操作步骤,随堂实作</td><td>状况:部分学生时间不够,不能按时完成;
应对:加强过程中的提醒</td><td>讲授新课
传授知识</td><td>25 分钟</td></tr>
<tr><td>活动 3
讲解扫描仪基础知识</td><td>讲解扫描仪基础知识</td><td>认真听讲,做好笔记</td><td></td><td>讲授新课
传授知识</td><td>10 分钟</td></tr>
<tr><td>活动 4
使用智能手机扫描识别文本文件</td><td>使用智能手机扫描识别文本文件,演示操作步骤</td><td>记录好操作步骤,随堂实作</td><td>状况:部分学生时间不够,不能按时完成;
应对:加强过程中的提醒</td><td>学生主体
实践操作</td><td>25 分钟</td></tr>
<tr><td>课堂小结
拓展提高</td><td>以小组的方式分组进行课堂小结,回顾本堂课的主要内容,并且布置课后作业</td><td>课后在手机上下载一个语音识别的软件,安装使用一下,体验其功能</td><td></td><td>课堂小结
布置作业
学以致用</td><td>5 分钟</td></tr>
</table>

任务2 "制作图像化文字素材"教学方案设计

课　题	制作图像化文字素材		课型	理论＋实作	课时	2
教学任务	知识	掌握 Windows 中字体的安装方法； 掌握使用 Cool 3D 制作图像化文字的方法				
	技能	会按需求安装所需的字体； 会使用 Cool 3D 制作出所需的图像化文字				
	情感	树立自信心，相信自己能够完成学习目标； 增强自主探究学习的能力，产生学习兴趣； 培养良好的团队协作意识，形成小组自主合作学习的能力				
重难点	重点	安装字体，使用 Cool 3D 制作出所需的图像化文字				
	难点	Cool 3D 软件的操作使用技巧				
学情分析		学生兴趣很大，但是学生缺乏坚持到底的毅力，需要由浅入深地进行教学，树立学生的信心，加入小组活动，调动学生积极性				
教　法		任务驱动、讲练结合、小组协作、启发教学				
学　法		营造"262 效能课堂"，轻松愉悦地小组协作学习				
手　段		多媒体教学				
教　具		多媒体课件、多媒体教室、辅助教学网站(www. iszmt.com)				

教　学　过　程

活　动	教　师	学　生	可能出现的状况及应对策略	设计意图	备注
创设情境引入新课	(1)回顾上节课的学习内容； (2)展示课件上的知识、技能、情感目标、重难点内容	(1)翻看笔记回忆上节课的主要内容； (2)明确本堂课的学习目标，记录下来		激发兴趣明确目标	5分钟
活动1安装和使用字体	到网上下载一款字体，演示在 Windows 中安装字体的操作步骤	记录下操作步骤，随堂操作实践	状况：部分学生找不到安装字体的文件夹； 应对：单独辅导	讲授新课传授知识	10分钟
活动2制作图像化文字	使用 cool 3D 软件制作一个图像文字素材，给出样本	记录下操作步骤，随堂操作实践	状况：部分学生时间不够，不能按时完成； 应对：加强过程中的提醒	讲授新课传授知识	25分钟

续表

活动3 分组制作本小组的图像化文字作品	安排课堂实作任务,将准备好的必要素材分发给学生	分组合作完成本组作品	状况:部分组长带头能力较差,不能找到解决办法,成员不积极参与; 应对:给予特别关注和指导	学生主体实践操作	30分钟
活动4 小组展示收获成果	根据教学环境情况使用投影仪、展台或极域电子教室展示各组合作学习成果	(1)评价:组长交叉互评组员学习成果; (2)各小组对照评价标准进行自评	状况:部分学生的自评和互评结论有失偏颇; 应对:给予专门的点评	作品欣赏点评归纳	15分钟
课堂小结拓展提高	以小组的方式分组进行课堂小结,回顾本堂课的主要内容,并且布置课后作业	课后上网下载一款自己喜欢的字体,并将其添加到Windows字体库		课堂小结布置作业学以致用	5分钟

任务3 "设计数据化文字素材"教学方案设计

课　题	设计数据化文字素材		课型	理论+实作	课时	2
教学任务	知识	了解图表的概念和类型; 基本掌握优秀图表应该遵循的标准格式				
	技能	能说出各种图表的名称; 能遵循图表的标准格式设计出优秀的图表				
	情感	树立自信心,相信自己能够完成学习目标; 增强自主探究学习的能力,产生学习兴趣; 培养良好的团队协作意识,形成小组自主合作学习的能力				
重难点	重点	图表的概念及类型				
	难点	优秀图表应该遵循的标准格式				
学情分析	学生对图表应该有一定的概念,但是使用图表制作出优秀的数据化文字素材以及设计出优秀的图表对他们来说应该比较困难,应该在这方面多加引导					
教　法	任务驱动、讲练结合、小组协作、启发教学					
学　法	营造"262效能课堂",轻松愉悦地小组协作学习					
手　段	多媒体教学					
教　具	多媒体课件、多媒体教室、辅助教学网站(www.iszmt.com)					

			教　学　过　程		
活　动	教　师	学　生	可能出现的状况及应对策略	设计意图	备注
创设情境引入新课	(1)回顾上节课的学习内容; (2)展示课件上的知识、技能、情感目标、重难点内容	(1)翻看笔记回忆上节课的主要内容; (2)明确本堂课的学习目标,记录下来		激发兴趣明确目标	5分钟
活动1认识图表	讲解图表的各种类型,打开PPT进行演示	认真听讲,做好笔记	状况:理论知识理解起来困难,不容易记忆; 应对:以图文并茂的方式讲解	讲授新课传授知识	20分钟
活动2欣赏优秀的图表设计	将事先准备好的各种优秀图表设计案例展示给学生欣赏	欣赏图表		讲授新课传授知识	30分钟
活动3分组讨论出各种图表的优缺点	布置讨论议题,巡视各组讨论情况	分组讨论	状况:部分组长带头能力较差,不能找到解决办法,成员不积极参与; 应对:给予特别关注和指导	学生主体实践操作分组讨论	20分钟
活动4小组展示收获成果	根据教学环境情况使用投影仪、展台或极域电子教室展示各组合作学习成果	(1)评价:组长交叉互评组员学习成果; (2)各小组对照评价标准进行自评	状况:部分学生的自评和互评结论有失偏颇; 应对:给予专门的点评	作品欣赏点评归纳	15分钟
课堂小结拓展提高	以小组的方式分组进行课堂小结,回顾本堂课的主要内容,并且布置课后作业	课后模仿本任务中的优秀图表设计,制作几个不同风格的图表		课堂小结布置作业学以致用	5分钟

（四）模块4"获取图像素材"教学方案设计

任务1 "设计数据化图像素材"教学方案设计

课　题		采集已有的图像素材		课型	理论＋实作	课时	2
教学任务	知识	掌握从网络下载图像素材的方法； 掌握截取计算机屏幕图像的操作技巧					
	技能	会通过网络下载所需的图像素材； 会使用 Snagit 软件截取计算机屏幕图像					
	情感	树立自信心，相信自己能够完成学习目标； 增强自主探究学习的能力，产生学习兴趣； 培养良好的团队协作意识，形成小组自主合作学习的能力					
重难点	重点	从网络上下载所需的图像素材					
	难点	截取计算机屏幕图像					
学情分析		学生平时用得较多的截取计算机屏幕图像的方法是使用键盘上的 PrintScreen 键进行操作，应特别讲解屏幕截图软件的优点以引导学生掌握对截图软件的使用					
教　法		任务驱动、讲练结合、小组协作、启发教学					
学　法		营造"262效能课堂"，轻松愉悦地小组协作学习					
手　段		多媒体教学					
教　具		多媒体课件、多媒体教室、辅助教学网站（www.iszmt.com）					

教　学　过　程						
活　动	教　师	学　生	可能出现的状况 及应对策略	设计意图	备注	
创设情境 引入新课	(1)回顾上节课的学习内容； (2)展示课件上的知识、技能、情感目标、重难点内容	(1)翻看笔记回忆上节课的主要内容； (2)明确本堂课的学习目标，记录下来		激发兴趣 明确目标	5分钟	
活动1 从网络上下载图像素材	列举常用的图片素材下载网站，并以百度的图片搜索为例讲解如何从网络上获取所需的图片素材	认真听讲，记录好操作步骤	状况：理论知识理解起来困难，不容易记忆； 应对：以图文并茂的方式讲解	启发探究 技巧点拨	20分钟	
活动2 截取计算机屏幕图像	讲解使用键盘和屏幕截图软件截取计算机屏幕的操作技巧	认真听讲，记录好操作步骤后随堂实践	状况：部分学生时间不够，不能按时完成； 应对：加强过程中的提醒	讲授新课 传授知识	30分钟	

活动3 获取图片素材 速度比赛	给出一个比赛主题,让学生通过学到的知识获取与本主题相关的图片素材,用时最少的组胜出	分组合作完成该任务	状况:部分组长带头能力较差,不能找到解决办法,成员不积极参与; 应对:给予特别关注和指导	学生主体 实践操作 分组讨论	20分钟
活动4 小组展示 收获成果	根据教学环境情况使用投影仪、展台或极域电子教室展示各组合作学习成果	(1)评价:组长交叉互评组员学习成果; (2)各小组对照评价标准进行自评	状况:部分学生的自评和互评结论有失偏颇; 应对:给予专门的点评	作品欣赏 点评归纳	10分钟
课堂小结 拓展提高	以小组的方式分组进行课堂小结,回顾本堂课的主要内容,并且布置课后作业	课后以"保护地球"为主题,到网上下载收集相关的图像素材		课堂小结 布置作业 学以致用	5分钟

任务2　"使用数码相机拍摄照片"教学方案设计

课　题		使用数码相机拍摄照片	课型	理论＋实作	课时	2
教学任务	知识	了解数码相机的分类; 基本掌握使用数码相机及智能手机拍摄照片的方法				
	技能	能区分各种数码相机所属种类; 会用数码相机和智能手机拍摄数码照片				
	情感	树立自信心,相信自己能够完成学习目标; 增强自主探究学习的能力,产生学习兴趣; 培养良好的团队协作意识,形成小组自主合作学习能力				
重难点	重点	使用数码相机及智能手机拍摄照片				
	难点	单反相机的操作技巧				
学情分析		学生家里有数码相机的越来越多,但大部分都是消费级的卡片相机,学生对专业级的单反相机的了解还不是很多,应加大这部分知识的讲解力度				
教　法		任务驱动、讲练结合、小组协作、启发教学				
学　法		营造"262效能课堂",轻松愉悦地小组协作学习				
手　段		多媒体教学				
教　具		多媒体课件、多媒体教室、辅助教学网站(www.iszmt.com)				

续表

教　学　过　程					
活　动	教　师	学　生	可能出现的状况及应对策略	设计意图	备注
创设情境引入新课	(1)回顾上节课的学习内容； (2)展示课件上的知识、技能、情感目标、重难点内容	(1)翻看笔记回忆上节课的主要内容； (2)明确本堂课的学习目标，记录下来		激发兴趣明确目标	5分钟
活动1认识数码相机	讲解数码相机的种类，对单反相机进行着重讲解	认真听讲，做好笔记	状况：理论知识理解起来困难，不容易记忆； 应对：以图文并茂的方式讲解	启发探究技巧点拨	20分钟
活动2使用数码相机拍照	安排一个学生作为拍摄对象进行拍摄，演示数码相机的基本操作方法以及注意要点	认真听讲，做好笔记，随堂实践	状况：部分学生时间不够，不能按时完成； 应对：加强过程中的提醒	讲授新课传授知识	30分钟
活动3使用智能手机拍照	演示使用智能手机进行拍照的操作技巧，规定一个拍摄主题让学生拍摄	使用自己的手机按规定的主题拍摄几张数码照片	状况：部分组长带头能力较差，不能找到解决办法，成员不积极参与； 应对：给予特别关注和指导	学生主体实践操作	20分钟
活动4小组展示收获成果	根据教学环境情况使用投影仪、展台或极域电子教室展示各组合作学习成果	(1)评价：组长交叉互评组员学习成果； (2)各小组对照评价标准进行自评	状况：部分学生的自评和互评结论有失偏颇； 应对：给予专门的点评	作品欣赏点评归纳	10分钟
课堂小结拓展提高	以小组的方式分组进行课堂小结，回顾本堂课的主要内容，并且布置课后作业	课后使用数码相机拍摄一幅照片，再将该照片导入到Photoshop中进行优化处理		课堂小结布置作业学以致用	5分钟

任务3 "使用数位板绘制肖像"教学方案设计

课　题	使用数位板绘制肖像		课型	理论＋实作	课时	2
教学任务	知识	了解常见数位板的品牌和功能； 基本掌握使用数位板绘制图像素材的方法				
	技能	会安装数位板驱动程序； 会操作使用数位板				
	情感	树立自信心，相信自己能够完成学习目标； 增强自主探究学习的能力，产生学习兴趣； 培养良好的团队协作意识，形成小组自主合作学习的能力				
重难点	重点	使用安装好的数位板绘制人物肖像				
	难点	安装调试数位板				
学情分析	本专业学生具备手绘美术功底的很少，不能过分要求学生绘制的作品效果					
教　法	任务驱动、讲练结合、小组协作、启发教学					
学　法	营造"262效能课堂"，轻松愉悦地小组协作学习					
手　段	多媒体教学					
教　具	多媒体课件、多媒体教室、辅助教学网站（www.iszmt.com）					

教　学　过　程

活　动	教　师	学　生	可能出现的状况 及应对策略	设计意图	备注
创设情境 引入新课	(1)回顾上节课的学习内容； (2)展示课件上的知识、技能、情感目标、重难点内容	(1)翻看笔记回忆上节课的主要内容； (2)明确本堂课的学习目标，记录下来		激发兴趣 明确目标	5分钟
活动1 安装并调试 数位板	演示为准备好的数位板安装驱动程序，并调试到可使用状态	记录好操作步骤并进行随堂实践	状况：理论知识理解起来困难，不容易记忆； 应对：以图文并茂的方式讲解	启发探究 技巧点拨	15分钟
活动2 使用数位板绘制乔布斯头像	由于完成整个绘制任务的时间较长，课前将绘制过程录像，播放关键步骤并讲解要点	将使用数位板绘图的关键点记录下来备用	状况：部分学生时间不够，不能按时完成； 应对：加强过程中的提醒	讲授新课 传授知识	30分钟

续表

活动3 分组使用数位板绘制本组成员的肖像画	安排分组使用数位板绘制本组成员肖像画的任务	小组成员共同选出本组模特并进行绘制	状况:部分组长带头能力较差,不能找到解决办法,成员不积极参与; 应对:给予特别关注和指导	学生主体实践操作分组讨论	30分钟
活动4 小组展示收获成果	根据教学环境情况使用投影仪、展台或极域电子教室展示各组合作学习成果	(1)评价:组长交叉互评组员学习成果; (2)各小组对照评价标准进行自评	状况:部分学生的自评和互评结论有失偏颇; 应对:给予专门的点评	作品欣赏点评归纳	5分钟
课堂小结拓展提高	以小组的方式分组进行课堂小结,回顾本堂课的主要内容,并且布置课后作业	课后使用数位板完成自己肖像画的绘制		课堂小结布置作业学以致用	5分钟

任务4 "编辑与处理图像素材"教学方案设计

课 题		编辑与处理图像素材	课型	理论+实作	课时	3
教学任务	知识	了解 Banner 广告的常规制作方法; 掌握 Photoshop 的基本操作技巧				
	技能	会使用 Photoshop 中常用的工具; 会使用 Photoshop 完成简单的 Banner 广告图片的制作				
	情感	树立自信心,相信自己能够完成学习目标; 增强自主探究学习的能力,产生学习兴趣; 培养良好的团队协作意识,形成小组自主合作学习的能力				
重难点	重点	Photoshop 常用工具的操作				
	难点	使用 Photoshop 完成简单 Banner 广告的制作				
学情分析		学生对本课程兴趣很大,但是缺乏坚持到底的毅力,需要由浅入深地进行教学,树立学生的信心,加入小组活动,调动学生积极性				
教 法		任务驱动、讲练结合、小组协作、启发教学				
学 法		营造"262 效能课堂",轻松愉悦地小组协作学习				
手 段		多媒体教学				
教 具		多媒体课件、多媒体教室、辅助教学网站(www.iszmt.com)				

活　动	教　师	学　生	可能出现的状况及应对策略	设计意图	备注
			教　学　过　程		
创设情境引入新课	提出问题:通过前几个任务获得的图像素材有时候并不能完全符合我们的需要,通过什么方法才能使这些素材满足需要呢?	(1)翻看笔记回忆上节课的主要内容;(2)明确本堂课的学习目标,记录下来		激发兴趣明确目标	5分钟
活动1制作标志	演示使用Photoshop制作标志的操作步骤	记录下操作步骤,随堂实践	状况:理论知识理解起来困难,不容易记忆;应对:以图文并茂的方式讲解	启发探究技巧点拨	40分钟
活动2认识图像处理软件	展示各种图像处理软件的界面并介绍其功能	认真听讲并做好笔记	状况:部分学生时间不够,不能按时完成;应对:加强过程中的提醒	讲授新课传授知识	15分钟
活动3完成Banner广告的制作	演示操作步骤,分发实作素材,安排学生实作	分组完成该Banner广告的制作,遇到的问题在小组成员的帮助下解决	状况:部分组长带头能力较差,不能找到解决办法,成员不积极参与;应对:给予特别关注和指导	学生主体实践操作分组讨论	40分钟
活动4小组展示收获成果	根据教学环境情况使用投影仪、展台或极域电子教室展示各组合作学习成果	(1)评价:组长交叉互评组员学习成果;(2)各小组对照评价标准进行自评	状况:部分学生的自评和互评结论有失偏颇;应对:给予专门的点评	作品欣赏点评归纳	5分钟
课堂小结拓展提高	以小组的方式分组进行课堂小结,回顾本堂课的主要内容,并且布置课后作业	课后到网上搜索下载合适的图片素材,完成"节约用水"公益广告的制作		课堂小结布置作业学以致用	5分钟

（五）模块5"获取音频素材"教学方案设计

任务1　"采集已有的音频素材"教学方案设计

课　题		采集已有的音频素材		课型	理论+实作	课时	2
教学任务	知识	掌握网络上下载所需音频素材的方法； 掌握获取CD和视频中的音频素材的方法					
	技能	会使用百度搜索获得所需的音频素材并将其下载； 会对CD光盘抓轨操作获取音频素材； 会使用QQ影音截取视频中的音频素材					
	情感	树立自信心，相信自己能够完成学习目标； 增强自主探究学习的能力，产生学习兴趣； 培养良好的团队协作意识，形成小组自主合作学习的能力					
重难点	重点	通过网络下载所需的音频素材，使用QQ影音截取视频中的音频素材					
	难点	对CD光盘进行抓轨操作获取音频素材					
学情分析		学生对本课程兴趣很大，但是缺乏坚持到底的毅力，需要由浅入深地进行教学，树立学生的信心，加入小组活动，调动学生积极性					
教　法		任务驱动、讲练结合、小组协作、启发教学					
学　法		营造"262效能课堂"，轻松愉悦地小组协作学习					
手　段		多媒体教学					
教　具		多媒体课件、多媒体教室、辅助教学网站（www.iszmt.com）					

教　学　过　程

活　动	教　师	学　生	可能出现的状况 及应对策略	设计意图	备注
创设情境 引入新课	（1）回顾上节课的学习内容； （2）展示课件上的知识、技能、情感目标、重难点内容	（1）翻看笔记回忆上节课的主要内容； （2）明确本堂课的学习目标，记录下来		激发兴趣 明确目标	5分钟
活动1 网上下载 音频素材	到网络上下载所需的音频素材，演示操作步骤	认真听讲，做好笔记	状况：部分学生时间不够，不能按时完成； 应对：加强过程中的提醒	启发探究 技巧点拨	20分钟
活动2 获取CD光盘 中的音频素材	讲解CD中.cda文件与其他音频文件的异同，演示通过抓轨操作获取CD音频的步骤	记录好操作步骤，随堂实作	状况：部分学生时间不够，不能按时完成； 应对：加强过程中的提醒	讲授新课 传授知识	30分钟

活动3 获取视频中的音频素材	介绍可以截取视频中音频文件的常用软件,演示操作步骤	认真听讲,做好笔记,随堂实作	状况:部分组长带头能力较差,不能找到解决办法,成员不积极参与; 应对:给予特别关注和指导	讲授新课 传授知识	25分钟
活动4 小组展示 收获成果	根据教学环境情况使用投影仪、展台或极域电子教室展示各组合作学习成果	(1)评价:组长交叉互评组员学习成果; (2)各小组对照评价标准进行自评	状况:部分学生的自评和互评结论有失偏颇; 应对:给予专门的点评	作品欣赏 点评归纳	10分钟
课堂小结 拓展提高	以小组的方式分组进行课堂小结,回顾本堂课的主要内容,并且布置课后作业	课后完成腾讯网络电视直播的电视节目音频文件的录制		课堂小结 布置作业 学以致用	5分钟

任务2　"使用数码设备录制音频"教学方案设计

课　题		使用数码设备录制音频	课型	理论+实作	课时	2
教学任务	知识	了解常见的录制音频文件的数码设备; 掌握使用计算机及便携设备录制音频素材的方法				
	技能	会使用计算机录制音频素材; 会使用录音笔等便携设备录制音频素材				
	情感	树立自信心,相信自己能够完成学习目标; 增强自主探究学习的能力,产生学习兴趣; 培养良好的团队协作意识,形成小组自主合作学习的能力				
重难点	重点	根据需求,使用计算机录制音频素材				
	难点	使用录音笔等便携设备录制音频素材				
学情分析		学生对本课程兴趣很大,但是缺乏坚持到底的毅力,需要由浅入深地进行教学,树立学生的信心,加入小组活动,调动学生积极性				
教　法		任务驱动、讲练结合、小组协作、启发教学				
学　法		营造"262效能课堂",轻松愉悦地小组协作学习				
手　段		多媒体教学				
教　具		多媒体课件、多媒体教室、辅助教学网站(www.iszmt.com)				

续表

教 学 过 程					
活 动	教 师	学 生	可能出现的状况及应对策略	设计意图	备注
创设情境引入新课	(1)回顾上节课的学习内容; (2)展示课件上的知识、技能、情感目标、重难点内容	(1)翻看笔记回忆上节课的主要内容; (2)明确本堂课的学习目标,记录下来		激发兴趣明确目标	5分钟
活动1使用电脑录音	介绍使用电脑录制音频的所需设备	认真听讲,做好笔记,随堂实践	状况:部分学生时间不够,不能按时完成; 应对:加强过程中的提醒	启发探究技巧点拨	15分钟
活动2使用便携设备录音	(1)演示录音笔录音的操作步骤; (2)演示智能手机录音的操作步骤	认真听讲,做好笔记,随堂实践	状况:部分学生时间不够,不能按时完成; 应对:加强过程中的提醒	讲授新课传授知识	15分钟
活动3录制解说词	分解说词到各小组,安排录制任务,提出要求	分组完成解说词的录制	状况:部分组长带头能力较差,不能找到解决办法,成员不积极参与; 应对:给予特别关注和指导	学生主体实践操作	40分钟
活动4小组展示收获成果	根据教学环境情况使用投影仪、展台或极域电子教室展示各组合作学习成果	(1)评价:组长交叉互评组员学习成果; (2)各小组对照评价标准进行自评	状况:部分学生的自评和互评结论有失偏颇; 应对:给予专门的点评	作品欣赏点评归纳	5分钟
课堂小结拓展提高	以小组的方式分组进行课堂小结,回顾本堂课的主要内容,并且布置课后作业	课后使用计算机完成一首诗歌朗诵的录制		课堂小结布置作业学以致用	5分钟

任务 3　"使用软件生成音频素材"教学方案设计

课　题	使用软件生成音频素材		课型	理论＋实作	课时	2
教学任务	知识	了解使用软件生成音频文件的原理； 基本掌握方正畅听和 Guitar Pro 生成音频文件的操作技巧				
	技能	会使用方正畅听生成语音文件； 会使用 Guitar Pro 软件生成背景音乐文件				
	情感	树立自信心，相信自己能够完成学习目标； 增强自主探究学习的能力，产生学习兴趣； 培养良好的团队协作意识，形成小组自主合作学习能力				
重难点	重点	根据需求，使用方正畅听生成语音文件				
	难点	使用 Guitar Pro 软件生成背景音乐文件				
学情分析	学生对本课程兴趣很大，但是缺乏坚持到底的毅力，需要由浅入深地进行教学，树立学生的信心，加入小组活动，调动学生积极性					
教　法	任务驱动、讲练结合、小组协作、启发教学					
学　法	营造"262 效能课堂"，轻松愉悦地小组协作学习					
手　段	多媒体教学					
教　具	多媒体课件、多媒体教室、辅助教学网站(www.iszmt.com)					

教　学　过　程					
活　动	教　师	学　生	可能出现的状况 及应对策略	设计意图	备注
创设情境 引入新课	(1)回顾上节课的学习内容； (2)展示课件上的知识、技能、情感目标、重难点内容	(1)翻看笔记回忆上节课的主要内容； (2)明确本堂课的学习目标，记录下来		激发兴趣 明确目标	5 分钟
活动 1 使用方正畅听 生成语音文件	介绍方正畅听软件，演示使用方正畅听生成语音文件的操作步骤	记录好操作步骤，随堂实践	状况:部分学生时间不够，不能按时完成； 应对:加强过程中的提醒	讲授新课 传授知识	30 分钟
活动 2 使用 Guitar Pro 软件生成背景 音乐文件	介绍 Guitar Pro 软件，演示使用 Guitar Pro 软件生成背景音乐文件的操作步骤	认真听讲，做好笔记，随堂实践	状况:部分学生时间不够，不能按时完成； 应对:加强过程中的提醒	讲授新课 传授知识	30 分钟

续表

活动3 讲解 MIDI 的相关知识	讲解 MIDI 相关知识,对比其与数字音频的异同	认真听讲,做好笔记	状况:理论知识理解起来困难,不容易记忆; 应对:以图文并茂的方式讲解	讲授新课传授知识	10 分钟
活动4 小组展示收获成果	根据教学环境情况使用投影仪、展台或极域电子教室展示各组合作学习成果	(1)评价:组长交叉互评组员学习成果; (2)各小组对照评价标准进行自评	状况:部分学生的自评和互评结论有失偏颇; 应对:给予专门的点评	作品欣赏点评归纳	15 分钟
课堂小结拓展提高	以小组的方式分组进行课堂小结,回顾本堂课的主要内容,并且布置课后作业	课后到网上下载同一首歌曲的 MP3 文件和 MIDI 文件,试听两种格式后说出各有什么不同		课堂小结布置作业学以致用	5 分钟

任务4 "编辑与处理音频素材"教学方案设计

课　题		编辑与处理音频素材	课型	理论＋实作	课时	4
教学任务	知识	了解数字音频与 MIDI 的异同; 掌握 GoldWave 的基本操作技巧				
	技能	会使用 GoldWave 录制解说词; 会使用 GoldWave 为解说词配背景音乐				
	情感	树立自信心,相信自己能够完成学习目标; 增强自主探究学习的能力,产生学习兴趣; 培养良好的团队协作意识,形成小组自主合作学习能力				
重难点	重点	GoldWave 的基本操作技巧				
	难点	使用 GoldWave 的混音功能为解说词配背景音乐				
学情分析		学生对本课程兴趣很大,但是缺乏坚持到底的毅力,需要由浅入深的进行教学,树立学生的信心,加入小组活动调动学生积极性				
教法		任务驱动、讲练结合、小组协作、启发教学				
学法		营造"262 效能课堂",轻松愉悦的小组协作学习				
手段		多媒体教学				
教具		多媒体课件、多媒体教室、辅助教学网站(www.iszmt.com)				

	教　学　过　程				
活　动	教　师	学　生	可能出现的状况及应对策略	设计意图	备注
创设情境引入新课	(1)回顾上节课的学习内容; (2)展示课件上的知识、技能、情感目标、重难点内容	(1)翻看笔记回忆上节课的主要内容; (2)明确本堂课的学习目标,记录下来		激发兴趣明确目标	5分钟
活动1录制解说词	使用GoldWave录制解说词,演示操作步骤,将解说词稿分发给学生实作	认真听讲,记录好操作步骤	状况:理论知识理解起来困难,不容易记忆; 应对:以图文并茂的方式讲解	讲授新课传授知识	1课时
活动2为解说词配上背景音乐	只用GoldWave的混音功能为之前录制的解说词配上背景音乐,演示操作步骤	认真听讲,记录好操作步骤	状况:部分学生时间不够,不能按时完成; 应对:加强过程中的提醒	讲授新课传授知识	1课时
活动3制作一个音频作品	分发素材到各小组,提出实作要求,巡视各小组情况	分小组完成一个音频作品的录音、编辑、混音、出成品过程	状况:部分组长带头能力较差,不能找到解决办法,成员不积极参与; 应对:给予特别关注和指导	学生主体实践操作分组讨论	1课时
活动4小组展示收获成果	根据教学环境情况使用投影仪、展台或极域电子教室展示各组合作学习成果	(1)评价:组长交叉互评组员学习成果; (2)各小组对照评价标准进行自评	状况:部分学生的自评和互评结论有失偏颇; 应对:给予专门的点评	作品欣赏点评归纳	35分钟
课堂小结拓展提高	以小组的方式分组进行课堂小结,回顾本堂课的主要内容,并且布置课后作业	Audition对音频的处理操作和Gold-Wave类似,课后摸索使用Audition录制一首诗歌朗诵,并上网下载一首钢琴曲作为背景音乐,将其与诗歌朗诵进行混音后输出		课堂小结布置作业学以致用	5分钟

（六）模块6"获取视频素材"教学方案设计

任务1 "采集已有的视频素材"教学方案设计

课　题	采集已有的视频素材		课型	理论＋实作	课时	4
教学任务	知识	掌握下载网络视频的方法； 掌握录制计算机屏幕的方法				
	技能	会使用 iKu 等软件下载网络上的视频； 会用 Camtasia Studio 录制计算机屏幕上的视频素材				
	情感	树立自信心，相信自己能够完成学习目标； 增强自主探究学习的能力，产生学习兴趣； 培养良好的团队协作意识，形成小组自主合作学习的能力				
重难点	重点	根据需求，下载网络上的视频素材				
	难点	录制计算机屏幕的操作技巧				
学情分析	学生对本课程兴趣很大，但是缺乏坚持到底的毅力，需要由浅入深地进行教学，树立学生的信心，加入小组活动，调动学生积极性					
教　法	任务驱动、讲练结合、小组协作、启发教学					
学　法	营造"262 效能课堂"，轻松愉悦地小组协作学习					
手　段	多媒体教学					
教　具	多媒体课件、多媒体教室、辅助教学网站（www.iszmt.com）					

教　学　过　程					
活　动	教　师	学　生	可能出现的状况 及应对策略	设计意图	备注
创设情境 引入新课	(1) 回顾上节课的学习内容； (2) 展示课件上的知识、技能、情感目标、重难点内容	(1) 翻看笔记回忆上节课的主要内容； (2) 明确本堂课的学习目标，记录下来		激发兴趣 明确目标	5 分钟
活动1 网上下载 视频素材	讲解从网上下载视频素材的方法，演示操作步骤	认真听讲，做好笔记，随堂实践	状况：部分学生时间不够，不能按时完成； 应对：加强过程中的提醒	启发探究 技巧点拨	1 课时
活动2 常见视频 文件格式	讲解常见的视频格式：.avi、.mpg、.mov、.wmv等	记录好各种视频格式的名称及属性	状况：理论知识理解起来困难，不容易记忆； 应对：以图文并茂的方式讲解	讲授新课 传授知识	15 分钟

续表

活动 3 录制计算机 屏幕上的 视频素材	介绍屏幕录制软件,演示软件安装步骤以及录制计算机屏幕的操作步骤	认真听讲,做好笔记,随堂实践		学生主体 实践操作	2 课时
活动 4 介绍与视频有关的一些术语	介绍与视频有关的一些术语	认真听讲,做好笔记	状况:理论知识理解起来困难,不容易记忆; 应对:以图文并茂的方式讲解	讲授新课 传授知识	20 分钟
课堂小结 拓展提高	以小组的方式分组进行课堂小结,回顾本堂课的主要内容,并且布置课后作业	课后完成苹果公司 iPhone 介绍视频的采集		课堂小结 布置作业 学以致用	5 分钟

任务 2　"使用摄像机拍摄视频"教学方案设计

课　题		使用摄像机拍摄视频	课型	理论＋实作	课时	5
教学任务	知识	认识数码摄录一体机; 掌握常用的摄像机固定方式和拍摄技巧				
	技能	能说出摄像机各部分的名称; 能操作摄像机拍摄所需的视频				
	情感	树立自信心,相信自己能够完成学习目标; 增强自主探究学习的能力,产生学习兴趣; 培养良好的团队协作意识,形成小组自主合作学习的能力				
重难点	重点	摄像机的各种固定方式				
	难点	摄像机拍摄视频的镜头技巧				
学情分析		学生对使用摄像机拍摄视频的兴趣很大,但是缺乏坚持到底的毅力,需要由浅入深地进行教学,树立学生的信心,加入小组活动,调动学生积极性				
教　法		任务驱动、讲练结合、小组协作、启发教学				
学　法		营造"262 效能课堂",轻松愉悦地小组协作学习				
手　段		多媒体教学				
教　具		多媒体课件、多媒体教室、辅助教学网站(www.iszmt.com)				

续表

		教 学 过 程			
活 动	教 师	学 生	可能出现的状况及应对策略	设计意图	备注
创设情境引入新课	(1)回顾上节课的学习内容; (2)展示课件上的知识、技能、情感目标、重难点内容	(1)翻看笔记回忆上节课的主要内容; (2)明确本堂课的学习目标,记录下来		激发兴趣明确目标	5分钟
活动1认识数码摄录一体机	介绍摄像机的分类,以佳能 XF300 为例介绍摄像机的各部件以及操作方法	认真听讲,做好笔记	状况:理论知识理解起来困难,不容易记忆; 应对:以图文并茂的方式讲解	讲授新课传授知识	20分钟
活动2摄像机固定方式	介绍手持、肩扛、三脚架、摇臂、轨道以及斯坦尼康等各种摄像机的固定方式	认真听讲,做好笔记	状况:理论知识理解起来困难,不容易记忆; 应对:以图文并茂的方式讲解	讲授新课传授知识	20分钟
活动3拍摄视频时需要用到的镜头技巧	讲解推、拉、摇、移、跟等摄像机镜头技巧,操作演示	认真听讲,做好笔记	状况:理论知识理解起来困难,不容易记忆; 应对:以图文并茂的方式讲解	讲授新课传授知识	20分钟
活动4分组实作	安排拍摄任务,提出要求,组建拍摄小组	分组完成任务	状况:部分组长带头能力较差,不能找到解决办法,成员不积极参与; 应对:给予特别关注和指导	学生主体实践操作	3课时
活动5小组展示收获成果	根据教学环境情况使用投影仪、展台或极域电子教室展示各组合作学习成果	(1)评价:组长交叉互评组员学习成果; (2)各小组对照评价标准进行自评	状况:部分学生的自评和互评结论有失偏颇; 应对:给予专门的点评	作品欣赏点评归纳	20分钟
课堂小结拓展提高	以小组的方式分组进行课堂小结,回顾本堂课的主要内容,并且布置课后作业	课后操作使用摄像机拍摄一段校园视频素材		课堂小结布置作业学以致用	5分钟

任务3　"编辑与处理视频素材"教学方案设计

课　题	编辑与处理视频素材		课型	理论＋实作	课时	5
教学任务	知识	了解常用的视频编辑软件； 掌握 Premiere 的基本操作技巧				
	技能	会使用 Premiere 对视频进行剪辑； 会使用 Premiere 对视频作品进行简单的包装				
	情感	树立自信心,相信自己能够完成学习目标； 增强自主探究学习的能力,产生学习兴趣； 培养良好的团队协作意识,形成小组自主合作学习的能力				
重难点	重点	根据需求,使用 Premiere 对视频进行剪辑				
	难点	为视频添加片头、片尾字幕				
学情分析	学生对本课程兴趣很大,但是缺乏坚持到底的毅力,需要由浅入深地进行教学,树立学生的信心,加入小组活动,调动学生积极性					
教　法	任务驱动、讲练结合、小组协作、启发教学					
学　法	营造"262效能课堂",轻松愉悦地小组协作学习					
手　段	多媒体教学					
教　具	多媒体课件、多媒体教室、辅助教学网站(www.iszmt.com)					

教　学　过　程

活　动	教　师	学　生	可能出现的状况及应对策略	设计意图	备注
创设情境 引入新课	(1)回顾上节课的学习内容； (2)展示课件上的知识、技能、情感目标、重难点内容	(1)翻看笔记回忆上节课的主要内容； (2)明确本堂课的学习目标,记录下来		激发兴趣 明确目标	5分钟
活动1 使用 Premiere 剪辑视频	介绍常用的视频剪辑软件,演示使用 Premiere 剪辑视频的操作步骤	记录好操作步骤,随堂实作	状况:部分学生时间不够,不能按时完成； 应对:加强过程中的提醒	启发探究 技巧点拨	30分钟
活动2 对视频进行 简单包装	应用 Premiere 中的字幕功能对视频进行简单的包装,演示操作步骤	记录好操作步骤,随堂实作	状况:部分学生时间不够,不能按时完成； 应对:加强过程中的提醒	讲授新课 传授知识	30分钟

续表

活动3 讲解彩色 电视制式	分别介绍3种国际常用的电视制式,着重讲解 PAL 制在我国的应用	认真听讲,做好笔记	状况:理论知识理解起来困难,不容易记忆; 应对:以图文并茂的方式讲解	讲授新课 传授知识	10分钟
活动4 分组实作	安排实作任务,提出要求,分发素材,巡视各组情况	分组实作	状况:部分组长带头能力较差,不能找到解决办法,成员不积极参与; 应对:给予特别关注和指导	学生主体 实践操作 分组讨论	3课时
活动5 小组展示 收获成果	根据教学环境情况使用投影仪、展台或极域电子教室展示各组合作学习成果	(1)评价:组长交叉互评组员学习成果; (2)各小组对照评价标准进行自评	状况:部分学生的自评和互评结论有失偏颇; 应对:给予专门的点评	作品欣赏 点评归纳	20分钟
课堂小结 拓展提高	以小组的方式分组进行课堂小结,回顾本堂课的主要内容,并且布置课后作业	课后完成宣传学校的视频短片的制作		课堂小结 布置作业 学以致用	5分钟

(七)模块7"制作动画素材"教学方案设计

任务1 "制作有趣的 GIF 动画"教学方案设计

课　题		制作有趣的 GIF 动画	课型	理论＋实作	课时	2
教学任务	知识	了解动画的原理; 掌握基本的 GIF 动画制作技巧				
	技能	会操作 Ulead GIF Animator5; 会使用 Ulead GIF Animator5 制作简单的 GIF 动画				
	情感	树立自信心,相信自己能够完成学习目标; 增强自主探究学习的能力,产生学习兴趣; 培养良好的团队协作意识,形成小组自主合作学习的能力				
重难点	重点	Ulead GIF Animator5 的操作技巧				
	难点	动画原理的理解				
学情分析		学生对本课程兴趣很大,但是缺乏坚持到底的毅力,需要由浅入深地进行教学,树立学生的信心,加入小组活动,调动学生积极性				
教　法		任务驱动、讲练结合、小组协作、启发教学				

续表

学　法	营造"262 效能课堂",轻松愉悦地小组协作学习				
手　段	多媒体教学				
教　具	多媒体课件、多媒体教室、辅助教学网站(www.iszmt.com)				
教　学　过　程					
活　动	教　师	学　生	可能出现的状况及应对策略	设计意图	备注
创设情境引入新课	(1)回顾上节课的学习内容; (2)展示课件上的知识、技能、情感目标、重难点内容	(1)翻看笔记回忆上节课的主要内容; (2)明确本堂课的学习目标,记录下来		激发兴趣明确目标	5 分钟
活动 1结合实例讲解动画原理	深入浅出地讲解动画原理,为本模块的教学打下基础	认真听讲,做好笔记	状况:理论知识理解起来困难,不容易记忆; 应对:以图文并茂的方式讲解	讲授新课传授知识	20 分钟
活动 2认识 GIF 动画制作软件	介绍常用的 GIF 动画制作软件	认真听讲,做好笔记		讲授新课传授知识	15 分钟
活动 3制作 GIF 动画	分发素材到各小组,演示操作步骤	记录好操作步骤,随堂实作	状况:部分学生时间不够,不能按时完成; 应对:加强过程中的提醒	学生主体实践操作分组讨论	40 分钟
活动 4小组展示收获成果	根据教学环境情况使用投影仪、展台或极域电子教室展示各组合作学习成果	(1)评价:组长交叉互评组员学习成果; (2)各小组对照评价标准进行自评	状况:部分学生的自评和互评结论有失偏颇; 应对:给予专门的点评	作品欣赏点评归纳	5 分钟
课堂小结拓展提高	以小组的方式分组进行课堂小结,回顾本堂课的主要内容,并且布置课后作业	课后完成白鸽展翅飞翔 GIF 动画的制作		课堂小结布置作业学以致用	5 分钟

任务 2　"制作简单的 Flash 动画"教学方案设计

课　题	制作简单的 Flash 动画		课型	理论 + 实作	课时	4
教学任务	知识	了解 Flash 动画的特点； 基本 Flash 软件的基本操作技巧				
	技能	会使用 Flash 制作变形动画； 会为 Flash 动画添加遮罩效果				
	情感	树立自信心，相信自己能够完成学习目标； 增强自主探究学习的能力，产生学习兴趣； 培养良好的团队协作意识，形成小组自主合作学习的能力				
重难点	重点	根据需求，使用 Flash 制作出变形动画				
	难点	Flash 遮罩效果的制作				
学情分析	由于 Flash 动画在网络上的普及程度很高，大部分学生很早接触过 Flash 动画，对这种动画形式比较了解，希望自己也能制作，学习能动性高					
教　法	任务驱动、讲练结合、小组协作、启发教学					
学　法	营造"262 效能课堂"，轻松愉悦的小组协作学习					
手　段	多媒体教学					
教　具	多媒体课件、多媒体教室、辅助教学网站（www.iszmt.com）					

教　学　过　程

活　动	教　师	学　生	可能出现的状况 及应对策略	设计意图	备注
创设情境 引入新课	(1) 回顾上节课的学习内容； (2) 展示课件上的知识、技能、情感目标、重难点内容	(1) 翻看笔记回忆上节课的主要内容； (2) 明确本堂课的学习目标，记录下来		激发兴趣 明确目标	5 分钟
活动 1 制作变形动画	简单介绍动画制作软件 Flash，使用 Flash 制作变形动画，演示操作步骤	认真听讲，做好笔记，随堂实作	状况：部分学生时间不够，不能按时完成； 应对：加强过程中的提醒	启发探究 技巧点拨	20 分钟
活动 2 添加遮罩效果	演示添加遮罩效果的操作步骤，提示操作中的注意事项	认真听讲，做好笔记，随堂实作	状况：部分学生时间不够，不能按时完成； 应对：加强过程中的提醒	讲授新课 传授知识	25 分钟

续表

活动3 讲解动画 的类型	讲解动画的各种类型，每种类型播放相关的代表作品以加深学生的印象	认真听课，做好笔记	状况：理论知识理解起来困难，不容易记忆； 应对：以图文并茂的方式讲解	讲授新课 传授知识	15分钟
活动4 分组实作	安排实作任务，提出要求，巡视各组情况	分组实作	状况：部分组长带头能力较差，不能找到解决办法，成员不积极参与； 应对：给予特别关注和指导	学生主体 实践操作	2课时
活动5 小组展示 收获成果	根据教学环境情况使用投影仪、展台或极域电子教室展示各组合作学习成果	(1)评价：组长交叉互评组员学习成果； (2)各小组对照评价标准进行自评	状况：部分学生的自评和互评结论有失偏颇； 应对：给予专门的点评	作品欣赏 点评归纳	20分钟
课堂小结 拓展提高	以小组的方式分组进行课堂小结，回顾本堂课的主要内容，并且布置课后作业	课后完成 Banner 动画的制作		课堂小结 布置作业 学以致用	5分钟

任务3　"制作基本的影视动画"教学方案设计

课　题		制作基本的影视动画	课型	理论＋实作	课时	4
教学任务	知识	认识 After Effects 软件； 掌握 After Effects 的基本操作技巧				
	技能	会操作 After Effects； 会使用 After Effects 制作基本的影视动画				
	情感	树立自信心，相信自己能够完成学习目标； 增强自主探究学习的能力，产生学习兴趣； 培养良好的团队协作意识，形成小组自主合作学习的能力				
重难点	重点	使用 After Effects 制作电视节目导视系统				
	难点	After Effects 中粒子系统的使用				
学情分析		学生对本课程兴趣很大，但是学生缺乏坚持到底的毅力，需要由浅入深地进行教学，树立学生的信心，加入小组活动，调动学生积极性				
教　法		任务驱动、讲练结合、小组协作、启发教学				
学　法		营造"262 效能课堂"，轻松愉悦地小组协作学习				
手　段		多媒体教学				

续表

教　具	多媒体课件、多媒体教室、辅助教学网站（www. iszmt.com）				
教　学　过　程					
活　动	教　师	学　生	可能出现的状况及应对策略	设计意图	备注
创设情境引入新课	（1）回顾上节课的学习内容； （2）展示课件上的知识、技能、情感目标、重难点内容	（1）翻看笔记回忆上节课的主要内容； （2）明确本堂课的学习目标，记录下来		激发兴趣明确目标	5分钟
活动1制作背景	简要介绍影视动画制作软件 After Effects，演示制作背景的操作步骤	认真听讲，做好笔记，记录操作步骤供后面实作	状况：部分学生时间不够，不能按时完成； 应对：加强过程中的提醒	启发探究技巧点拨	20分钟
活动2制作文字效果	演示在 After Effects 中制作文字效果的操作步骤	认真听讲，做好笔记，记录操作步骤供后面实作	状况：部分学生时间不够，不能按时完成； 应对：加强过程中的提醒	讲授新课传授知识	20分钟
活动3传统动画的大致制作过程和电脑动画经历了几个阶段	讲解传统动画的大致制作过程和电脑动画经历了几个阶段	认真听讲，做好笔记	状况：理论知识理解起来困难，不容易记忆； 应对：以图文并茂的方式讲解	讲授新课传授知识	15分钟
活动4分组实作	安排实作任务，提出要求，分发素材，巡视各小组情况	分组完成影视动画的制作	状况：部分组长带头能力较差，不能找到解决办法，成员不积极参与； 应对：给予特别关注和指导	学生主体实践操作	2课时
活动5小组展示收获成果	根据教学环境情况使用投影仪、展台或极域电子教室展示各组合作学习成果	（1）评价：组长交叉互评组员学习成果； （2）各小组对照评价标准进行自评	状况：部分学生的自评和互评结论有失偏颇； 应对：给予专门的点评	作品欣赏点评归纳	25分钟
课堂小结拓展提高	以小组的方式分组进行课堂小结，回顾本堂课的主要内容，并且布置课后作业	课后使用 After Effects 软件完成类似导视系统的制作		课堂小结布置作业学以致用	5分钟

（八）模块 8 "制作拟真素材"教学方案设计

任务 1 "制作逼真的三维足球"教学方案设计

课　题	制作逼真的三维足球		课型	理论＋实作	课时	5
教学任务	知识	了解三维设计软件； 掌握三维软件的基本操作技巧				
	技能	会使用 3ds Max 制作出足球的模型； 会使用 3ds Max 为足球模型赋予合适的材质				
	情感	树立自信心，相信自己能够完成学习目标； 增强自主探究学习的能力，产生学习兴趣； 培养良好的团队协作意识，形成小组自主合作学习的能力				
重难点	重点	使用 3ds Max 完成足球模型的制作				
	难点	为足球模型赋予材质				
学情分析	学生对本课程兴趣很大，但是缺乏坚持到底的毅力，需要由浅入深地进行教学，树立学生的信心，加入小组活动，调动学生积极性					
教　法	任务驱动、讲练结合、小组协作、启发教学					
学　法	营造"262 效能课堂"，轻松愉悦地小组协作学习					
手　段	多媒体教学					
教　具	多媒体课件、多媒体教室、辅助教学网站（www.iszmt.com）					

教　学　过　程					
活　动	教　师	学　生	可能出现的状况 及应对策略	设计意图	备注
创设情境 引入新课	（1）回顾上节课的学习内容； （2）展示课件上的知识、技能、情感目标、重难点内容	（1）翻看笔记回忆上节课的主要内容； （2）明确本堂课的学习目标，记录下来		激发兴趣 明确目标	5 分钟
活动 1 创建足球模型	简单介绍 3ds Max 软件的界面布局及操作技巧，演示创建足球模型的步骤	记录好操作步骤，特别需要将一些关键的参数设置记录下来，以备实作	状况：操作较为烦琐，部分学生会遗漏细节； 应对：加强过程中的提醒	启发探究 技巧点拨	1 课时
活动 2 为足球模型设置材质	演示为足球模型设置材质的操作步骤	记录好操作步骤，特别需要将一些关键的参数设置记录下来，以备实作	状况：操作较为烦琐，部分学生会遗漏细节； 应对：加强过程中的提醒	讲授新课 传授知识	1 课时

续表

活动3 认识三维制作软件	介绍常用的三维制作软件,3ds Max、Maya、Softimage 等,并对比它们各自适用的领域	认真听讲,做好笔记	状况:理论知识理解起来困难,不容易记忆; 应对:以图文并茂的方式讲解	讲授新课 传授知识	10 分钟
活动4 分组实作	布置实作任务,提出要求	分组完成三维足球的制作	状况:部分组长带头能力较差,不能找到解决办法,成员不积极参与; 应对:给予特别关注和指导	学生主体 实践操作	2 课时
活动5 小组展示 收获成果	根据教学环境情况使用投影仪、展台或极域电子教室展示各组合作学习成果	(1)评价:组长交叉互评组员学习成果; (2)各小组对照评价标准进行自评	状况:部分学生的自评和互评结论有失偏颇; 应对:给予专门的点评	作品欣赏 点评归纳	25 分钟
课堂小结 拓展提高	以小组的方式分组进行课堂小结,回顾本堂课的主要内容,并且布置课后作业	课后完成彩色足球的制作		课堂小结 布置作业 学以致用	5 分钟

任务2 "合成虚拟演播室效果"教学方案设计

课 题		合成虚拟演播室效果	课型	理论＋实作	课时	5
教学任务	知识	了解视频抠像原理; 掌握使用 KeyLight 进行抠像的操作方法				
	技能	会使 AfterEffects 的垃圾蒙版去除多余的视频元素; 会用 KeyLight 进行视频抠像				
	情感	树立自信心,相信自己能够完成学习目标; 增强自主探究学习的能力,产生学习兴趣; 培养良好的团队协作意识,形成小组自主合作学习的能力				
重难点	重点	KeyLight 抠像的各项参数设置				
	难点	理解视频抠像原理				
学情分析		学生对本课程兴趣很大,但是缺乏坚持到底的毅力,需要由浅入深地进行教学,树立学生的信心,加入小组活动,调动学生积极性				
教 法		任务驱动、讲练结合、小组协作、启发教学				
学 法		营造"262 效能课堂",轻松愉悦地小组协作学习				

手　段	多媒体教学				
教　具	多媒体课件、多媒体教室、辅助教学网站(www.iszmt.com)				
教　学　过　程					
活　动	教　师	学　生	可能出现的状况及应对策略	设计意图	备注
创设情境 引入新课	(1)回顾上节课的学习内容; (2)展示课件上的知识、技能、情感目标、重难点内容	(1)翻看笔记回忆上节课的主要内容; (2)明确本堂课的学习目标,记录下来		激发兴趣 明确目标	5分钟
活动1 观看作品	播放采用虚拟演播室技术制作的电视作品,激发学生的兴趣	认真观看	状况:理论知识理解起来困难,不容易记忆; 应对:以图文并茂的方式讲解	启发探究 技巧点拨	20分钟
活动2 分组讨论: 为什么是绿屏和蓝屏	给出讨论议题,提示讨论要点	分组讨论	状况:部分小组找不到讨论重点; 应对:加强提示	小组探究 交流分享	30分钟
活动3 合成虚拟演播室效果	演示合成虚拟演播室效果的操作步骤	记录好操作步骤,随堂实践	状况:部分组长带头能力较差,不能找到解决办法,成员不积极参与; 应对:给予特别关注和指导	学生主体 实践操作 分组讨论 知识小结	1课时
活动4 小组实作	安排实作任务,提出要求,分发素材,巡视各组情况				2课时
活动5 小组展示 收获成果	根据教学环境情况使用投影仪、展台或极域电子教室展示各组合作学习成果	(1)评价:组长交叉互评组员学习成果; (2)各小组对照评价标准进行自评	状况:部分学生的自评和互评结论有失偏颇; 应对:给予专门的点评	作品欣赏 点评归纳	30分钟
课堂小结 拓展提高	以小组的方式分组进行课堂小结,回顾本堂课的主要内容,并且布置课后作业	课后完成虚拟演播室效果的制作		课堂小结 布置作业 学以致用	5分钟

（九）模块9"集成数字媒体产品"教学方案设计

任务1 "制作电子杂志"教学方案设计

课　题	制作电子杂志		课型	理论＋实作	课时	4
教学任务	知识	认识各种电子杂志制作软件； 掌握 ZineMaker 制作电子杂志的方法				
	技能	会为 ZineMaker 安装模板； 会使用 ZineMaker 制作出符合需求的电子杂志				
	情感	树立自信心，相信自己能够完成学习目标； 增强自主探究学习的能力，产生学习兴趣； 培养良好的团队协作意识，形成小组自主合作学习的能力				
重难点	重点	根据需求，使用 ZineMaker 制作出电子杂志				
	难点	ZineMaker 模版的安装与使用				
学情分析	学生对制作电子杂志的兴趣很大，但是学生缺乏坚持到底的毅力，需要由浅入深地进行教学，树立学生的信心，加入小组活动，调动学生积极性					
教　法	任务驱动、讲练结合、小组协作、启发教学					
学　法	营造"262 效能课堂"，轻松愉悦地小组协作学习					
手　段	多媒体教学					
教　具	多媒体课件、多媒体教室、辅助教学网站（www.iszmt.com）					
教　学　过　程						
活　动	教　师	学　生	可能出现的状况 及应对策略	设计意图	备注	
创设情境 引入新课	(1) 回顾上节课的学习内容； (2) 展示课件上的知识、技能、情感目标、重难点内容	(1) 翻看笔记回忆上节课的主要内容； (2) 明确本堂课的学习目标，记录下来		激发兴趣 明确目标	5 分钟	
活动 1 获取并整理制作电子杂志的素材	给出所需的素材列表，包括文字素材、图片素材、音视频素材等	根据需求列表去收集素材，充分应用前面学到的各种技能	状况：理论知识理解起来困难，不容易记忆； 应对：以图文并茂的方式讲解	启发探究 技巧点拨 小组探究 交流分享	1 课时	
活动 2 为 ZineMaker 安装模板	分发 ZineMaker 模板文件，演示安装步骤，提示注意事项	安装好教师分发的模板文件	状况：部分学生时间不够，不能按时完成； 应对：加强过程中的提醒	讲授新课 传授知识	10 分钟	

续表

活动3 制作电子杂志	以"纪念乔布斯"为主题,使用前面收集的素材制作电子杂志,给出制作要求	分组完成该电子杂志的制作	状况:部分组长带头能力较差,不能找到解决办法,成员不积极参与; 应对:给予特别关注和指导	学生主体 实践操作 分组讨论 知识小结	2课时
活动4 小组展示 收获成果	根据教学环境情况使用投影仪、展台或极域电子教室展示各组合作学习成果	(1)评价:组长交叉互评组员学习成果; (2)各小组对照评价标准进行自评	状况:部分学生的自评和互评结论有失偏颇; 应对:给予专门的点评	作品欣赏 点评归纳	25分钟
课堂小结 拓展提高	以小组的方式分组进行课堂小结,回顾本堂课的主要内容,并且布置课后作业	课后完成个人简介电子杂志的制作		课堂小结 布置作业 学以致用	5分钟

任务2 "开发单机版数字媒体产品"教学方案设计

课　题	开发单机版数字媒体产品		课型	理论+实作	课时	2
教学任务	知识	了解单机版数字媒体产品的开发流程; 了解单机版数字媒体产品的常见框架设计原则				
	技能	会使用开发流程指导自己单机版数字媒体产品的开发; 会使用框架设计原则指导自己的单机版数字媒体产品的设计				
	情感	树立自信心,相信自己能够完成学习目标; 增强自主探究学习的能力,产生学习兴趣; 培养良好的团队协作意识,形成小组自主合作学习的能力				
重难点	重点	单机版数字媒体产品的框架设计				
	难点	单机版数字媒体产品的开发流程				
学情分析	学生对本课程兴趣很大,但是缺乏坚持到底的毅力,需要由浅入深地进行教学,树立学生的信心,加入小组活动,调动学生积极性					
教　法	任务驱动、讲练结合、小组协作、启发教学					
学　法	营造"262效能课堂",轻松愉悦地小组协作学习					
手　段	多媒体教学					
教　具	多媒体课件、多媒体教室、辅助教学网站(www.iszmt.com)					

续表

教 学 过 程					
活 动	教 师	学 生	可能出现的状况及应对策略	设计意图	备注
创设情境 引入新课	(1) 回顾上节课的学习内容； (2) 展示课件上的知识、技能、情感目标、重难点内容	(1) 翻看笔记回忆上节课的主要内容； (2) 明确本堂课的学习目标，记录下来		激发兴趣 明确目标	5 分钟
活动 1 了解数字媒体产品开发流程	以一个开发实例讲解数字媒体产品的开发流程	认真听讲，做好笔记	状况：理论知识理解起来困难，不容易记忆； 应对：以图文并茂的方式讲解	启发探究 技巧点拨 小组探究 交流分享	30 分钟
活动 2 对数字媒体产品进行框架设计	以一个开发实例讲解数字媒体产品的框架设计	认真听讲，做好笔记	状况：部分学生时间不够，不能按时完成； 应对：加强过程中的提醒	讲授新课 传授知识	30 分钟
活动 3 讲解数字媒体集成软件	介绍常用的数字媒体集成软件	认真听讲，做好笔记	状况：部分组长带头能力较差，不能找到解决办法，成员不积极参与； 应对：给予特别关注和指导	学生主体 实践操作 分组讨论 知识小结	15 分钟
活动 4 小组展示收获成果	根据教学环境情况使用投影仪、展台或极域电子教室展示各组合作学习成果	(1) 评价：组长交叉互评组员学习成果； (2) 各小组对照评价标准进行自评	状况：部分学生的自评和互评结论有失偏颇； 应对：给予专门的点评	作品欣赏 点评归纳	5 分钟
课堂小结 拓展提高	以小组的方式分组进行课堂小结，回顾本堂课的主要内容，并且布置课后作业	课后完成个人简介的多媒体作品设计		课堂小结 布置作业 学以致用	5 分钟

任务3　"集成网络版数字媒体产品"教学方案设计

课　题	集成网络版数字媒体产品		课型	理论+实作	课时	4
教学任务	知识	了解什么是 CMS,目前主流的 CMS 系统有哪些; 掌握使用 PHPCMS 快速制作网站的方法				
	技能	会根据不同的需求选择合适的 CMS 系统; 会使用 PHPCMS 系统				
	情感	树立自信心,相信自己能够完成学习目标; 增强自主探究学习的能力,产生学习兴趣; 培养良好的团队协作意识,形成小组自主合作学习的能力				
重难点	重点	PHPCMS 的后台管理及设置				
	难点	PHP 服务器环境的搭建				
学情分析	绝大多数学生都没有制作过网站,对制作网站缺乏相关的基础知识,使用 CMS 快速搭建出一个网站能极大地激发学生的学习兴趣					
教　法	任务驱动、讲练结合、小组协作、启发教学					
学　法	营造"262 效能课堂",轻松愉悦地小组协作学习					
手　段	多媒体教学					
教　具	多媒体课件、多媒体教室、辅助教学网站(www.iszmt.com)					

教　学　过　程					
活　动	教　师	学　生	可能出现的状况 及应对策略	设计意图	备注
创设情境 引入新课	(1)回顾上节课的学习内容; (2)展示课件上的知识、技能、情感目标、重难点内容	(1)翻看笔记回忆上节课的主要内容; (2)明确本堂课的学习目标,记录下来		激发兴趣 明确目标	5 分钟
活动 1 认识 CMS	讲解 CMS 的概念,介绍国内外常用的 CMS 系统	认真听讲,做好笔记	状况:理论知识理解起来困难,不容易记忆; 应对:以图文并茂的方式讲解	讲授新课 传授知识	5 分钟
活动 2 使用 PHPCMS 快速制作出 一个网站	演示使用 PHPCMS 快速制作一个网站的操作步骤,提示关键技巧	认真听讲,记录好操作步骤供后面参考	状况:操作步骤较为烦琐,部分学生不能保持精力集中; 应对:尽量简化步骤	讲授新课 传授知识 启发探究 技巧点拨	1 课时

续表

活动3 学生实作	准备好学生实作所需素材并分发,在学生实作的过程中进行巡视,及时解答学生遇到的问题	分组合作完成任务	状况:部分组长带头能力较差,不能找到解决办法,成员不积极参与;应对:给予特别关注和指导	学生主体实践操作分组讨论	2课时
活动4 小组展示收获成果	根据教学环境情况使用投影仪、展台或极域电子教室展示各组合作学习成果	(1)评价:组长交叉互评组员学习成果;(2)各小组对照评价标准进行自评	状况:部分学生的自评和互评结论有失偏颇;应对:给予专门的点评	作品欣赏点评归纳	5分钟
课堂小结拓展提高	以小组的方式分组进行课堂小结,回顾本堂课的主要内容,并且布置课后作业	课后完成个人网站的搭建,在本地环境能访问即可		课堂小结布置作业学以致用	3分钟

(十)模块10"发布数字媒体产品"教学方案设计

任务1 "刻录光盘"教学方案设计

课　题	刻录光盘		课型	理论＋实作	课时	2
教学任务	知识	了解不同的光盘刻录软件;掌握刻录光盘的方法				
	技能	会刻录数据格式的光盘;会刻录CD音乐光盘和DVD视频光盘				
	情感	树立自信心,相信自己能够完成学习目标;增强自主探究学习的能力,产生学习兴趣;培养良好的团队协作意识,形成小组自主合作学习的能力				
重难点	重点	根据需求,使用Nero刻录不同格式的光盘				
	难点	光盘刻录软件Nero的各项参数设置				
学情分析	学生不容易分清数据光盘和音乐CD以及DVD视频光盘之间在刻录时的区别,应重点讲解相关知识					
教　法	任务驱动、讲练结合、小组协作、启发教学					
学　法	营造"262效能课堂",轻松愉悦地小组协作学习					
手　段	多媒体教学					
教　具	多媒体课件、多媒体教室、辅助教学网站(www.iszmt.com)					

教 学 过 程					
活　动	教　师	学　生	可能出现的状况及应对策略	设计意图	备注
创设情境引入新课	(1)回顾上节课的学习内容； (2)展示课件上的知识、技能、情感目标、重难点内容	(1)翻看笔记回忆上节课的主要内容； (2)明确本堂课的学习目标，记录下来		激发兴趣明确目标	5分钟
活动1刻录音乐CD光盘	将课前准备的音乐文件刻录成音乐CD光盘，演示操作步骤	认真听讲，做好笔记，随堂操作实践	状况：理论知识理解起来困难，不容易记忆； 应对：以图文并茂的方式讲解	讲授新课传授知识	30分钟
活动2刻录数据光盘	将前面使用过的音乐文件刻录为数据光盘，演示操作步骤，对比音乐CD与数据光盘的异同	认真听讲，做好笔记，随堂操作实践	状况：部分学生时间不够，不能按时完成； 应对：加强过程中的提醒	讲授新课传授知识	30分钟
活动3讲解Nero详细参数设置	讲解刻录软件Nero刻录光盘时的详细参数设置，提醒注意事项	认真听讲，做好笔记	状况：学生对部分参数较难理解； 应对：形象生动的讲述	讲授新课传授知识	10分钟
活动4小组展示收获成果	根据教学环境情况使用投影仪、展台或极域电子教室展示各组刻录的光盘情况	(1)评价：组长交叉互评组员学习成果； (2)各小组对照评价标准进行自评	状况：部分学生的自评和互评结论有失偏颇； 应对：给予专门的点评	作品欣赏点评归纳	10分钟
课堂小结拓展提高	以小组的方式分组进行课堂小结，回顾本堂课的主要内容，并且布置课后作业	课后完成个人简介光盘的刻录；能使用电脑打开光盘内容即可		课堂小结布置作业学以致用	5分钟

任务2 "包装光盘"教学方案设计

课　题	包装光盘		课型	理论＋实作	课时	2
教学任务	知识	了解光盘包装的作用； 掌握各种形状的光盘的规格尺寸				
	技能	会使用 Photoshop 软件设计光盘盘面和外包装盒； 会使用打印机打印光盘盘面和外包装盒				
	情感	树立自信心,相信自己能够完成学习目标； 增强自主探究学习的能力,产生学习兴趣； 培养良好的团队协作意识,形成小组自主合作学习的能力				
重难点	重点	根据需求,设计光盘盘面和光盘外包装				
	难点	使用打印机打印光盘盘面				
学情分析	学生对包装光盘的兴趣很大,但是缺乏坚持到底的毅力,需要由浅入深地进行教学,树立学生的信心,加入小组活动,调动学生积极性					
教　法	任务驱动、讲练结合、小组协作、启发教学					
学　法	营造"262 效能课堂",轻松愉悦地小组协作学习					
手　段	多媒体教学					
教　具	多媒体课件、多媒体教室、辅助教学网站(www.iszmt.com)					
教　学　过　程						
活　动	教　师	学　生	可能出现的状况 及应对策略	设计意图	备注	
创设情境 引入新课	(1)回顾上节课的学习内容； (2)展示课件上的知识、技能、情感目标、重难点	(1)翻看笔记回忆上节课的主要内容； (2)明确本堂课的学习目标,记录下来		激发兴趣 明确目标	5 分钟	
活动1 设计光盘盘面	讲解光盘盘面的尺寸规格, 以及在 Photoshop 中设计盘面的关键技巧	认真听讲, 做好笔记；对照步骤进行制作	状况:理论知识理解起来困难,不容易记忆； 应对:以图文并茂的方式讲解	讲授新课 传授知识	20 分钟	
活动2 设计光盘 外包装	讲解光盘包装盒的尺寸规格,以及设计光盘包装盒的注意事项	认真听讲, 做好笔记；对照步骤进行制作	状况:部分学生时间不够,不能按时完成； 应对:加强过程中的提醒	讲授新课 传授知识	30 分钟	

续表

活动3 打印光盘盘面 及外包装	对比可打印光盘的打印机与常见打印机的异同,演示打印一张光盘盘面	认真观察,记录好操作步骤,将自己设计的光盘盘面及外包装打印出来	状况:部分学生动手能力较差; 应对:给予鼓励,正面引导	学生主体实践操作	20分钟
活动4 小组展示 收获成果	根据教学环境情况使用投影仪、展台或极域电子教室展示各组制作的光盘包装	(1)评价:组长交叉互评组员学习成果; (2)各小组对照评价标准进行自评	状况:部分学生的自评和互评结论有失偏颇; 应对:给予专门的点评	作品欣赏点评归纳	10分钟
课堂小结 拓展提高	以小组的方式分组进行课堂小结,回顾本堂课的主要内容,并且布置课后作业	设计自己的个人简介光盘包装并制作完成		课堂小结布置作业学以致用	5分钟

任务3　"发布网络版数字媒体产品"教学方案设计

课　题		发布网络版数字媒体产品	课型	理论＋实作	课时	2
教学任务	知识	域名的分类,推广网站的方法; 掌握发布网站的方法				
	技能	会注册域名,会申请空间; 会使用FlashFXP上传网站				
	情感	树立自信心,相信自己能够完成学习目标; 增强自主探究学习的能力,产生学习兴趣; 培养良好的团队协作意识,形成小组自主合作学习的能力				
重难点	重点	使用FlashFXP上传网站				
	难点	主机空间的申请与设置				
学情分析		发布网络版数字媒体产品对绝大多数学生来说都应该是一个全新的知识,但是有了之前"集成网络版数字媒体产品"作为基础,可以对学生掌握相关知识起到很好的促进作用				
教　法		任务驱动、讲练结合、小组协作、启发教学				
学　法		营造"262效能课堂",轻松愉悦地小组协作学习				
手　段		多媒体教学				
教　具		多媒体课件、多媒体教室、辅助教学网站(www.iszmt.com)				

续表

		教　学　过　程			
活　动	教　师	学　生	可能出现的状况及应对策略	设计意图	备注
创设情境引入新课	(1) 回顾上节课的学习内容; (2) 展示课件上的知识、技能、情感目标、重难点内容	(1) 翻看笔记回忆上节课的主要内容; (2) 明确本堂课的学习目标,记录下来		激发兴趣明确目标	5分钟
活动1注册域名	演示注册域名的操作步骤,介绍主流的域名注册网站	认真听讲,做好笔记;实践操作注册域名	状况:理论知识理解起来困难,不容易记忆; 应对:以图文并茂的方式讲解	讲授新课传授知识	10分钟
活动2申请主机空间	演示申请主机空间的操作步骤	认真听讲,做好笔记;实践操作申请主机空间	状况:部分学生时间不够,不能按时完成; 应对:加强过程中的提醒	讲授新课传授知识	15分钟
活动3上传网站	使用FlashFXP上传制作好的网站程序,演示操作步骤	实践操作,将前面任务制作的网页上传到主机空间	状况:部分学生在上传的过程中遇到困难; 应对:单独辅导	学生主体实践操作	25分钟
活动4推广网站	介绍推广网站的常规方法和注意事项	分小组将本组的网站推广给其他组	状况:部分组长带头能力较差,不能找到解决办法; 应对:给予特别关注和指导	学生主体分组讨论	30分钟
课堂小结拓展提高	以小组的方式分组进行课堂小结,回顾本堂课的主要内容,并且布置课后作业	课后完成FlashFXP软件的独立安装并上传网站		课堂小结布置作业学以致用	5分钟

三维动画制作基础教学设计

一、概述

(一)教学设计思路

本课程是在广泛行业调研的基础上,由数字媒体技术的行业专家、本校数字媒体技术的骨干教师及行业教师一起,通过对建筑巡游毕业生工作岗位进行分析,确定典型工作任务,根据完成典型工作任务所需知识、技能重组课程内容,以 3ds Max 软件的运用为学习的载体,选取建筑行业常用的室内外模型为运用案例,运用三维建筑动画的真实案例为教学项目,根据学生的认知规律,从简单到复杂、从简单的三维基本体创建到常用的建筑室内外模型的创建、从单个模型的创建到场景模型的创建,共由 9 个模块组成。本课程以模块为驱动、任务为导向,按以学生为中心的教学方式进行教学实施,最终培养完成工作任务所需的工作能力。

(二)课程组成框图

课程内容完全打破了传统内容的章节,整个课程根据实际工作需要设置 9 个模块,从简单到复杂,从单个模型的创建到综合场景的创建,再根据完成项目所需的知识和技能组成课程内容。本课程组成框图如下:

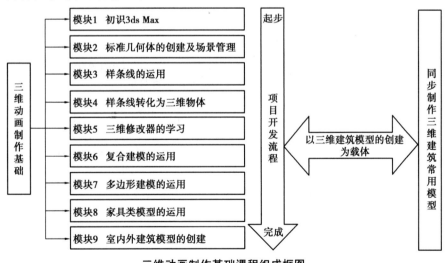

三维动画制作基础课程组成框图

二、模块教学设计

每个学习单元就是一个模块,在模块任务的驱动下,通过完成项目下的任务(包括基本知识的学习和基本技能的训练），最终实施项目。其中：

　　模块综述：概括说明本项目的内容，以及学生应达到的知识点和操作技能目标。

　　任务概述：提出本任务要学习的知识内容和所要完成的具体实例。

　　知识窗：讲述与本任务实例有关的知识拓展。

　　做一做：以填空、简答、讨论或实训等形式进行课堂练习。

　　课后练习：提供本任务的练习内容，以检查学生操作技能的掌握情况。

　　模块教学设计见下表。

模块教学设计

模块	任务		知识与技能	重难点	学时
初识3ds Max软件	1. 认识 3ds Max 软件历史及了解其运用领域	知识	3ds Max 软件的特点； 3ds Max 软件的运用范围； 3ds Max 软件的历史	3ds Max 软件的兼容性及运用的范围	1
		技能	能在网上找到三维动画学习素材		
	2. 认识 3ds Max 界面及工程文件的操作	知识	认识软件的界面构成； 能看懂正交视图和透视图； 学会软件的基本操作	视图转化工具的灵活运用	1
		技能	会切换视图		
标准几何体的创建及场景的管理	1. 标准几何体的创建	知识	理解几何体的含义； 理解参数化物体的概念； 掌握标准几何体的创建方式及修改方法	将标准基本体修改成异形的物体	2
		技能	能创建并修改标准基本体		
	2. 学会对场景进行管理	知识	掌握物体选择方法； 掌握多个物体的成组操作	物体的不同选择方法	2
		技能	能灵活使用不同的选择方法选择物体及进行成组操作		
	3. 常用工具的操作方法	知识	移动、旋转、缩放、视图查看工具的运用； 理解物体不同的显示方式	物体的移动和旋转操作	2
		技能	能熟练操作物体的移动、缩放、旋转		
样条线的运用	1. 样条线的创建	知识	理解样条的共同属性； 掌握点、线、样条层级的编辑方式	样条层级中的修改命令的几何体命令面板的运用	2
		技能	样条线不同层级的修改及运用		
	2. 运用样条线制作铁艺	知识	掌握 Bezier 曲线的操作方法； 掌握铁艺制作的常用方法	Bezier 曲线的操作方法	2
		技能	能利用样条线制作铁艺		

续表

模块	任务		知识与技能	重难点	学时
样条线转化为三维物体	1.掌握挤出修改器的运用	知识	掌握挤出修改器的英文参数面板; 认识 CAD 图纸的设计; 能够通过 CAD 图纸制作墙体	根据 CAD 图纸制作墙体	4
		技能	能看懂并简化 CAD 图纸,运用挤出修改器制作墙体		
	2.掌握车削修改器的运用	知识	掌握车削修改器的参数面板; 运用车削修改器制作瓶装物体	车削修改器的参数面板的理解	4
		技能	车削修改器的灵活运用		
	3.掌握轮廓倒角修改器的运用	知识	掌握轮廓倒角修改器的英文参数面板; 理解轮廓倒角修改器的操作方式	理解轮廓倒角修改器的运用方式	4
		技能	能利用倒角修改器制作模型		
三维修改器	1.掌握弯曲修改器的运用	知识	掌握弯曲修改器的参数面板; 能运用弯曲修改器制作模型	弯曲的中心点的设置及限制	2
		技能	弯曲修改器配合其他修改器制作模型		
	2.掌握锥化修改器的运用	知识	掌握锥化修改器的英文参数面板; 运用锥化修改器制作模型	锥化的中心点的设置	2
		技能	锥化修改器与构建异形模型的灵活运用		
	3.掌握扭曲修改器的运用	知识	掌握扭曲修改器的英文参数面板; 掌握扭曲修改器的运用	扭曲轴的设置	4
		技能	能运用扭曲修改器给模型制作效果		
	4.其他常用修改器学习	知识	掌握修改器的英文参数面板; 掌握修改器的灵活运用	修改器的英文参数面板	4
		技能	根据不同的需要选择不同的修改器		
复合建模的运用	1.复合建模放样建模的学习	知识	理解放样的概念; 知道放样中的路径与图形的操作方法; 能够利用放样制作模型	放样中路径与图形的运用	6
		技能	对模型能正确分析构成,利用放样制作模型		

续表

模块	任务	知识与技能		重难点	学时
复合建模的运用	2. 其他复合建模的学习	知识	掌握散布复合、图形合并建模的方法	散布和图形合并复合建模的操作方法	4
		技能	能利用散布的方法制作任务头发；能利用图形合并的方法将二维物体与三维物体合并		
多边形建模的运用	1. 多边形的属性的学习	知识	理解多边形的概念；掌握多边形点、边、圈线层级的编辑；掌握多边形面的编辑	多边形中各个层级的修改与编辑	4
		技能	能够利用多边形制作较复杂的模型		
	2. 多边形的选择操作	知识	理解软选择和体素的概念；能够简单运用软选择操作	多边形体素的概念	2
		技能	运用软选择制作山体		
	3. 多边形的布线原理	知识	掌握网格平滑修改器的运用；掌握涡轮平滑修改器的运用	涡轮平滑修改器的参数设置	2
		技能	能够运用网格平滑和涡轮平滑修改器给模型布线		
家具类模型的创建	1. 现代灯具的制作	知识	知道现代家具的特点；能创建现代吊灯模型；能创建现代台灯模型	现代灯具的构成比例	4
		技能	能制作既美观又实用的现代灯具模型		
	2. 欧式家具的创建	知识	知道欧式家具的特点；能够制作欧式吊灯、台灯、茶几模型	制作模型中常用工具的运用	6
		技能	掌握欧式吊灯的制作方法		
	1. 现代室内场景建模的学习	知识	知道建筑美学中的色彩的表现；能够创建室内现代风格模型；能够创建摄像机	根据 CAD 图纸制作室内模型	4
		技能	能制作室内的模型效果图		

续表

模块	任务	知识与技能		重难点	学时
室内外建筑模型的创建	2.室外建筑模型的创建	知识	能分析并简化室外的 CAD 图纸； 能根据 CAD 图纸制作室外模型的外墙及栏杆部分； 能够制作室外群体模型； 能够给场景创建摄像机	捕捉工具的灵活运用	6
		技能	能根据 CAD 图纸制作室外模型		

三、教学方案设计

为确保各教学任务的成功实施,在明确了课程整体设计思路并对模块进行了教学设计的基础上,对各任务进行分解、细化,按照理论与实践一体化的教学设计思路进行了教学方案的设计。

(一)模块 1 初始 3ds Max

任务 1 "3ds Max 基本知识"教学方案设计 1

课 题	3ds Max 基本知识		课 型	新 授	课 时	3
教学任务	知识	了解 3ds Max 软件的发展简史； 了解 3ds Max 软件运用领域				
	技能	能正确分辨作品所用特效				
	情感	产生浓厚的学习兴趣； 形成团队意识和协作精神； 培养习作精神				
重难点	重点	3ds Max 软件的发展简史,软件运用领域				
	难点	3ds Max 软件的运用领域				
学情分析	高一年级上期的数字媒体专业学生,主要任务是学习 3ds Max 建模基础知识,学生对本课程兴趣很大。但是学生缺乏坚持到底的毅力,需要由浅入深地进行教学,树立学生的信心,并加入小组活动以调动学生积极性					
教 法	任务驱动、小组讨论和启发式教学					
学法指导	营造"262 效能课堂",轻松愉悦地小组协作学习					
教学手段	多媒体教学					
教 具	多媒体课件、有投影仪的多媒体教室					

续表

	教　学　过　程				
活动步骤	教　师	学　生	可能出现的状况及应对策略	设计意图	备　注
组织教学	问好	问好		相互尊重	3分钟
提　问	同学们都知道哪些三维建筑动画制作软件	学生积极回答		引发学生思考	4分钟
新课教学	播放一段后天的特效视频,提问:这段视频是用什么软件制作的	学生思考,讨论回答		通过提问激发学生的学习兴趣	10分钟
活动1	介绍本节课的主要任务	认真听老师讲解		让学生了解3D的运用领域,了解CG的概念	4分钟
提　问	3ds Max 可以用来制作什么	积极回答		加深对 3D 运用领域的了解	5分钟
新课教学	3ds Max 的发展历史	认真听取,记笔记		让学生了解软件发展历史	5分钟
提　问	提问:我们看过的哪些片子中运用了3D制作特效	分组讨论,回答	学生众说纷纭,各自发表不同意见,教师点拨启发	进一步加深对 3D 应用领域的理解和认识	4分钟
新课教学	3ds Max 的发展历史			对积极参与回答的学生给予肯定和鼓励,树立集体荣誉感	2分钟
活动2	肯定大家的表现			鼓励学生,增强他们的自信心	2分钟
评　比	给回答的最好的小组奖励			通过作业检测同学们对知识点的理解,巩固知识	3分钟
总　结	布置课后作业,让学生把今天学过的知识点融汇贯通				3分钟

任务2　"认识3ds Max界面及工程文件操作"教学方案设计

课　题	认识3ds Max界面及工程文件操作			课　型	新　授	课　时	1
教学任务	知识	了解模型的概念及常用的用于雕刻的相关软件					
	技能	掌握3ds Max软件界面的基本操作； 新建和保存文件； 视图的切换； 场景的重置					
	情感	教育学生热爱科学,培养思考探索的习惯					
重难点	重点	掌握3ds Max软件界面的基本操作					
	难点	工作环境的设置					
学情分析		软件操作基本相通,但3ds Max相对于以往的软件,界面更加复杂,更容易出现问题,需要适当鼓励,增强学习的信心。学生对本课程兴趣很大,但是学生缺乏坚持到底的毅力,需要由浅入深地进行教学,树立学生的信心,参加小组活动以调动学生积极性					
教　法		任务驱动、小组讨论和启发式教学					
学法指导		营造"262效能课堂",轻松愉悦地小组协作学习					
教学手段		多媒体教学					
教　具		多媒体课件、有投影仪的多媒体教室					

教　学　过　程

活动 步骤	教　师	学　生	可能出现的状况 及应对策略	设计意图	备　注
组织教学	问好	问好		相互尊重	1分钟
复　习	回顾上次课内容,引入课题	回忆上次课所了解的知识,产生对新知识的渴望	学生对上次课内容有所遗忘,教师应适当提醒	引起学生对上节课内容的回顾,温故知而新	3分钟
活动1 模型展示	给学生展示一个已经创建好的3ds Max制作的模型,讲解什么叫模型,以及它在视觉作品中的作用	学习新知识		用模型图片的方式让学生生动理解	3分钟
探究 新知识	利用模型图,给同学们演示文件的打开、命名、关闭的基本操作	学习新知识		让学生明确认识基本界面是建模的基础,引起重视	3分钟
新课教学	给学生具体的讲解基本界面的组成部分,以及每个部分的作用	学习新知识	学生对三维的空间思维有一定的接受过程,教师可以拿一个事物演示,让同学们从不同角度观察,从而理解视图的概念	通过老师的教学完善对3D软件的应用	8分钟

续表

活动步骤	教 师	学 生	可能出现的状况及应对策略	设计意图	备 注
课堂练习（学生分组讨论完成）	发给学生模型素材，给学生布置任务:打开模型，切换视图，保存并上传文件，重置场景，并熟悉3ds Max中常用的面板。教师下到学生中进行指导	学生讨论完成练习	有的同学操作水平较差，由同组同学相互帮助完成	学生通过练习熟悉3ds Max的基本操作，了解建模的工作界面	15分钟
活动2点评各组操作情况	点评同学们操作的情况，对普遍存在的问题进行纠正，总结今天所学内容	在老师指导后，对当堂课的内容更进一步掌握		增强竞争意识，增加学习动力	5分钟
活动3各组自评		小组成员点评自己做的封面的优点和不足		自我总结，找到自己的不足	3分钟
练 习	让学生根据补充的知识做课后习题	完善练习		培养大家做事严谨的态度	4分钟

任务3　"场景的管理"教学方案设计

课　题	场景的管理		课　型	新　授	课　时	1
教学任务	知识	理解3ds Max中的三维坐标系；理解视图的概念；了解物体的不同显示方式；熟悉各种操作的快捷键				
	技能	掌握常用工具的使用，包括移动工具、旋转工具、缩放工具以及视图的转换				
	情感	培养学生好学求知的精神，以及团结协作的习惯，增强动手能力				
重难点	重点	掌握常用工具的使用，包括移动工具、旋转工具、缩放工具以及视图的转换				
	难点	在常用工具使用过程中空间的转换				
学情分析	学生对于三维模型具有很浓厚的兴趣，但在探索学习过程中，会遇到很多意想不到的困难，部分学生产生畏难情绪，需要正面的引导和鼓励，增强学习的信心和动力					
教　法	任务驱动、小组讨论和启发式教学					
学法指导	营造"262效能课堂"，轻松愉悦地小组协作学习					
教学手段	多媒体教学					
教　具	多媒体课件、有投影仪的多媒体教室					

续表

教 学 过 程					
活动步骤	教 师	学 生	可能出现的状况及应对策略	设计意图	备 注
组织教学	问好	问好		相互尊重	1分钟
复习引入	简要回顾上次课内容	配合老师,一起回忆	部分同学有所遗忘,老师加以提示	让知识前后融汇贯通	5分钟
探究新知识	(1)讲解三维世界中坐标系的概念;(2)讲解视图概念,并演示从不同视图观察物体;(3)留时间给学生操作视图的切换	(1)认真听讲和思考;(2)动手尝试操作,并思考理解;(3)记忆视图切换的快捷键	部分同学对三维空间理解能力较差,需要老师反复细致地讲解;在操作时充分发挥团结的力量,协作完成	启发学生思考,唤起学生的学习动机	15分钟
新课教学	常用工具的使用讲解演示,包括移动工具、缩放工具、旋转工具、结合坐标系的使用	(1)认真听讲和思考;(2)动手尝试操作,并思考理解;(3)记忆常用工具使用的快捷键	部分同学对三维空间理解能力较差,需要老师反复细致的讲解;在操作时候充分发挥团结的力量,协作完成	启发学生思考,唤起学生的学习动机	15分钟
活动1	拿出一套桌椅模型图,请同学们分析其组成部分是由哪些基本几何体组成。要用到哪些基本操作	小组积极思考回答	回答不全面,教师加以提示	让学生学会分析和解剖问题	5分钟
课堂练习	(1)把素材发给学生;(2)要求学生制作出相应的模型,按照图片位置摆放;(3)巡视,发现并解决问题	相互帮助,认真操作	部分学生操作困难,再给予讲解和帮助	让学生学以致用	20分钟
提交作业	把各个组作品加以分析评比,把出现的问题提出并纠正讲解			分析问题,解决问题	5分钟
活动2各组互评		互相指出不足之处和相互的差距		培养学生谦虚和学习的能力	8分钟

续表

活动步骤	教　师	学　生	可能出现的状况及应对策略	设计意图	备　注
活动3各组自评	，	听完老师指正后,再检查作业,巩固所学知识		加深学生对当堂课的理解和记忆	5分钟
总　结	肯定大家的表现;总结知识点			给学生鼓励	3分钟
拓展提高	布置课外思考题	思考		让学生课下继续探索	3分钟

（二）模块2 标准几何体的创建及场景管理

任务1 "标准几何体的创建"教学方案设计

课　题	标准几何体的创建	课　型	新　授	课　时	2
教学任务	知识	认识标准基本体参数面板的英文;知道标准基本体的常用参数修改方法			
	技能	熟悉每种标准基本体的创建方式			
	情感	提高学生的学习兴趣,培养团队合作意识和协作精神			
重难点	重点	标准基本体的创建方式			
	难点	标准基本体的常用参数修改方法			
学情分析	软件操作基本相通,但 3ds Max 相对于以往的软件,界面更加复杂,更容易出现问题,需要适当鼓励,增强学习的信心。学生对本课程兴趣很大,但是学生缺乏坚持到底的毅力,需要由浅入深地进行教学,树立学生的信心,参加小组活动以调动学生积极性				
教　法	任务驱动、小组讨论和启发式教学				
学法指导	营造"262 效能课堂",轻松愉悦地小组协作学习				
教学手段	多媒体教学				
教　具	多媒体课件、有投影仪的多媒体教室				
教　学　过　程					
活动步骤	教　师	学　生	可能出现的状况及应对策略	设计意图	备　注
组织教学	问好	问好		相互尊重	3分钟
创设情境引入课题	万丈高楼平地起,任何复杂的建筑都是由基本的标准几何体构成,想象一幢楼房中会涉及哪些基本几何体	思考,小组讨论回答	学生可能回答不全面,老师可以启发,给提示	通过提问引发学生的思考,唤起他们学习的欲望	10分钟

续表

活动步骤	教　师	学　生	可能出现的状况及应对策略	设计意图	备　注
活动1	用多媒体播放一组标准几何体的图片。请同学回答,并且回忆出它们的英文名称	小组积极思考回答	学生对英文名称可能记忆不起来,让小组成员相互提醒补充回答	让学生通过回顾、回忆起各个标准几何体的英文单词	10分钟
活动2分组抢答	提出问题:各个标准几何体的决定参数有哪些,分别回答?同时罗列出这些参数的英文单词。如:决定长方体的参数是哪些?请同学们在相应菜单里找到位置	小组积极思考争取回答		学生思考,加深记忆	15分钟
新课教学	打开3ds Max,教师根据刚才的学生回答,举例,创建标准几何体	学生认真听讲		学生思考,加深记忆	10分钟
课堂练习	给学生布置任务,创建出不同要求的标准几何体,然后教师到学生中去巡视	小组投入操作,讨论完成	有的小组成员参与积极性不够高,可以通过激将法鼓励学生积极参与	学生通过练习熟悉3ds Max界面,综合使用工具,增强对3ds Max标准几何体参数的运用	25分钟
活动3老师点评	小组代表作品提交评比,教师对操作中出现的问题进行点评	认真听取老师点评,找出自己作品的问题		提高学习兴趣,进一步分析和理解课堂知识点	5分钟
活动4小组交叉互评		各小组相互评比,相互找出作品中存在的不足之处		增强竞争意识,增加学习动力	5分钟
总　结	肯定大家的表现,布置课外任务			鼓励学生,树立他们的自信心	2分钟

任务 2 "场景的管理"教学方案设计

课　题	场景的管理	课　型	新　授	课　时	1

教学任务	知识	了解什么叫场景; 了解场景中物体的不同选择方式
	技能	会设置选择方式; 能灵活运用适当的方法对场景中物体进行选择; 会根据需要对物体进行组相关操作,如成组、解组、炸开等操作; 在场景管理过程中快捷键的使用
	情感	培养学生好学求知的精神,以及团结协作的习惯,增强动手能力

重难点	重点	对物体的选择和组的操作
	难点	对场景的管理,选择方式的设置

学情分析	软件操作基本相通,但 3ds Max 相对于以往的软件,界面更加复杂,更容易出现问题,需要适当鼓励,增强学习的信心。学生对本课程兴趣很大,但是学生缺乏坚持到底的毅力,需要由浅入深地进行教学,树立学生的信心,参加小组活动以调动学生积极性
教　法	任务驱动、小组讨论和启发式教学
学法指导	营造"262 效能课堂",轻松愉悦地小组协作学习
教学手段	多媒体教学
教　具	多媒体课件、有投影仪的多媒体教室

教　学　过　程

活动步骤	教　师	学　生	可能出现的状况及应对策略	设计意图	备　注
组织教学	问好	问好		相互尊重	1 分钟
创设情境引入课题	(1)举例:舞台表演时,角色和舞台的关系; (2)提出场景的概念	认真听讲解		课堂引入	3 分钟
活动 1	(1)打开一个具有很多模型的场景,向同学们演示; (2)分析场景,提问:如果要分别对不同的对象进行操作,如何作最适当的选择	思考		引入到对物体选择方式问题的讲解	6 分钟

活动步骤	教　师	学　生	可能出现的状况及应对策略	设计意图	备　注
新课教学	（1）打开多媒体演示系统,给学生讲解各种类别的场景; （2）选择场景方式的异同; （3）讲解组的概念; （4）根据制作需要成组的方法,以及组的相关操作。掌握制作组的方法	（1）认真听讲思考做笔记; （2）电脑实践操作		把场景管理的理论知识点传授给学生	3分钟
布置任务	（1）布置任务,发素材和操作要求给学生; （2）提要求:小组操作完成,并提交评比,看哪一组完成最快最好	接收文件,明确任务	有些小组同学的动手能力要差一些,就需要发挥小组成员的协作精神	让学生学以致用,主动探索求解,并在操作过程中获得成功的快感	15分钟
课堂练习	深入到小组进行观察指正,并给完成的小组记时	小组讨论完成	个别小组团结协作能力差,不能在规定的时间内完成。这就需要小组成员之间调整合作方案	让学生参与竞争,培养集体荣誉感和竞争意识,并学会与人合作沟通	5分钟
作业提交评比	从速度和质量上去评比小组完成情况	听老师点评,总结自身操作中的问题		培养学生的荣誉感	3分钟
活动2 小组交叉互评		小组相互打分评比			3分钟
活动3 各组自评		小组成员自己相互评比,分析操作中的问题			3分钟
总　结	总结本节课大家的表现			鼓励学生,给他们树立自信心	3分钟

任务3 "常用工具的操作方法"教学方案设计

课　题	常用工具的操作方法	课型	新　授	课　时	1

教学任务	知识	理解 3ds Max 中的三维坐标系； 理解视图的概念； 了解物体的不同显示方式； 熟悉各种操作的快捷键
	技能	掌握常用工具的使用，包括移动工具、旋转工具、缩放工具以及视图的转换
	情感	培养学生好学求知的精神，以及团结协作的习惯，增强动手能力

重难点	重点	掌握常用工具的使用，包括移动工具、旋转工具、缩放工具以及视图的转换
	难点	在常用工具使用过程中进行空间的转换

学情分析	学生对于三维模型具有很浓厚的兴趣，但在探索学习过程中，会遇到很多意想不到的困难，部分学生产生畏难情绪，需要正面地引导和鼓励，增强学习的信心和动力
教　法	任务驱动、小组讨论和启发式教学
学法指导	营造"262 效能课堂"，轻松愉悦地小组协作学习
教学手段	多媒体教学
教　具	多媒体课件、有投影仪的多媒体教室

教 学 过 程

活动 步骤	教　师	学　生	可能出现的状况 及应对策略	设计意图	备　注
组织教学	问好	问好		相互尊重	1 分钟
复习引入	简要回顾上次课内容	配合老师，一起回忆	部分同学有所遗忘，老师加以提示	让知识前后融汇贯通	5 分钟
探究新知识	(1)讲解三维世界中坐标系的概念； (2)讲解视图概念，并演示从不同视图观察物体； (3)留时间给学生操作视图的切换	(1)认真听讲和思考； (2)动手尝试操作，并思考理解； (3)记忆视图切换的快捷键	部分同学对三维空间理解能力较差，需要老师反复细致地讲解。在操作时充分发挥团结的力量，协作完成	启发学生思考，唤起学生的学习动机	15 分钟
新课教学	常用工具的使用讲解演示，包括移动工具、缩放工具、旋转工具、结合坐标系的使用	(1)认真听讲和思考； (2)动手尝试操作，并思考理解； (3)记忆常用工具使用的快捷键	部分同学对三维空间理解能力较差，需要老师反复细致地讲解；在操作时充分发挥团结的力量，协作完成	启发学生思考，唤起学生的学习动机	15 分钟

活动步骤	教　师	学　生	可能出现的状况及应对策略	设计意图	备　注
活动1	拿出一套桌椅模型图,请同学们分析其组成部分,是由哪些基本几何体组成。要用到哪些基本操作	小组积极思考回答	回答不全面,教师加以提示	让学生学会分析和解剖问题	5分钟
课堂练习	(1)把素材发给学生; (2)要求学生制作出相应的模型,按照图片位置摆放; (3)巡视,发现并解决问题	相互帮助,认真操作	部分学生操作困难,再给予讲解和帮助	让学生学以致用	20分钟
提交作业	把各个组作品加以分析评比,把出现的问题提出并纠正讲解			分析问题,解决问题	5分钟
活动2各组互评		互相指出不足之处和相互的差距		培养学生谦虚和学习的能力	8分钟
活动3各组自评		听完老师指正后,再检查作业,巩固所学知识		加深学生对当堂课的理解和记忆	5分钟
总　结	肯定大家的表现,总结知识点			给学生鼓励	3分钟
拓展提高	布置课外思考题	思考		让学生课下继续探索	3分钟

(三)模块3 样条线的运用

任务1 "样条线的创建"教学方案设计

课　题	样条线的创建		课　型	新　授	课　时	2
教学任务	知识	视口背景的参数调整; 样条线的可渲染性调整				
	技能	会把 jpeg 图像导入到 3ds Max 中作参考; 学会用样条线创建模型; 熟练使用 Bezier 角点调整样条线				
	情感	培养学生好学求知的精神,以及团结协作的习惯,增强动手能力				

续表

重难点	重点	用样条线创建模型
	难点	用 Bezier 角点调整样条线

学情分析	软件操作基本相通,但 3ds Max 相对于以往的软件,界面更加复杂,更容易出现问题,需要适当鼓励,增强学习的信心。学生对本课程兴趣很大,但是学生缺乏坚持到底的毅力,需要由浅入深地进行教学,树立学生的信心,参加小组活动以调动学生积极性
教　法	任务驱动、小组讨论和启发式教学
学法指导	营造"262 效能课堂",轻松愉悦地小组协作学习
教学手段	多媒体教学
教　具	多媒体课件、有投影仪的多媒体教室

教　学　过　程

活动步骤	教　师	学　生	可能出现的状况及应对策略	设计意图	备　注
组织教学	问好	问好		相互尊重	1 分钟
活动1 观看图片	图片展示:拿出一副带有很多铁艺雕花的中式建筑的图形,提问:请同学们思考制作铁艺雕花模型需要哪些知识点	小组讨论,举手回答		用实际运用需要来唤起同学们对所学知识的回忆,同时让他们认识到学以致用的道理,增强继续探索学习的动力	10 分钟
复习 教师提问	简单回顾关于样条线的操作知识:创建,可渲染面板属性,渲染卷展栏属性设置,如何进入样条线的各个层级	小组讨论回答,随着老师的讲解积极思考回顾	有的同学对所学知识有所遗忘,经过复习又重新记起	温故而知新,为后面的实际操作作好铺垫	15 分钟
活动2 提出问题	拿出一副铁艺雕花的图片,请同学们思考,如何制作	观察,思考	有同学质疑:没有任何的说明,该如何确定雕花的尺寸?教师引导,进入下一个教学环节	发挥学生的想象力,让学生学会自己寻找解决问题的方法	10 分钟
活动3 解决问题	讲解演示: (1)将 jpeg 图片导入到前视图作参考; (2)视口设置	认真听讲,在机器上操作,学会把图片导入到 3ds Max 当中	有的同学操作时图片变形或者导入的视图不对,教师应强调参数和对应的视图	把理论知识传授给学生	10 分钟

续表

活动步骤	教 师	学 生	可能出现的状况及应对策略	设计意图	备 注
活动4 学生分组 讨论操作	(1)分发素材；(2)布置任务 (3)要求学生：根据所学的知识，小组讨论制作出铁艺雕花	小组讨论步骤；开始上机合作；完成	有的小组解决问题的能力较弱，其他同学帮助指导完成	培养学生思考问题，解决问题的方法	20分钟
活动5 作业提交 评比	观察学生作品；发现问题；指正问题	观察；对比；找出自身不足			10分钟
活动6 小组 抢答赛	展示一张幻灯片，上边是一些英语名称，要求各小组抢答所代表的参数名称	小组积极参与抢答	个别小组成员对参数记忆不熟练，反应慢；教师提醒加强记忆	培养集体荣誉感，树立竞争意识，助推全班同学共同进步	10分钟
教师总结	表扬今天表现最好的小组；肯定大家的表现			培养集体荣誉感，树立竞争意识，助推全班同学共同进步	3分钟
拓展提高	布置课外作业，让学生把今天的知识点融会贯通				2分钟

任务2　"运用样条线制作铁艺"教学方案设计

课 题		运用样条线制作铁艺	课 型	新 授	课 时	3
教学任务	知识	了解样条线的概念和共同属性；了解样条线下点层级、线段层级、样条线层级的概念和各自属性				
	技能	对样条线共同属性的设置；灵活运用样条线下点、线、样条线层级，在不同层级对样条线进行编辑				
	情感	培养学生好学求知的精神，以及团结协作的习惯，增强动手能力				
重难点	重点	对样条线下不同层级的编辑				
	难点	样条线的设置参数				
学情分析		软件操作基本相通，但3ds Max相对于以往的软件，界面更加复杂，更容易出现问题，需要适当鼓励，增强学习的信心。学生对本课程兴趣很大，但是学生缺乏坚持到底的毅力，需要由浅入深地进行教学，树立学生的信心，参加小组活动以调动学生积极性				
教 法		任务驱动、小组讨论和启发式教学				
学法指导		营造"262效能课堂"，轻松愉悦地小组协作学习				
教学手段		多媒体教学				

续表

教　具	多媒体课件、有投影仪的多媒体教室				

<table>
<tr><td colspan="6" align="center">教　学　过　程</td></tr>
<tr><td>活动
步骤</td><td>教　师</td><td>学　生</td><td>可能出现的状况
及应对策略</td><td>设计意图</td><td>备　注</td></tr>
<tr><td>复　习</td><td>请同学们思考回答：哪些图形属于二维图形，哪些图形是三维图形</td><td>小组分析讨论回答，列举周围的二维图形和三维物体</td><td>理论讲解比较抽象，部分同学不易理解，用举例说明的方式加强理解</td><td>为新课的讲解作好铺垫</td><td>3分钟</td></tr>
<tr><td>课题引出</td><td>介绍：(1) 提出样条线的概念：样条线是3ds Max 中二维图形的总称；
(2) 样条线的作用：可以用样条线创建二维图形，也可以用样条线生成三维图形</td><td>认真听教师讲解。理解样条线的概念和在创建模型中的作用</td><td>理论知识比较抽象，举例说明</td><td>引起同学们的探索求新的欲望</td><td>4分钟</td></tr>
<tr><td>新课讲解</td><td>打开教师多媒体登录系统，演示：
(1) 创建一条样条线(Spline) 方法；
(2) 样条线共同属性的设置，包括Rendering(渲染) 卷展栏、Renderer(渲染器)、Rectangular (矩形)</td><td>学习样条线的创建和共同属性的设置</td><td>样条线的属性参数不容易记忆，教师在讲解时候通过演示参数的修改实例来说明</td><td>参数设置学习，为实际操作打下理论基础</td><td>6分钟</td></tr>
<tr><td>学生操作</td><td>到学生中观察，了解情况</td><td>实际操作，练习样条线的共同属性的设置</td><td>在使用参数设置时有所遗忘。让小组成员相互提示</td><td>立即把理论用于实际，加深理解</td><td>8分钟</td></tr>
<tr><td>新课讲解</td><td>教师在多媒体上演示样条线的编辑：
(1)点层级；
(2)线段层级；
(3)样条线层级的几何体面板；
(4)在不同层级的样条线修改</td><td>认真听讲和记忆</td><td>在对不同层级的操作可能产生混淆，教师重点强调</td><td>把新知识点灌输给学生，为后面的操作铺垫理论基础</td><td>6分钟</td></tr>
</table>

活动步骤	教　师	学　生	可能出现的状况及应对策略	设计意图	备　注
学生操作	布置任务,让小组利用刚才所学,创作一个不规则的二维图形,比如心形	看完老师的演示后,小组成员立即讨论,设计,尝试,用样条线编辑做出一个图形	有的同学动手能力较差,需要小组成员帮助完成	发挥同学们团结互助的精神,提高自己解决问题的能力	10分钟
作业提交		每个小组把代表作品提交到教师的机子上			1分钟
教师点评	教师评价各个小组的作品和同学们的操作情况,对出现的问题加以纠正	认真听取老师的点评		对操作过程中的问题统一纠正,帮助同学们发现自己的不足	2分钟
总　结	总结本节课所学的知识点、重点、难点	认真听讲		对新知识重新梳理和记忆	2分钟
布置任务	让同学去完成课外练习,复习今天的内容	接受任务			2分钟

(四)模块4 样条线转化为三维物体

任务1 "挤出修改器的应用"教学方案设计

课　题	挤出修改器的应用		课　型	新　授	课　时	2
教学任务	知识	挤出修改器参数的设置				
	技能	掌握用样条线的方法在图纸上勾画出墙体线; 掌握挤出修改器制作墙体的方法; 能准确将挤出墙体与CAD图纸上墙体准确重合				
	情感	培养学生好学求知的精神,以及团结协作的习惯,增强动手能力				
重难点	重点	挤出修改器参数的设置				
	难点	勾画墙体线过程中对样条线的编辑调整				
学情分析		软件操作基本相通,但3ds Max相对于以往的软件,界面更加复杂,更容易出现问题,需要适当鼓励,增强学习的信心。学生对本课程兴趣很大,但是学生缺乏坚持到底的毅力,需要由浅入深地进行教学,树立学生的信心,参加小组活动以调动学生积极性				
教　法		任务驱动、小组讨论和启发式教学				
学法指导		营造"262效能课堂",轻松愉悦地小组协作学习				

续表

教学手段	多媒体教学				
教　具	多媒体课件、有投影仪的多媒体教室				
教　学　过　程					
活动 步骤	教　师	学　生	可能出现的状况 及应对策略	设计意图	备　注
组织教学	问好	问好		相互尊重	1分钟
新课讲解	(1)挤出修改作用：把二维图像转化为三维图形； (2)挤出修改器参数设置	(1)理解挤出修改器作用； (2)记住挤出修改器参数的英文名称	英文单词学生普遍记忆较困难,让他们在理解中去记忆	让学生接受新知识,并深入到脑海	9分钟
活动1 学生实践	到学生中巡视,检查学生的掌握情况	在电脑上用样条线画出二维图形,再用挤出修改器转化为三维模型,然后进行参数的调整,熟悉参数设置	有的学生对具体的参数设置存在问题,小组成员相互帮助解答	通过实际操作的方法加深对挤出修改器参数的理解和记忆	10分钟
活动2 图片展示	(1)展示门的图片； (2)请小组派代表回答主要的操作步骤； (3)提示,要使用附加命令	(1)观察素材； (2)小组讨论操作步骤	在分析问题时候,有的知识点存在着疑问,教师解释回答	小组通过讨论分析,自己找出问题的解决方法,提高学生解决问题的能力	10分钟
活动3 学生 制作门	(1)发素材图片； (2)到学生中去巡视	(1)小组讨论共同完成； (2)作品提交到教师处	个别同学操作积极性不高,教师需加以鼓励	学生通过相互讨论,相互帮助,学会了团结协作,并且把理论用于实践,体会到知识的价值	20分钟
活动4 教师点评	评价学生作品,指出操作中出现的问题	认真听点评,自己发现作业中的问题	有同学操作不熟练,需同学帮助完成	让学生学会自我完善,知错就改	5分钟

续表

活动步骤	教 师	学 生	可能出现的状况及应对策略	设计意图	备 注
活动5 图片展示,在以上活动基础上布置任务	展示 CAD 图纸中的平面布置图,请同学们小组分析讨论完成墙体的制作; 提示:开启捕捉和简化图纸	(1)小组讨论,分析,查找笔记和资料确定出操作步骤; (2)操作过程中学习到:CAD 的简化,图片导入,利用 CAD 绘制墙体,挤出修改器,样条线的修改; (3)作业完成后提交	部分同学前面知识有所遗忘,知识不能前后连贯,小组成员或教师给予提示	发掘学生主动探索的能力,让被动学习变为主动学习,在操作讨论中获取知识	25分钟
活动6	评价学生活动结果				5分钟
活动7	总结本次课所学知识点	认真听讲,巩固复习		让学生学会梳理,融会贯通	3分钟
拓展提高	布置课外作业			课下继续探索求知	2分钟

任务2 "车削修改器"教学方案设计

课 题	车削修改器	课 型	新 授	课 时	2
教学任务	知识	车削修改器的参数修改方法			
	技能	熟练地运用车削修改器制作模型			
	情感	培养学生好学求知的精神,以及团结协作的习惯,增强动手能力			
重难点	重点	车削修改器的参数修改方法			
	难点	运用车削修改器制作模型			
学情分析	软件操作基本相通,但 3ds Max 相对于以往的软件,界面更加复杂,更容易出现问题,需要适当鼓励,增强学习的信心。学生对本课程兴趣很大,但是学生缺乏坚持到底的毅力,需要由浅入深地进行教学,树立学生的信心,参加小组活动以调动学生积极性				
教 法	任务驱动、小组讨论和启发式教学				
学法指导	营造"262 效能课堂",轻松愉悦地小组协作学习				
教学手段	多媒体教学				
教 具	多媒体课件、有投影仪的多媒体教室				

续表

教　学　过　程					
活动 步骤	教　师	学　生	可能出现的状况 及应对策略	设计意图	备　注
组织教学	问好	问好		相互尊重	1 分钟
活动 1 图片展示	展示一张酒杯模型，让学生观察整个酒杯可以让剖面轮廓围绕轴心旋转形成，由此引入一种新的制作三维图形的方法，车削修改器，介绍原理	认真观察思考，领会车削的原理	理论知识比较抽象采取举例说明的方法	理论联系实际,化抽象为具体	9 分钟
新课讲解	打开教师控制系统，讲解车削修改器的参数设置	认真听讲	学生觉得参数名称抽象难以记忆； 教师引导从理解的角度去记忆	传授新知识给学生	10 分钟
活动 2 学生操作	布置任务:制作一个酒杯	在所学知识和活动 1 的基础上,小组讨论完成作品。以下步骤: (1) 样条线绘制轮廓; (2) 添加车削修改器,调节参数	(1) 不在前视图绘制轮廓线; (2) 旋转的轴向不对 (3) 提醒学生注意细节	启发学生自主学习,学会分析和解决问题	15 分钟
教师点评	评价同学们的酒杯作品,指出巡视中发现的问题	自我检查			5 分钟
活动 3 小组竞赛	布置任务:以小组为单位,设计一套餐具	小组讨论设计分工合作完成	有的小组凝聚力不强,成员的协作不紧密,任务完成困难,教师适当指导	发挥学生自由的想象力,把所学知识用于创造中去	25 分钟
作品评比	(1) 教师点评小组作品； (2) 小组互评； (3) 小组自评			发现问题,解决问题	15 分钟
总　结	总结本课主要知识点			带领学生梳理知识,融会贯通	5 分钟
拓展提高	布置课外作业			让学生课外复习思考,强化学习	5 分钟

任务3　"轮廓修改器"教学方案设计

课　题	轮廓修改器	课　型	新　授	课　时	3
教学任务	知识	轮廓倒角原理,参数设置; 如何拾取外轮廓线			
	技能	灵活运用轮廓倒角制作模型			
	情感	培养学生好学求知的精神,以及团结协作的习惯,增强动手能力			
重难点	重点	轮廓倒角制作模型			
	难点	拾取外轮廓线,轮廓倒角参数设置			
学情分析	软件操作基本相通,但 3ds Max 相对于以往的软件,界面更加复杂,更容易出现问题,需要适当鼓励,增强学习的信心。学生对本课程兴趣很大,但是学生缺乏坚持到底的毅力,需要由浅入深地进行教学,树立学生的信心,参加小组活动以调动学生积极性				
教　法	任务驱动、小组讨论和启发式教学				
学法指导	营造"262 效能课堂",轻松愉悦地小组协作学习				
教学手段	多媒体教学				
教　具	多媒体课件、有投影仪的多媒体教室				

教　学　过　程

活动步骤	教　师	学　生	可能出现的状况及应对策略	设计意图	备注
组织教学	问好	问好		相互尊重	1 分钟
复习引入	复习前面关于倒角的知识。提问:如果倒角的轮廓线不规则怎么办	思考,积极考虑回答	学生会提供一些问题,教师给予分析和排除	复习前面所学相关知识,提问引起学生思考,进而产生学习新知识的兴趣	10 分钟
新课传授	轮廓倒角修改器的原理、参数,倒角方法演示	认真听讲	理论讲解抽象,配合实例讲	新知识的传授	10 分钟
活动1图片展示	(1)提供一张桌子图片素材; (2)提问:这张桌子的创建思路是怎么样的? 每部分主要用什么修改器	小组讨论,分析,举手回答。创建思路是每个部分单独制作,最后拼装	有的同学回答不全面,教师启发和补充	培养学生分析问题、解决问题的能力,学会把难题剖解,一一化解	15 分钟
活动2学生操作	(1)布置任务; (2)提供素材	小组合作完成,作品提交	个别学生倒角产生破面,让学生检查分段参数	养成团结协作的习惯	30 分钟

续表

活动步骤	教　师	学　生	可能出现的状况及应对策略	设计意图	备　注
点评作品	评价学生作品；解决学生在操作中出现的问题	(1)小组自评；(2)小组互评		学生剖析回顾作品中不足之处,加以整改	15 分钟
活动 3 知识拓展,学生练习	字体模型图片展示；请同学们思考完成	小组讨论；分析完成		进一步应用知识,强化练习	30 分钟
点评作品	评价学生作品；解决学生在操作中出现的问题	小组讨论；分析完成		通过反复操作,检验对知识的掌握程度,举一反三	15 分钟
总　结	总结今天所学和所用的知识点,肯定大家的表现	梳理知识点		让学生把所学知识融会贯通	6 分钟
拓展提高	布置思考题			扩展学生思维,把问题带出课堂	3 分钟

（五）模块 5 三维修改器

任务 1 "弯曲修改器的运用"教学方案设计

课　题		弯曲修改器的运用	课　型	新　授	课　时	3
教学任务	知识	弯曲修改器的参数设置；楼梯模型的创作思路				
	技能	能灵活运用弯曲修改器制作三维异形模型；综合利用前面所学的建模知识和弯曲修改器制作楼梯				
	情感	培养学生敢于创新,不畏惧困难的精神。学会分析问题、解决问题				
重难点	重点	把弯曲修改器灵活应用于实际中				
	难点	弯曲修改器的角度上下限、方向设置				
学情分析		学生在学习一段时间的 3ds Max 后,已经积累了一定基础,学生学习的水平产生了分化,部分学生接受知识的能力较强,在操作练习过程中通过动手自己建模能体会到学习的快乐和成就感,而一部分学生相对能力较弱,可能会出现畏难情绪,这就需要多给予鼓励和动员,增强学习的信心				
教　法		任务驱动、小组讨论和启发式教学				
学法指导		营造"262 效能课堂",轻松愉悦地小组协作学习				
教学手段		多媒体教学				

教 具	多媒体课件、有投影仪的多媒体教室				
教 学 过 程					
活动 步骤	教 师	学 生	可能出现的状况 及应对策略	设计意图	备 注
新课教学	打开多媒体教室登录系统,介绍弯曲修改器	认真听讲,理解和记忆参数	理论抽象,理解困难,举例说明	新知识传授	10分钟
学生练习	查看学生操作情况,实时指导	在电脑上创建出一个三维物体,加弯曲修改器,调整参数	个别学生操作出现问题,给予纠正	用实际操作的方法促进新知识的理解	10分钟
活动1 图片展示	(1)发给每个小组一张纸; (2)展示弯曲楼梯模型图片; (3)请同学们分析讨论制作思路,写在纸上。并说明每个操作步骤要用什么知识点	(1)小组讨论,积极思考; (2)小组把讨论的结果写在纸上	有的同学对知识的迁移能力较弱,需多方位提示。小组成员相互帮助,集思广益	出示本节课主要任务,让学生自主思考,学会解决综合性的问题	15分钟
活动2 小组讨论,结果展示	请各个小组派代表展示每个小组讨论结果。根据学生提供的信息提炼出主要知识点	总结出楼梯的制作思路	有的小组的思路走入误区,经过讲解后修正	学会分析、理解、探索	20分钟
活动3 学生操作	(1)发给学生辅助资料,上面有正确的操作步骤提示; (2)到学生中去巡视,观察学生的操作情况	根据讨论结果和操作提示,小组讨论完成	有的小组不能顺利做出楼梯; 让他们认真看所提供的提示	增强动手能力,把理论应用于实践,知识前后练习贯通。并在操作中养成团结互助的习惯	30分钟
作品点评	(1)点评学生作品; (2)总结操作中反馈出来的问题,给予讲解和纠正	(1)小组自评; (2)小组互评		对知识总结、深化。通过作品的完成,获得自信心和成就感,同时学会查找问题和解决问题	20分钟
总 结	梳理本节课知识点				15分钟

续表

活动步骤	教师	学生	可能出现的状况及应对策略	设计意图	备注
拓展提高	请学生思考： （1）弯曲花瓶的制作； （2）车轮的制作； （3）花环的制作； 给出提示			训练学生举一反三，对知识加以巩固和强化	10分钟

任务2　"锥化修改器"教学方案设计

课　题	锥化修改器	课　型	新　授	课　时	3
教学任务	知识	锥化修改器参数设置； 锥化修改器的限制； 理解不同锥化轴的不同效果			
	技能	综合运用前面所学知识和锥化修改器制作古代亭子			
	情感	培养学生敢于创新，不畏惧困难的精神。学会分析问题、解决问题			
重难点	重点	制作模型过程中锥化修改器的运用			
	难点	锥化修改器的上下限制			
学情分析	学生在学习一段时间的3ds Max后，已经积累了一定基础，学生学习的水平产生了分化，部分学生接受知识的能力较强，在操作练习过程中通过动手自己建模能体会到学习的快乐和成就感，而一部分学生相对能力较弱，可能会出现畏难情绪，这就需要多给予鼓励和动员，增强学习的信心				
教　法	任务驱动、小组讨论和启发式教学				
学法指导	营造"262效能课堂"，轻松愉悦地小组协作学习				
教学手段	多媒体教学				
教　具	多媒体课件、有投影仪的多媒体教室				

教　学　过　程

活动步骤	教师	学生	可能出现的状况及应对策略	设计意图	备注
新课教学	打开多媒体教室登录系统，介绍锥化修改器的作用和适用范围	认真听讲，理解和记忆参数	理论抽象，理解困难，举例说明	新知识传授	10分钟

活动 步骤	教 师	学 生	可能出现的状况 及应对策略	设计意图	备 注
学生练习	查看学生操作情况,实时指导	在电脑上创建出一个多边形,挤出,创建锥化修改器,调节参数,观察不同参数对应的模型	个别学生操作出现问题,给予纠正	用实际操作的方法促进新知识的理解	10分钟
活动1 图片展示	(1)发给每个小组一张纸; (2)展示亭子图片; (3)请同学们分析讨论制作思路,写在纸上,并说明每个操作步骤要用什么知识点	(1)小组讨论,积极思考; (2)小组把讨论的结果写在纸上	有的同学对知识的迁移能力较弱,需多方位提示,小组成员相互帮助,集思广益	出示本节课主要任务,让学生自主思考,学会解决综合性的问题	15分钟
活动2 小组讨论,结果展示)	请各个小组派代表展示每个小组讨论结果。根据学生提供的信息提炼出主要知识点	总结出亭子的制作思路: (1)创建多边形; (2)在前视图挤出; (3)添加锥形修改器; (4)添加壳修改器	有的小组的思路走入误区,经过讲解后修正	学会分析、理解、探索	20分钟
活动3 学生操作	(1)发给学生辅助资料,上面有正确的操作步骤提示; (2)到学生中去巡视,观察学生的操作情况	根据讨论结果和操作提示,小组讨论完成	有的小组不能顺利做出,让他们认真看所提供的提示	增强动手能力,把理论应用于实践,知识前后练习贯通。并在操作中养成团结互助的习惯	30分钟
作品点评	(1)点评学生作品; (2)总结操作中反馈出来的问题,给予讲解和纠正	(1)小组自评; (2)小组互评		对知识总结,深化。通过作品的完成,获得自信心和成就感。同时学会查找问题和解决问题	20分钟
总 结	梳理本节课知识点				15分钟

续表

活动步骤	教　师	学　生	可能出现的状况及应对策略	设计意图	备　注
拓展提高	请学生思考;制作一个香水瓶			训练学生举一反三,对知识加以巩固和强化	10分钟

任务3　"扭曲修改器"教学方案设计

课　题	扭曲修改器	课　型	新　授	课　时	3
教学任务	知识	扭曲修改器的英文参数面板的运用; 理解不同的扭曲轴产生的不同效果			
	技能	当模型需要增加造型时,灵活运用扭曲修改器			
	情感	培养学生敢于创新,不畏惧困难的精神。学会分析问题、解决问题			
重难点	重点	制作模型过程中扭曲化修改器的运用			
	难点	设置扭曲的限制参数及扭曲度数,以及在制作模型时与其他修改器的配合使用			
学情分析	学生在学习一段时间的3ds Max后,已经积累了一定基础,学生学习的水平产生了分化,部分学生接受知识的能力较强,在操作练习过程中通过动手自己建模能体会到学习的快乐和成就感,而一部分学生相对能力较弱,可能会出现畏难情绪,这就需要多给予鼓励和动员,增强学习的信心				
教　法	任务驱动、小组讨论和启发式教学				
学法指导	营造"262效能课堂",轻松愉悦的小组协作学习				
教学手段	多媒体教学				
教　具	多媒体课件、有投影仪的多媒体教室				

教 学 过 程

活动步骤	教　师	学　生	可能出现的状况及应对策略	设计意图	备　注
新课教学	打开多媒体教室登录系统,介绍扭曲修改器的作用和适用范围	认真听讲,理解和记忆参数	理论抽象,理解困难,教师举例说明	新知识传授	10分钟
学生练习	查看学生操作情况,实时指导	在电脑上创建出一个多边形,挤出,创建扭曲修改器,调节参数,观察不同参数对应的模型	个别学生操作出现问题,给予纠正	用实际操作的方法促进新知识的理解	10分钟

活动 步骤	教　师	学　生	可能出现的状况 及应对策略	设计意图	备　注
活动1 图片展示	(1)发给每个小组一张纸; (2)展示花瓶图片; (3)请同学们分析讨论制作思路,写在纸上,并说明每个操作步骤要用什么知识点	(1)小组讨论,积极思考; (2)小组把讨论的结果写在纸上	有的同学对知识的迁移能力较弱,需多方位提示,小组成员相互帮助,集思广益	出示本节课主要任务,让学生自主思考,学会解决综合性的问题	15分钟
活动2 小组讨论,结果展示	请各个小组派代表展示每个小组讨论的结果。根据学生提供的信息提炼出主要知识点	总结出花瓶的制作思路	有的小组的思路走入误区,经过讲解后修正	学会分析、理解、探索	20分钟
活动3 学生操作	(1)发给学生辅助资料,上面有正确的操作步骤提示; (2)到学生中去巡视,观察学生的操作情况	根据讨论结果和操作提示,小组讨论完成	有的小组不能顺利做出。让他们认真看所提供的提示	增强动手能力,把理论应用于实践,知识前后练习贯通,并在操作中养成团结互助的习惯	30分钟
作品点评	(1)点评学生作品; (2)总结操作中反馈出来的问题,给予讲解和纠正	(1)小组自评; (2)小组互评		对知识总结、深化,通过作品的完成,获得自信心和成就感,同时学会查找问题和解决问题	20分钟
总　结	梳理本节课知识点				15分钟
拓展提高	请学生思考:制作一颗螺丝钉			训练学生举一反三,对知识加以巩固和强化	10分钟

任务4　"其他修改器的应用"教学方案设计

课　题	其他修改器的应用	课　型	新　授	课　时	2
教学任务	知识	各个修改器的原理,以及参数面板识记			
	技能	壳修改器、对称修改器、倾斜修改器、晶格修改器的灵活运用			
	情感	培养学生好学求知的精神,以及团结协作的习惯,增强其动手能力			

续表

重难点	重点	在实际操作中,壳修改器、对称修改器、倾斜修改器、晶格修改器的灵活运用
	难点	各个修改器参数的合理设置
学情分析		知识是前后连贯相通的,学生经过一段时间的学习,对修改器的应用有所了解,在前面所学知识基础上,再去学习新的修改器就相对容易
教 法		任务驱动、小组讨论和启发式教学
学法指导		营造"262效能课堂",轻松愉悦地小组协作学习
教学手段		多媒体教学
教 具		多媒体课件、有投影仪的多媒体教室

教　学　过　程

活动步骤	教 师	学 生	可能出现的状况及应对策略	设计意图	备 注
新课讲授	打开多媒体教室系统给同学们介绍壳修改器、对称修改器、倾斜修改器、晶格修改器的原理,参数设置	认真听讲	理论知识参数记忆困难,配合实例	新知识讲授	15分钟
活动1图片展示	(1)展示图片,是一组综合运用以上修改器的模型;(2)请同学们回答,图片上的模型运用了哪些修改器	分组讨论回答	学生回答可能不完整,教师提示	让学生学会分析	15分钟
任务布置	布置任务,请同学们以小组为单位,运用前面所学知识和今天所学修改器,设计一组作品	(1)小组讨论设计;(2)把创作思路写在纸上	有的同学思维局限,可以适当举例提示	给学生充分发挥自由创作的空间,把知识进行组合,融会贯通	5分钟
活动2学生操作	巡视检查	小组讨论,动手操作	有些同学综合运用知识能力不强,设计能力差,动员小组发挥集体智慧	在操作中去理解修改器的参数,在开放式合作交流中掌握技术	25分钟
作品评比	评价作品,指出不足和发现的问题	作业提交,作品有花瓶、餐具、艺术品等			10分钟

续表

活动步骤	教　师	学　生	可能出现的状况及应对策略	设计意图	备　注
小组自评		小组派代表,给大家讲述作品的创作思路,以及所用知识点			15分钟
总　结	总结知识点,肯定大家的表现,表扬做得最好的小组			梳理知识,融会贯通	3分钟
拓展提高	布置作业			课下思考,拓展思维	2分钟

（六）模块6 复合建模的运用

任务1 "放样复合建模"教学方案设计

课　题	放样复合建模	课　型	新　授	课　时	2
教学任务	知识	理解放样建模的原理; 识记放样建模的英文参数面板; 知道路径及截面图形的区别			
	技能	熟练掌握放样复合建模的操作方法; 熟悉对放样模型进行修改变形的操作			
	情感	培养学生好学求知的精神,以及团结协作的习惯,增强动手能力			
重难点	重点	熟练掌握放样复合建模的操作方法			
	难点	熟悉对放样模型进行修改变形的操作			
学情分析	软件操作基本相通,但3ds Max相对于以往的软件,界面更加复杂,更容易出现问题,需要适当鼓励,增强学习的信心。学生对本课程兴趣很大,但是学生缺乏坚持到底的毅力,需要由浅入深地进行教学,树立学生的信心,参加小组活动以调动学生积极性				
教　法	任务驱动、小组讨论和启发式教学				
学法指导	营造"262效能课堂",轻松愉悦地小组协作学习				
教学手段	多媒体教学				
教　具	多媒体课件、有投影仪的多媒体教室				
教　学　过　程					
活动步骤	教　师	学　生	可能出现的状况及应对策略	设计意图	备　注
组织教学	问好	问好		相互尊重	1分钟

续表

活动 步骤	教 师	学 生	可能出现的状况 及应对策略	设计意图	备 注
活动 1 图片展示	展示一张古代船的图片,请同学们思考古代造船的原理	思考,同学回答	学生答案参差不齐,不足之处教师提示补充	活跃思维,开拓同学们的知识面,知道古文化的博大精深。被古人的智慧所折服	10 分钟
活动 2 图片展示	给同学们出示古罗马柱的模型图片,请同学们观察它的截面变化	认真观察,得出截面有哪些变化		认真观察,发现问题,找出规律	10 分钟
新课讲授	在活动 1 和活动 2 的基础上,比较罗马柱和古代船生成的共同点,由此引入到创建罗马柱的方法:放样复合建模	认真听讲,记录参数	理论理解比较抽象,举例对比讲解	传授新知识	15 分钟
活动 3 学生操作	布置任务,创建出罗马柱; 巡视,观察学生掌握的情况	小组积极思考讨论,分析完成; 作业提交	有的同学接受较慢,操作有问题,小组成员互助完成	通过实际操作,更深刻理解新知识,把理论应用到实际操作中	25 分钟
作品点评	教师评价各个小组作品,点评操作出现的问题	认真听; 小组自评; 小组互评		通过评价,找不足,再加以改进	15 分钟
总 结	(1)总结新知识点,将重点和难点提出并强调; (2)充分肯定大家的表现	在头脑中梳理知识点		提升同学们自信心	10 分钟
拓展提高	布置课外作业			让学生课下巩固复习思考	4 分钟

任务 2 "散布复合建模、图形合并复合建模"教学方案设计

课 题	散布复合建模、 图形合并复合建模		课 型	新 授	课 时	1
教学任务	知识	散布复合建模、图形合并复合建模的原理; 散布复合建模、图形合并复合建模方式的参数; 散布复合建模、图形合并复合建模的应用范围				

续表

教学任务	技能	会用散步复合建模的方法制作头发； 会用图形合并复合建模方法制作表面镂空的文字或花纹
	情感	培养学生好学求知的精神，以及团结协作的习惯，增强动手能力
重难点	重点	灵活运用散布复合建模、图形合并复合建模
	难点	图形合并复合建模中二维图形的拾取
学情分析		软件操作基本相通，但 3ds Max 相对于以往的软件，界面更加复杂，更容易出现问题，需要适当鼓励，增强学习的信心。学生对本课程兴趣很大，但是学生缺乏坚持到底的毅力，需要由浅入深地进行教学，树立学生的信心，参加小组活动以调动学生积极性
教　法		任务驱动、小组讨论和启发式教学
学法指导		营造"262 效能课堂"，轻松愉悦地小组协作学习
教学手段		多媒体教学
教　具		多媒体课件、有投影仪的多媒体教室

教　学　过　程

活动步骤	教　师	学　生	可能出现的状况及应对策略	设计意图	备　注
组织教学	问好	问好		相互尊重	1 分钟
活动1 图片展示	(1) 展示卡通人物头部图片； (2) 提问：创作思路和难点是什么	(1) 小组讨论； (2) 在纸张上写下创作思路； (3) 提出难点：人物头发不会做		学会独立思考问题、分析问题	10 分钟
活动2 学生操作	(1) 提出新知识点：做头发用散步复合修改器； (2) 把修改器的参数提示发到小组； (3) 请同学们讨论完成	小组讨论操作	修改器的参数设置不恰当，建议反复修改，多次尝试，找出最合适的值	提高学生动手操作的能力	15 分钟
点评作业	点评同学们的作品以及操作存在的问题	提交作业； 小组自评； 小组互评		通过发现问题，立刻整改，加深对新知识的理解和掌握	10 分钟

续表

活动步骤	教　师	学　生	可能出现的状况及应对策略	设计意图	备　注
活动3图片展示新课传授	(1)展示图片:把一个图形与一个酒瓶组合成上有花纹游走造型的酒瓶;(2)提出新知识点:图形合并复合建模知识点	认真听讲,重点记忆参数,理解图形合并复合建模原理	原理理解抽象,教师举例说明	新知识传授	15分钟
活动4学生操作	(1)给学生提供相应素材;(2)在活动3的基础上请同学们完成图片花纹酒瓶的操作	小组讨论操作	有同学对于二维图像的拾取和图像的挤出容易出现问题,要求明确原理	培养学生仔细观察和思考的习惯。同时培养学习的恒心和毅力	15分钟
作品点评	评价学生作品,选出操作最后的作品给予表扬。总结操作过程中出现的问题	认真听老师点评;小组自评;小组互评		激发学生的荣誉感和自信心	10分钟
总　结	总结新知识点	记忆和梳理所学知识		巩固学习	10分钟
拓展提高	布置课外思考题			拓展思维	4分钟

(七)模块7 多边形建模的运用

任务1 "多边形的属性的学习"教学方案设计

课　题	多边形的属性的学习	课　型		新　授	课　时	2
教学任务	知识	理解多边形的概念;理解多边形的布线原理;在三维模型中很多难的模型都是通过多边形来创建的				
	技能	多边形的点层级、边层级、圈线层级及面的编辑				
	情感	培养学生好学求知的精神,以及团结协作的习惯,增强动手能力				
重难点	重点	通过多边型来创建和编辑模型				
	难点	多边形的点层级、边层级、圈线层级及面的编辑				
学情分析	软件操作基本相通,但3ds Max相对于以往的软件,界面更加复杂,更容易出现问题,需要适当鼓励,增强学习的信心。学生对本课程兴趣很大,但是学生缺乏坚持到底的毅力,需要由浅入深地进行教学,树立学生的信心,参加小组活动以调动学生积极性					

续表

教　法	任务驱动、小组讨论和启发式教学
学法指导	营造"262效能课堂",轻松愉悦地小组协作学习
教学手段	多媒体教学
教　具	多媒体课件、有投影仪的多媒体教室

教　学　过　程

活动步骤	教　师	学　生	可能出现的状况及应对策略	设计意图	备　注
图片展示新课讲解	(1)拿出一副四边形和三变形图片对比展示图; (2)讲解多边形的概念,作用	(1)仔细观察思考为什么负责模型要用多面形来创建模型; (2)理解多边形建模的原理	学生理解有困难,教师举例说明	为实际操作铺垫理论基础	20分钟
任务布置	(1)布置任务:自由创建一个模型,尝试在点层级、边层级、圈线层级及面层次去编辑。理解不同层级的操作命令; (2)发提示资料	(1)小组讨论研究思考; (2)仔细看参考资料的提示			10分钟
活动1学生操作	巡视观察	(1)积极投入操作; (2)把不能理解和解决的问题写在纸上	有的小组组长组织能力差,小组学习积极性不高。教师给以激将法	通过学生讨论研究,增强学生探索解决问题的能力	25分钟
活动2学生发言	(1)打开教师登录系统; (2)请各个小组代表来举例讲述不同层级的操作命令; (3)各个小组把研究过程中的问题提出来,大家一起解决	(1)代表积极发言; (2)小组相互答疑,解决问题	有的问题大家都没有准确的答案,由教师解决,统一回答	通过学生之间相互答疑,让学生充分体会到自己思考问题、解决问题的乐趣,提高其学习自信心	20分钟
教师总结	总结多边形的原理,在不同层级的编辑等,把知识点统一梳理讲解	在头脑中回顾本节课所学知识		让学生学会融会贯通	15分钟

续表

活动步骤	教师	学生	可能出现的状况及应对策略	设计意图	备注
拓展提高	请学生课下巩固多边形的相关操作			让学生复习巩固	3分钟

任务2 "软选择和体素"教学方案设计

课题	软选择和体素	课型	新授	课时	2

教学任务	知识	软选择的概念；体素的概念理解			
	技能	软选择的操作；软选择参数面板的运用			
	情感	培养学生好学求知的精神,以及团结协作的习惯,增强动手能力			
重难点	重点	掌握软选择的操作方法			
	难点	软选择参数面板的运用			
学情分析	软件操作基本相通,但3ds Max相对于以往的软件,界面更加复杂,更容易出现问题,需要适当鼓励,增强学习的信心。学生对本课程兴趣很大,但是学生缺乏坚持到底的毅力,需要由浅入深地进行教学,树立学生的信心,参加小组活动以调动学生积极性				
教法	任务驱动、小组讨论和启发式教学				
学法指导	营造"262效能课堂",轻松愉悦地小组协作学习				
教学手段	多媒体教学				
教具	多媒体课件、有投影仪的多媒体教室				

教 学 过 程

活动步骤	教师	学生	可能出现的状况及应对策略	设计意图	备注
活动1图片展式	(1)展示出一张山地图；(2)提问:山地模型如何创建	仔细观察；得出结论:山地连绵起伏,用普通的选择方法无法实现操作	学生提出疑问,由此教师顺理成章引入今天的主题	学生思考；提出问题；引入课题	15分钟
新课讲解	(1)由山地的选择引入软选择的概念介绍和操作方法讲解,并延伸知识点到体素的介绍；(2)山地模型创建的操作演示	认真听讲,积极思考理解	体素理论抽象,教师用像素对比说明	理论知识介绍；为上机操作奠定理论基础	15分钟

续表

活动步骤	教　师	学　生	可能出现的状况及应对策略	设计意图	备　注
活动2学生操作	任务布置:请小组完成山地模型的创建	(1)小组积极讨论,完成作品; (2)作品提交	部分同学操作存在问题,小组同学相互协作完成	培养学生把理论应用于实践的能力,并学会团队合作,相互帮助	25分钟
作品点评	(1)教师点评各个小组的作品; (2)指出和解决操作过程中的问题	小组自评; 小组互评		通过评比,培养学生的自信心和集体荣誉感	15分钟
教师总结	总结今天所学的知识点和重点、难点	顺着老师的思路,梳理知识点		让学生学会知识点的整理和融会贯通	15分钟
知识拓展	出思考题: (1)通过软选择创建随风飘摆等动画; (2)通过软选择创建衰减动画			让学生课外去思考和提高	5分钟

任务3　"多边形布线原理"教学方案设计

课　题		多边形布线原理	课　型	新　授	课　时	1
教学任务	知识	网格平滑修改器和涡轮平滑修改器的原理; 网格平滑修改器和涡轮平滑修改器的特点和区别				
	技能	会运用网格平滑修改器和涡轮平滑修改器给模型布线				
	情感	培养学生好学求知的精神,以及团结协作的习惯,增强动手能力				
重难点	重点	会运用网格平滑修改器和涡轮平滑修改器给模型布线				
	难点	网格平滑修改器和涡轮平滑修改器的特点和区别				
学情分析		软件操作基本相通,但3ds Max相对于以往的软件,界面更加复杂,更容易出现问题,需要适当鼓励,增强学习的信心。学生对本课程兴趣很大,但是学生缺乏坚持到底的毅力,需要由浅入深地进行教学,树立学生的信心,参加小组活动以调动学生积极性				
教　法		任务驱动、小组讨论和启发式教学				
学法指导		营造"262效能课堂",轻松愉悦地小组协作学习				
教学手段		多媒体教学				
教　具		多媒体课件、有投影仪的多媒体教室				

续表

教 学 过 程					
活动步骤	教 师	学 生	可能出现的状况及应对策略	设计意图	备 注
活动1 图片展式	展示一副模型图片,请同学们观察回答	观察得出结论:上面是一个正方体模型的雏形,边缘很尖锐,看起来不真实自然	学生提出疑问:如何让模型的尖锐边缘过渡自然	由模型引出课题	7分钟
新课传授	由学生的问题引出网格平滑修改器,讲解作用、特点、用法;涡轮平滑修改器作用、特点、用法,以及两者的区别	认真听讲做笔记	理论知识理解困难,教师配合正方体实例讲解	新知识传授	10分钟
活动2 学生操作	布置任务:请同学们用两种平滑修改器制作边缘平滑的模型并对比结果	小组分组讨论操作	部分同学理解不到位,操作有问题,由小组合作帮助完成	让学生在实际操作中得出结论,加强理解	10分钟
作品点评	(1)教师点评小组作品;(2)总结操作过程出现的问题	小组自评;小组互评		通过老师评价,小组自评和互评,发现和修改操作中出现的问题	10分钟
总 结	教师梳理和总结本节课的知识点	认真听讲		学会知识总结	5分钟
拓展提高	布置课外作业			巩固和复习新知识	3分钟

(八)模块8 家具类模型的运用

任务1 "现代灯具的制作"教学方案设计

课　题	现代灯具的制作		课　型	新　授	课　时	2
教学任务	知识	了解现代家具的特点;知道现代家具应具备的要素;能给家具添加造型				
	技能	灵活运用可编辑多边形创建模型;阵列工具的应用;轴心工具的应用				

教学任务	情感	职高生普遍学习动机不强、学习目标不明确,有不少学生缺乏远大的理想抱负以及克服困难的毅力,缺乏自主学习的意识,学习兴趣不高,敏感、冲动、思维活跃,控制能力不强。针对学生的特点重点做好引领:(1)帮助学生树立目标,明确学习目的,引导学生正确应对外来的诱惑;(2)利用多种手段,结合先进的多媒体设施,想方设法提高学生的学习兴趣;(3)科学合理地规划教学各个环节				
重难点	重点	可编辑多边形创建模型; 阵列工具的应用; 轴心工具的应用				
	难点	用可编辑多边形创建模型; 阵列工具的应用; 轴心工具的应用				
学情分析		软件操作基本相通,但 3ds Max 相对于以往的软件,界面更加复杂,更容易出现问题,需要适当鼓励,增强学习的信心。学生对本课程兴趣很大,但是学生缺乏坚持到底的毅力,需要由浅入深地进行教学,树立学生的信心,参加小组活动以调动学生积极性				
教　法		任务驱动、小组讨论和启发式教学				
学法指导		营造"262 效能课堂",轻松愉悦地小组协作学习				
教学手段		多媒体教学				
教　具		多媒体课件、有投影仪的多媒体教室				

教 学 过 程

活动步骤	教　师	学　生	可能出现的状况及应对策略	设计意图	备　注
活动1 图片展示	展示一组不同家装设计风格的图片,提问:每种图片属于哪种风格,总结每种风格的特点	图片欣赏,仔细观察,小组讨论,总结回答	有的回答不全面,适当给予提示	让同学们了解一些生活常识,让所学知识和现实相联系	15分钟
活动2 图片展示 教师讲解	(1)展示一幅现代吊灯模型的图片; (2)分析模型,模型要用到阵列工具,引入到阵列工具的使用	仔细观察图片,听完老师讲解后,在学生机器上试用阵列工具		把学生操作中所用的新知识点提出讲解	15分钟
活动3 学生操作	(1)布置任务; (2)发素材; (3)到学生中去巡视检查	(1)分组讨论创作思路; (2)小组操作; (3)作业提交	作业过程中出现问题,鼓励发挥集体的智慧,讨论解决	培养学生团队合作精神和分析问题、解决问题的能力	25分钟

续表

活动步骤	教 师	学 生	可能出现的状况及应对策略	设计意图	备 注
作品点评	教师点评小组作品。指出不足,评选出最佳作品	认真听老师点评,同时自我点评			10分钟
活动4 学生操作	(1)布置任务; (2)发素材:床头台灯模型图片; (3)发操作提示	(1)小组分组讨论 (2)作品提交		让学生学会变通,知识举一反三	15分钟
作品点评	教师点评学生作品	小组自评; 小组互评		增强荣誉感和自信心,同时改正操作中出现的问题	7分钟
拓展提高	布置课外作业			知识巩固提高	3分钟

任务2 "欧式灯具的制作"教学方案设计

课 题	欧式灯具的制作	课 型		新 授	课 时		2
教学任务	知识	欧式家具的构成要素; 欧式家具的特点					
	技能	车削修改器的灵活运用; 样条线的精确绘制; 可编辑多边形的灵活运用					
	情感	培养学生好学求知的精神,以及团结协作的习惯,增强动手能力					
重难点	重点	车削修改器的灵活运用; 样条线的精确绘制; 可编辑多边形的灵活运用; 欧式家具的特点					
	难点	车削修改器的灵活运用; 样条线的精确绘制					
学情分析		职高生普遍学习动机不强、学习目标不明确,有不少学生缺乏远大的理想抱负以及克服困难的毅力,缺乏自主学习的意识,学习兴趣不高,敏感、冲动、思维活跃,控制能力不强。针对学生的特点重点做好引领:(1)帮助学生树立目标,明确学习目的,引导学生正确应对外来的诱惑;(2)利用多种手段,结合先进的多媒体设施,想方设法提高学生的学习兴趣;(3)科学合理地规划教学各个环节					
教 法		任务驱动、小组讨论和启发式教学					
学法指导		营造"262效能课堂",轻松愉悦地小组协作学习					
教学手段		多媒体教学					
教 具		多媒体课件、有投影仪的多媒体教室					

			教　学　过　程		
活动步骤	教　师	学　生	可能出现的状况及应对策略	设计意图	备　注
活动1图片展示	展示欧式家装风格的图片,提问:欧式风格的特点	图片欣赏,仔细观察,小组讨论,总结回答	有的回答不全面,适当给予提示	让同学们了解一些生活常识,让所学知识和现实相联系	15分钟
活动2图片展示教师讲解	(1)展示图片:欧式吊灯模型;(2)适当提示后请同学们分析创作步骤	仔细观察图片,听完老师讲解后,分析创作思路和所用知识点	学生分析不全面,教师加以提示和补充	把学生操作中所用的新知识点提出并讲解	15分钟
活动3学生操作	(1)布置任务;(2)发素材;(3)到学生中去巡视检查	(1)分组讨论操作步骤;(2)小组操作;(3)作业提交	作业过程中出现问题,鼓励发挥集体的智慧,讨论解决	培养学生团队合作精神和分析问题、解决问题的能力	25分钟
作品点评	教师点评小组作品。指出不足,评选出最佳作品	认真听老师点评,同时自我点评			10分钟
活动4学生操作	(1)布置任务;(2)发素材:欧式台灯模型图片(3)发操作提示	(1)小组分组讨论;(2)作品提交		让学生学会变通,知识举一反三	15分钟
作品点评	教师点评学生作品	小组自评;小组互评		增强荣誉感和自信心,同时改正操作中出现的问题	7分钟
拓展提高	布置课外作业,欧式茶几的制作	课下分析思考		知识巩固提高	3分钟

(九)模块9　室内外建筑模型的创建

任务1　"现代室内场景建模"教学方案设计

课　题	现代室内场景建模	课　型	新　授	课　时	2
教学任务	知识	具备一定的空间美学知识,了解现代装修风格的色彩表现			
	技能	看懂并简化CAD图纸;能根据图纸制作墙、吊顶等空间构造体;能根据图纸正确摆放家具模型;能根据需要调整摄像机的参数			
	情感	培养学生好学求知的精神,以及团结协作的习惯,增强动手能力			

续表

重难点	重点	看懂并简化 CAD 图纸； 能根据图纸制作墙、吊顶等空间构造体。能举一反三完成其他室内装修图的创建； 能根据图纸正确摆放家具模型； 能根据需要调整摄像机的参数
	难点	能根据需要调整摄像机的参数
学情分析		3ds Max 学习越到后面,界面更加复杂,更容易出现问题,需要适当鼓励,增强学习的信心。学生对本课程兴趣很大,但是学生缺乏坚持到底的毅力,需要由浅入深地进行教学,树立学生的信心,参加小组活动以调动学生积极性
教　法		任务驱动、小组讨论和启发式教学
学法指导		营造"262 效能课堂",轻松愉悦地小组协作学习
教学手段		多媒体教学
教　具		多媒体课件、有投影仪的多媒体教室

教 学 过 程

活动步骤	教 师	学 生	可能出现的状况及应对策略	设计意图	备 注
活动1 图片展示	用 PPT 展示一组室内装修图,请同学们欣赏,并比较总结每种风格的特点	欣赏图片,分组讨论,积极讨论回答		让学生在作品中发现美、欣赏美。进而学会创造美	15 分钟
新课讲授	(1)打开多媒体; (2)打开 CAD 图纸; (3)请同学们仔细观察图纸,小组讨论,如何根据图纸创建室内的模型	分组讨论创作思路。理清思路,分析先后操作次序,并把结果记录在纸上	部分小组综合能力差,思路混乱,教师适当提示	提出问题,引导学生思考和解决,培养他们独立解决问题的能力	15 分钟
活动2 学生操作	(1)任务布置,请小组根据图纸创作出室内建筑模型; (2)到学生中去巡视,解决问题	小组协作,根据讨论出的结果进行创作	有的操作出现问题,鼓励小组相互探讨和思考,共同解决	培养学生互相帮助、团结协作的习惯	15 分钟
任务布置		(1)小组讨论设计; (2)把创作思路写在纸上	有的同学思维局限,可以适当举例给予提示	给学生充分发挥自由创作的空间,把知识进行组合,融会贯通	10 分钟

活动步骤	教　师	学　生	可能出现的状况及应对策略	设计意图	备　注
活动3学生操作	到学生中去巡视检查	(1) 小组讨论,动手操作; (2) 完成作品提交	有些同学综合运用知识能力不强,设计能力差。动员小组发挥集体智慧	在操作中去理解修改器的参数,在开放式合作交流中掌握技术	20分钟
作品点评	评价作品,指出不足和发现的问题	(1) 认真听取意见和建议,作出修改,完善作品; (2) 小组自评; (3) 小组互评		完善作品,精益求精	10分钟
总　结	总结知识点,肯定大家的表现,表扬做得最好的小组			梳理知识,融会贯通	3分钟
拓展提高	布置作业			课下思考,拓展思维	2分钟

任务2　"现代室外建筑模型"教学方案设计

课　题		现代室外建筑模型	课　型	新　授	课　时	2
教学任务	知识	能看懂室外房屋的 CAD 施工图纸; 能简化 CAD 图纸并看懂房屋的立面图				
	技能	看懂并简化 CAD 图纸; 能根据图纸制作门窗洞的方法以及阳台和屋顶的制作方法; 能够举一反三地按要求完成其他室外模型的创建工作; 巩固摄像机的调节方法				
	情感	培养学生好学求知的精神,以及团结协作的习惯,增强动手能力				
重难点	重点	能够举一反三地按要求完成其他室外模型的创建工作				
	难点	能根据图纸制作门窗洞的方法以及阳台和屋顶的制作方法				
学情分析		3ds Max 学习越到后面,界面更加复杂,更容易出现问题,需要适当鼓励,增强学习的信心。学生对本课程兴趣很大,但是学生缺乏坚持到底的毅力,需要由浅入深地进行教学,树立学生的信心,参加小组活动以调动学生积极性				
教　法		任务驱动、小组讨论和启发式教学				
学法指导		营造"262 效能课堂",轻松愉悦地小组协作学习				
教学手段		多媒体教学				
教　具		多媒体课件、有投影仪的多媒体教室				

续表

			教　学　过　程		
活动步骤	教　师	学　生	可能出现的状况及应对策略	设计意图	备　注
活动1图片展示	用PPT展示一张室外建筑装修图,请同学们讨论创作思路	欣赏图片,分组讨论,积极讨论回答,各个小组派代表发言	对综合性的专修设计图感觉创作困难,部分同学有畏难情绪,教师给予鼓励	教育学生不怕困难,顽强拼搏	15分钟
新课讲授	(1)打开多媒体;(2)发CAD图纸和素材;(3)请同学们仔细观察图纸,小组讨论,如何根据图纸创建室外的模型	分组讨论创作思路。理清思路,分析先后操作次序,并把结果记录在纸上	部分小组综合能力差,思路混乱,教师适当提示	提出问题,引导学生思考和解决,培养他们独立解决问题的能力	15分钟
活动2学生操作	(1)任务布置,请小组根据图纸创作出室外建筑模型;(2)到学生中去巡视,解决问题	小组协作,根据讨论出的结果进行创作	有的操作出现问题,鼓励小组相互探讨和思考,共同解决	培养学生互相帮助、团结协作的习惯	15分钟
任务布置		(1)小组讨论设计;(2)把创作思路写在纸上	有的同学思维局限,可以适当举例给予提示	给学生充分发挥自由创作的空间,把知识进行组合,融会贯通	10分钟
活动3学生操作	到学生中去巡视检查	(1)小组讨论,动手操作;(2)完成作品提交	有些同学综合运用知识能力不强,设计能力差,动员小组发挥集体智慧	在操作中去理解修改器的参数,在开放式合作交流中掌握技术	20分钟
作品点评	评价作品,评出最快最优小组,指出不足和发现的问题	(1)认真听取意见和建议,作出修改,完善作品;(2)小组自评;(3)小组互评		完善作品,精益求精,同时培养学生的竞争意识和集体主义思想	10分钟
总　结	总结知识点,肯定大家的表现,表扬做得最好的小组			梳理知识,融会贯通	3分钟
拓展提高	布置作业			课下思考,拓展思维	2分钟

影视编辑教学设计

一、概述

(一)教学设计思路

本课程是在进行广泛行业调研的基础上,由数字媒体技术应用的行业专家及本校计算机应用专业的骨干教师一起,通过对中职数字媒体技术应用专业学生的工作岗位进行分析,根据完成岗位任务所需知识、技能重组课程内容,选取工作中的典型案例作为教学项目,根据学生的认知规律,由基础到综合,从基础的软件基本操作、影视基础知识到获取素材、视频特效的添加、字幕的添加、音乐的编辑、综合案例的制作,由 7 个模块构成,共有 27 个学习任务。本课程以任务为驱动、行动为导向,按理论与实践相结合的模式进行教学实施,最终培养学生工作岗位相关能力。

(二)课程组成框图

课程内容完全打破了传统内容的章节,整个课程从 7 个典型的项目入手,根据学生的认知规律,从简单到复杂,从基本操作到知识点的举一反三,从相对独立和简单的项目到综合运用知识点,操作复杂的综合商业项目,根据完成项目所需的知识点和技能组成课程内容。

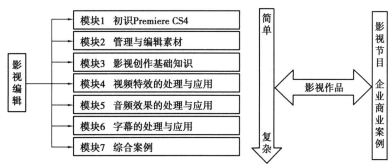

影视编辑课程组成框图

二、模块教学设计

每个学习单元就是一个项目,在项目驱动下,通过完成项目下的任务(包括基本知识的学习和基本技能的训练),最终实施项目。

在项目实施时,首先分析项目任务,明确做什么;然后进行资料的搜集,准备好完成任务的素材、工具,教师进行制作演示,学生学习制作的步骤和一般规范、要求;接着进行影视作品的制作,完成后对影视作品进行修改与检查;最后对影视作品进行分析与鉴赏,小组完成汇报与学习评估,总结整理技术文档。模块教学设计见下表:

影视编辑模块教学设计

模块	任务	知识与技能		重难点	学时
初识影视剪辑软件	1.认识视频	知识	了解视觉暂留; 掌握视频的概念; 了解模拟视频和数字视频; 了解帧、帧率、场、隔行扫描、逐行扫描; 掌握电视制式的分类以及常见国家使用的电视制式	电视制式的分类以及常见国家使用的电视制式	4
		技能	能区分常见国家电视制式		
	2. 认识 Premiere	知识	了解线性编辑和非线性编辑; 掌握 Premiere 的启动方法和界面布局; 掌握 Premiere 各个功能面板的作用	Premiere 各个功能面板的作用	4
		技能	能正确启动 Premiere; 能正确地辨别 Premiere 各个功能面板		
	3.认识影视节目制作的基本流程	知识	掌握影视节目制作流程; 掌握新建项目文件的方法; 掌握导入素材的方法; 掌握修改素材显示比例和方式的方法; 掌握渲染素材的方法; 掌握刻录光盘的方法	新建项目文件; 渲染素材	6
		技能	能够新建项目文件; 能够用不同方法导入素材; 能够修改素材显示比例和方式; 能够渲染素材; 能够刻录光盘		
	1.获取素材	知识	了解数字 DV 与磁带 DV; 掌握利用采集卡采集素材的方法; 掌握 Premiere 中各种素材的图标; 掌握重新链接脱机文件的方法; 掌握 Premiere 项目窗口中管理素材的方法; 掌握 Premiere 中支持的文件类型	采集素材; 管理素材	8
		技能	能利用采集卡采集素材; 能够重新链接脱机文件; 能够在 Premiere 项目窗口中管理素材		

续表

模块	任务	知识与技能		重难点	学时
管理与编辑素材	2.认识关键帧	知识	掌握工具面板中各种工具的使用方法； 掌握新建字幕的方法； 掌握特效控制台中特效控制的参数； 掌握给各个参数添加关键帧的方法	能够新建字幕； 能够添加"透明度"关键帧动画	6
		技能	能够使用"剃刀"工具； 能够新建字幕； 能够添加"透明度"关键帧动画		
	3.展示汽车视频	知识	掌握修改"静帧图像默认持续时间"的方法； 掌握新建时间线的方法； 掌握时间线嵌套的方法	嵌套时间线	4
		技能	能够修改"静帧图像默认持续时间"； 能够新建、嵌套时间线		
影视创作基础知识	1.认识景别	知识	掌握镜头的概念； 掌握景别的概念、分类和作用	景别的分类； 景别的作用	4
		技能	能数出影视作品中的镜头个数； 能够划分出影视作品中的景别个数		
	2.认识蒙太奇	知识	掌握蒙太奇的概念； 掌握镜头与蒙太奇的关系； 掌握蒙太奇的作用	蒙太奇的作用	4
		技能	能鉴赏影视作品中蒙太奇的手法； 会运用蒙太奇思维构思镜头		
	3.探索镜头组接规律	知识	掌握镜头组接规律； 掌握轴线规律	镜头组接规律	12
		技能	能使用镜头组接规律； 能正确地运用轴线规律； 能对数据排序； 能对数据进行分类汇总； 会筛选查看数据		
	4.运用转场特效制作画册	知识	掌握视频转场特效的使用方法； 掌握视频转场特效的自定义设置的方法	自定义设置特效参数	4
		技能	能够添加视频转场特效； 能够自定义设置特效参数		
	1.调整素材颜色	知识	了解RGB色彩模式； 了解色彩属性； 掌握色彩平衡特效的运用及参数设置的方法； 掌握更改颜色特效的运用及参数设置的方法	色彩平衡特效的运用及参数设置； 更改颜色特效的运用及参数设置	4

续表

模块	任务		知识与技能	重难点	学时
视频特效的处理与运用		技能	会使用色彩平衡特效； 会使用更改颜色特效		
	2. 变换素材形状	知识	掌握边角固定特效的运用及参数设置的方法； 掌握网格特效的运用及参数设置的方法	边角固定特效的运用及参数设置； 网格特效的运用及参数设置	4
		技能	会使用边角固定特效； 会使用网格特效		
	3. 使用镜像特效	知识	掌握镜像特效的运用及参数设置的方法； 掌握照明效果特效的运用及参数设置的方法； 掌握裁剪特效的运用及参数设置的方法	镜像特效的运用及参数设置； 照明特效的运用及参裁剪特效的运用及参数设置	4
		技能	会使用镜像特效； 会使用照明效果特效； 会使用裁剪特效		
	4. 制作水墨画效果	知识	掌握黑白查找边缘、色阶、色彩均化、高斯模糊特效的运用及参数设置的方法	黑白查找边缘、色阶、色彩均化、高斯模糊特效的运用及参数设置	4
		技能	会使用黑白查找边缘、色阶、色彩均化、高斯模糊特效		
	5. 使用模糊特效	知识	掌握模糊特效的运用及参数设置的方法； 掌握模糊特效关键帧动画的设置方法	制作模糊特效的关键帧动画	4
		技能	会使用模糊特效； 能够制作模糊特效的关键帧动画		
	6. 抠像	知识	了解抠像的原理； 掌握抠像的方法	抠像的方法	8
		技能	能够抠像		
音频效果的处理与应用	1. 录歌	知识	掌握调音台的使用方法； 掌握录歌的方法	录歌的方法	4
		技能	能够利用调音台录制歌曲		
	2. 制造卡拉OK的回音效果	知识	了解延迟、延时、反馈、混合的概念	制造卡拉OK的回音效果	4
		技能	能够制造卡拉OK的回音效果		
	3. 分离歌曲左右声道	知识	了解单声道、立体声的概念； 掌握单声道转换为立体声的方法； 掌握立体声转化为单声道的方法	单声道转换为立体声； 立体声转化为单声道	4
		技能	能够分离立体声为左右声道； 能够将立体声转换为单声道； 能够将单声道转换为立体声		

模块	任 务	知识与技能		重难点	学时
	4.制作奇异音调的音乐	知识	掌握声音声调调整的方法； 掌握声音速度调整的方法	调整声音声调； 调整声音速度	4
		技能	能够调整声音声调； 能够调整声音速度		
字幕的处理与应用	1.制作常用静态字幕	知识	熟悉常用静态字幕的类别； 掌握静态字幕的制作方法； 掌握字幕属性设置的方法	制作常用静态字幕	8
		技能	能够制作常用静态字幕； 能够设置字幕属性		
	2.制作常用动态字幕	知识	熟悉常用动态字幕的类别； 掌握滚动、游动字幕的制作方法	制作滚动、游动字幕	8
		技能	能够制作滚动、游动字幕		
	3.利用字幕窗口绘制图形	知识	熟悉字幕窗口的工具栏； 掌握工具栏绘制图形的各个工具	利用字幕窗口绘制图形	4
		技能	能够利用字幕窗口绘制图形		
	4.利用字幕制作片尾	知识	了解影视节目片尾的形式； 掌握摆入字幕片尾的制作方法； 掌握滚动字幕制作片尾的方法	滚动字幕制作片尾； 制作摆入字幕片尾	8
		技能	能够利用滚动字幕制作片尾； 能够制作摆入字幕片尾		
综合案例	1.制作电影片头	知识	了解影视节目的常见类别； 了解影视片头的形式； 掌握综合运用关键帧动画的方法； 掌握镜头组接规律	综合运用镜头组接规律	8
		技能	能够制作关键帧动画； 能够综合运用镜头组接规律		
	2.制作影视节目片头	知识	掌握视频特效的使用方法； 掌握综合运用关键帧动画的方法； 掌握镜头组接规律	合理运用视频特效	8
		技能	能够制作关键帧动画； 能够综合运用镜头组接规律； 能够合理运用视频特效		

三、教学方案设计

为确保各教学任务的成功实施,在明确了课程整体设计思路并对单元进行了教学设计的基础上,对各任务进行分解、细化,按照理论与实践一体化的教学设计思路进行了教学方案的设计。

(一)模块 1"初识影视剪辑软件"教学方案设计

任务 1 "认识视频"教学方案设计

课 题		认识视频	课 型	新 授	课 时	3
教学任务	知识	理解人眼的视觉暂留; 知道视频的产生原理; 掌握视频的概念; 知道通用的电视制式				
	技能	能正确分辨各个地区常用电视制式				
	情感	产生浓厚的学习兴趣; 形成团队意识和协作精神; 培养习作精神				
重难点	重点	视频的产生原理; 通用的电视制式				
	难点	视频的概念				
学情分析		高二年级上期的影视制作专业学生,从高一相对轻松的学习氛围,进入紧张的专业课学习中;学习的重点是从文化课转移到技能操作上,学生对本课程兴趣很大,但是学生缺乏坚持到底的毅力,需要由浅入深地进行教学,树立学生的信心,参加小组活动,调动学生积极性				
教 法		任务驱动、小组讨论和启发式教学				
学法指导		营造"262 效能课堂",轻松愉悦地小组协作学习				
教学手段		多媒体教学				
教 具		多媒体课件、有投影仪的多媒体教室				
教 学 过 程						
活动步骤	教 师	学 生	可能出现的状况及应对策略	设计意图	备 注	
活动 1 观看提供的素材	(1)指导学生观看示例图片; (2)给出活动观察的结果; (3)评价学生活动结果,引出视觉暂留这个名词	(1)盯着图中 4 个黑点,观看 10 ~ 15 秒钟后盯着白色墙面眨眼睛; (2)各个小组讨论,在你眨眼睛的同时你看到什么; (3)学生自己判断看到的影像是否与给出的示例图片一致	个别同学不能观察出最终效果,请同学提示,帮助	让学生通过该活动,明确眼睛的神奇之处,引出视觉暂留	20 分钟	

续表

活动步骤	教师	学生	可能出现的状况及应对策略	设计意图	备注
活动2 制作样片	(1)提供素材及样片; (2)评价学生活动结果	(1)观察样片效果; (2)利用 Photoshop 软件制作样片; (3)观察小组成员的动画效果完成情况	个别同学不能做出样片效果,请其他同学提示,帮助	让学生了解"视觉暂留"现象在日常生活中的作用	15分钟
活动3 使用TGA格式素材	提供素材	(1)根据教师提示操作; (2)观察项目图标		了解到一张张图片导入影视编辑软件中自动变成视频	10分钟
活动4 小组讨论	评价学生活动,根据学生反馈信息,提炼视频与图片关系的相关知识点	小组根据前3个活动结果讨论图片与视频的关系	理论知识理解起来困难,不容易记忆; 以图文并茂的方式讲解	(1)学会总结,前后联系、分析; (2)打好理论知识的坚实基础	10分钟
活动5 观看视频,讨论	提供辅助分析素材	小组分析得出视频的原因	小组不能得出给出视频制作方法; 让学生仔细观看提供给他们的辅助分析的素材	学会如何根据理论探索生活中的秘密	15分钟
活动6 制作视频	(1)提供素材,活动器材; (2)总体评价学生活动作品	(1)小组制作完成视频; (2)小组交叉互评视频	时间不够,不能按时完成; 应对:加强过程中的提醒	(1)理论联系实际,如何根据实际来应证理论; (2)能够学会整理理论知识,使实际操作更加规范	25分钟
活动7 解决难题	给出小雨在国外买回的电视机在中国无法使用的一个难题,请小组讨论怎么解决	小组长带领全组同学讨论,在网上查找资料,寻求解决办法; 请各个小组讲解解决办法,看哪个小组的最好	组长带头能力较差,不能找到解决办法	有效避免小组中个别同学懒于参与的情况	25分钟
讲解电视制式	讲解大部分国家常用电视制式	对比、学习	理论相对难度较高,理解起来比较困难; 简化理论知识	培养集体荣誉感,树立竞争意识,助推全班同学共同进步	10分钟

续表

活动步骤	教 师	学 生	可能出现的状况及应对策略	设计意图	备 注
活动8 大家来 找茬	给出大部分国家电视制式的对应表,请大家看看有没有问题。请每个小组提交一份找茬的答卷。看哪个小组正确率最高	积极参与找茬游戏	有些同学不能积极参与	培养集体荣誉感,树立竞争意识,助推全班同学共同进步	7分钟
拓展提高	布置课后作业,让学生把今天的知识点融会贯通				3分钟

任务2 "认识 Premiere CS4"教学方案设计

课 题	认识 Premiere CS4	课 型	新 授	课 时	2
教学任务	知识	理解线性编辑的概念; 知道非线性编辑的概念; 了解 Premiere CS4 软件的工作界面			
	技能	能正确分辨 Premiere CS4 软件的工作界面			
	情感	产生浓厚的学习兴趣; 形成团队意识和协作精神; 培养习作精神			
重难点	重点	线性编辑的概念; Premiere CS4 软件的工作界面			
	难点	非线性编辑的概念			
学情分析	高二年级上期的影视制作专业学生,从高一相对轻松的学习氛围,进入紧张的专业课学习中;学习的重点是从文化课转移到技能操作上,学生对本课程兴趣很大,但是学生缺乏坚持到底的毅力,需要由浅入深地进行教学,树立学生的信心,参加小组活动以调动学生积极性				
教 法	任务驱动、小组讨论和启发式教学				
学法指导	营造"262效能课堂",轻松愉悦地小组协作学习				
教学手段	多媒体教学				
教 具	多媒体课件、有投影仪的多媒体教室				
教 学 过 程					
活动步骤	教 师	学 生	可能出现的状况及应对策略	设计意图	备 注
创设情境 引入正课	展示一段科教视频,让学生自己了解线性编辑的组成	观看、聆听,并思考问题		激发学生的学习兴趣,引入正课	5分钟

活动步骤	教 师	学 生	可能出现的状况及应对策略	设计意图	备 注
活动1 观看提供的素材	看图区分,让学生讨论,线性编辑、非线性编辑的概念	小组认真分析图片,讨论两者区别,给出文字阐述,组长记录,并在全班讲解自己小组的观点	个别同学不能观察出最终效果,请其他同学提示,帮助	让学生通过该活动掌握该概念	20分钟
活动2 观看软件工作界面	请学生观察老师操作打开软件过程,并记录下老师操作的步骤,做好笔记,再请小组推荐一名学生上来操作	认真观察、做好笔记并自己动手实践	个别同学不能观察出操作步骤,请其他同学提示,帮助	让学生了解软件的打开操作,并认识工作界面	10分钟
活动3 新建项目	讲解软件新建项目操作以及相关术语	理解记忆	理论知识理解起来困难,不容易记忆;以图文并茂的方式讲解	打好基础知识	10分钟
活动4 自己动手新建项目	根据老师提出的要求,让学生自己新建项目	小组长带领全组同学讨论,互相协作	学生不能掌握操作步骤	有效避免小组中个别同学懒于参与的情况	20分钟
活动5 找窗口	让学生自己数一数有多少窗口。学生提交讨论结果后,讲解每个窗口的用途	小组长带领全组同学讨论,互相协作	学生找不齐	培养集体荣誉感,树立竞争意识,助推全班同学共同进步	15分钟
活动6 学生实践	熟悉 Adobe Premiere CS4 界面、新建项目,熟悉每一个窗口	积极参与	有些同学不能积极参与	培养集体荣誉感,树立竞争意识,助推全班同学共同进步	7分钟
拓展提高	布置课后作业,让学生把今天学的知识点融会贯通				3分钟

任务3 "认识影视节目制作的基本流程"教学方案设计

课 题	认识影视节目制作的基本流程	课 型	新 授	课 时	2
教学任务	知识	理解线性编辑的概念; 知道影片制作基本流程; 掌握 Premiere CS4 软件的基本操作			

续表

教学任务	技能	能够使用 Premiere CS4 中的工具； 能够输出 Premiere CS4 影片				
	情感	产生浓厚的学习兴趣； 形成团队意识和协作精神； 培养习作精神				
重难点	重点	Premiere CS4 软件的基本操作； 输出 Premiere CS4 影片				
	难点	影片制作基本流程； Premiere CS4 中工具的使用				
学情分析		第一次正式接触影视作品的制作，学生学习兴趣高涨，但是因为第一次系统接触制作软件，可能操作会出现很多问题，需要老师细心、耐心讲解。树立学生的信心，参加小组活动以调动学生积极性				
教　法		任务驱动、小组讨论和启发式教学				
学法指导		营造"262 效能课堂"，轻松愉悦地小组协作学习				
教学手段		多媒体教学				
教　具		多媒体课件、有投影仪的多媒体教室				

教　学　过　程

活动 步骤	教　师	学　生	可能出现的状况 及应对策略	设计意图	备　注
创设情境 引入正课	展示本任务最终结果的视频，让学生明确本节课的任务	观看、聆听，并思考问题		激发学生的学习兴趣，引入正课	5 分钟
活动 1 观看提供 的素材	让学生分析视频，小组讨论视频由哪几部分组成，并让小组在全班展示讨论结果，老师点评	小组认真分析视频，给出文字阐述，组长记录，并在全班讲解自己小组的观点	个别同学不能观察出最终效果，请其他同学提示，帮助	让学生通过该活动掌握该概念	25 分钟
活动 2 观看操作	请学生观察老师操作，并记录下老师操作步骤，做好笔记	认真观察、做好笔记并自己动手实践	个别同学不能观察出操作步骤，请其他同学提示，帮助	让学生先了解案例完成方法	20 分钟
活动 3 讲解 重难点	具体讲解操作，强调难点	理解记忆		打好基本基础知识	10 分钟
活动 4 自己动手	让学生自己制作视频，帮助操作较慢的学生	自己动手操作，可以互相讨论，帮助	学生不能独立完成操作，老师帮助，同学帮助	有效避免小组中个别同学懒于参与的情况	18 分钟

活动步骤	教　师	学　生	可能出现的状况及应对策略	设计意图	备　注
活动5 评作品	老师选择典型作品,分析存在问题,表扬优秀作品,鼓励全班同学再接再厉	组长评分,并点评小组作品	个别同学作品完成效果较差; 下次上课注意多关注该生	培养集体荣誉感,树立竞争意识,助推全班同学共同进步	10分钟
拓展提高	布置课后作业,让学生把今天的知识点融会贯通				3分钟

(二)模块2"管理与编辑素材"教学方案设计

任务1　"获取素材"教学方案设计

课　题	获取素材	课　型	新　授	课　时	2
教学任务	知识	理解线性编辑的概念; 知道项目窗口中辨别和管理素材; 了解数字DV设备的类型以及Premiere CS4支持的媒体类型			
	技能	学会采集素材的方法; 学会在项目窗口中辨别和管理素材			
	情感	产生浓厚的学习兴趣; 形成团队意识和协作精神; 培养习作精神			
重难点	重点	采集素材; 项目窗口中辨别和管理素材			
	难点	认识数字DV设备; Premiere CS4支持的媒体类型			
学情分析	通过上一节课的学习,学生的学习兴趣浓厚,学习的氛围好,但是因为是初次接触软件,仍然存在一些问题,学生缺乏坚持到底的毅力,需要由浅入深地进行教学,树立学生的信心,参加小组活动以调动学生积极性				
教　法	任务驱动、小组讨论和启发式教学				
学法指导	营造"262效能课堂",轻松愉悦地小组协作学习				
教学手段	多媒体教学				
教　具	多媒体课件、有投影仪的多媒体教室				

续表

	教 学 过 程				
活动步骤	教 师	学 生	可能出现的状况及应对策略	设计意图	备 注
创设情境引入正课	学生讨论生活中见过哪些样式的数字DV设备	小组讨论,组长记录,并推荐一名学生回答	有的学生可能生活中从未见过数字DV设备	激发学生的学习兴趣,引入正课	3分钟
活动1观看提供的图片素材	根据学生的回答,老师归纳总结两大类数字DV设备,分别是:磁带式DV和磁盘式DV	学生认真观察两类设备的图片,讨论两者区别,给出文字阐述,组长记录,并在全班讲解自己小组的观点	个别学生不能完整地说出二者的区别,教师加以引导	学生通过该活动,认识并掌握两类设备	10分钟
活动2讨论	讨论怎么把DV机拍摄的视频导入到个人电脑上	小组长带领全组同学讨论,并推荐一名学生汇报讨论结果	部分学生不知道如何把视频导入到电脑里,教师应耐心帮助有困难的学生	引出下一个知识点的讲解	10分钟
活动3观察操作并动手实践	老师先讲解手动采集素材和批量采集素材的操作步骤,强调注意事项,再让学生自己动手操作将一个已拍摄的视频导入到电脑里	学生认真观察,并记录好操作步骤	部分学生不认真做笔记,最终不能完成视频的导入,教师加强巡视	让学生学会采集素材的方法	20分钟
活动4观察图标	给出各类素材代表图标,请各小组观察看看有什么区别,并讨论重新链接脱机文件的方法	小组长带领全组同学讨论,互相协作,做好笔记	学生不能正确说出图标的作用	让学生能快速在项目窗口中辨别素材	15分钟
活动5学生自学	教师先抽学生演示操作步骤,再归纳总结管理素材的方法,并演示操作步骤	学生自学在项目窗口中如何管理素材,小组长带领全组同学讨论,并自己动手在电脑上操作,记录好步骤	部分学生不能独立完成管理素材的操作,教师指导帮助	培养学生的自学能力	20分钟
活动6知识窗	老师介绍各种Premiere CS4支持的常用媒体	学生做笔记	部分学生懒惰,不记笔记,老师尽量用图片及视频讲解	让学生多了解一些Premiere CS4支持的常用媒体,增强学生的学习兴趣	9分钟

活动步骤	教　师	学　生	可能出现的状况及应对策略	设计意图	备　注
拓展提高作业练习	根据素材光盘中提供的素材练习各种素材的导入和素材的管理				3分钟

任务2　"认识关键帧"教学方案设计

课　题	认识关键帧		课　型	新　授	课　时	2
教学任务	知识	理解关键帧的概念；理解声画对位的概念				
	技能	学会关键帧动画的制作；学会声画对位的制作				
	情感	产生浓厚的学习兴趣；形成团队意识和协作精神；培养习作精神				
重难点	重点	关键帧的概念；声画对位的概念				
	难点	关键帧动画的制作；声画对位的制作				
学情分析	通过上一节课的学习,学生的学习兴趣浓厚,学习的氛围好,但是因为是初次接触软件,仍然存在一些问题,学生缺乏坚持到底的毅力,需要由浅入深地进行教学,树立学生的信心,参加小组活动以调动学生积极性					
教　法	任务驱动、小组讨论和启发式教学					
学法指导	营造"262效能课堂",轻松愉悦地小组协作学习					
教学手段	多媒体教学					
教　具	多媒体课件、有投影仪的多媒体教室					
教　学　过　程						
活动步骤	教　师	学　生	可能出现的状况及应对策略	设计意图	备　注	
创设情境引入正课	展示本任务最终结果的视频,让学生明确本节课的任务	观看、聆听,并思考问题		激发学生的学习兴趣,引入正课	3分钟	
活动1观看提供的素材	让学生分析视频,小组讨论视频由哪几部分组成,并让小组在全班展示结果,老师点评	小组认真分析视频,给出文字阐述,组长记录,并在全班讲解自己小组的观点	个别学生不能完整地说出该视频的组成部分,小组成员应相互帮助	通过活动让学生加深对视频组成部分的理解	10分钟	

续表

活动步骤	教　师	学　生	可能出现的状况及应对策略	设计意图	备　注
活动2 观察操作	老师演示关键帧动画的制作,学生观察老师操作,并记录下操作步骤,做好笔记	认真观察、做好笔记并自己动手实践	个别同学不能观察出操作步骤,请其他同学提示,帮助	让学生学会关键帧动画的制作	7分钟
活动3 知识讲解	具体讲解操作,强调难点	理解记忆		新知识的讲解	10分钟
活动4 自己动手	让学生自己练习关键帧动画的制作,指导并帮助操作较慢的学生	自己动手操作,可以互相讨论,帮助	学生不能独立完成操作,老师和同学帮助	有效避免小组中个别同学懒于参与的情况	40分钟
活动5 评作品	老师选择典型作品,分析存在的问题,表扬优秀作品,鼓励全班同学再接再厉	组长评分,并点评小组作品	个别同学作品完成效果较差; 老师下次上课注意多关注该生	培养集体荣誉感,树立竞争意识,助推全班同学共同进步	15分钟
拓展提高 作业练习	根据提供素材制作"上学歌"案例				5分钟

任务3　"展示汽车"教学方案设计

课　题		展示汽车	课　型	新　授	课　时	2
教学任务	知识	了解创建时间线和嵌套时间线; 理解修改素材默认持续时间; 知道分离音频和视频素材				
	技能	学会时间线的创建和嵌套; 学会分离音频和视频素材				
	情感	产生浓厚的学习兴趣; 形成团队意识和协作精神; 培养习作精神				
重难点	重点	创建时间线; 嵌套时间线				
	难点	修改素材默认持续时间; 分离音频和视频素材				
学情分析		通过前几节课的学习,学生的学习兴趣浓厚,学习的氛围好,存在的问题也逐渐减少,但是学生缺少坚持到底的毅力,需要由浅入深地进行教学,树立学生的信心,参加小组活动以调动学生积极性				

教 法	任务驱动、小组讨论和启发式教学
学法指导	营造"262 效能课堂",轻松愉悦地小组协作学习
教学手段	多媒体教学
教 具	多媒体课件、有投影仪的多媒体教室

教 学 过 程

活动步骤	教 师	学 生	可能出现的状况及应对策略	设计意图	备 注
创设情境引入正课	展示本任务最终效果的视频,让学生明确本节课的任务	观看、聆听,并思考问题		激发学生的学习兴趣,引入正课	3 分钟
活动1观看提供的素材	让学生分析视频,小组讨论视频由哪些部分组成,并让小组在全班展示结果,老师点评	小组认真分析视频,给出文字阐述,组长记录,并在全班讲解自己小组的观点	个别学生不能完整地说出该视频的组成部分,小组成员相互帮助	通过活动让学生加深对视频组成部分的理解	10 分钟
活动2知识介绍	老师介绍时间线嵌套规律	认真听讲、做好笔记	个别学生听课不认真,教师加强巡视	让学生了解时间线嵌套规律	7 分钟
活动3操作步骤	老师讲解操作步骤,学生认真观看,请各个小组记录下老师的操作步骤,给出文字阐述,组长记录,并在全班讲解自己小组的观点	学生观察、记录、理解、记忆	个别学生跟不上老师的速度,教师重点关注	让学生学会本任务的操作	10 分钟
活动4操作步骤	老师讲解时间线嵌套案例制作过程	学生观察、记录、理解、记忆		让学生学会时间线嵌套案例制作过程	10 分钟
活动5自己动手	让学生自己动手操作,完成本任务视频的制作	自己动手操作,可以互相讨论,帮助	学生不能独立完成操作,老师和其他同学帮助	有效避免小组中个别同学懒于参与的情况	25 分钟
活动6评作品	老师选择典型作品,分析存在问题,表扬优秀作品,鼓励全班同学再接再厉	组长评分,并点评小组作品	个别同学作品完成效果较差。老师下次上课注意多关注该生	培养集体荣誉感,树立竞争意识,助推全班同学共同进步	20 分钟

续表

活动步骤	教　师	学　生	可能出现的状况及应对策略	设计意图	备　注
拓展提高作业练习	（1）练习向 Adobe Premiere CS4 中导入 10 张长度为 5 帧的图片（图片素材来自光盘）； （2）根据光盘中提供的素材制作"汽车展示"视频小品				5 分钟

（三）模块 3 "管理与编辑素材"教学方案设计

任务 1　"认识景别"教学方案设计

课　题	认识景别		课　型	新　授		课　时		2
教学任务	知识	了解镜头概念； 理解景别的概念、划分及作用； 知道景别的具体应用						
	技能	学会根据视频素材，剪辑出一段有各种景别的视频集						
	情感	产生浓厚的学习兴趣； 形成团队意识和协作精神； 培养习作精神						
重难点	重点	景别的概念、划分及作用						
	难点	景别的具体应用						
学情分析	通过前面的学习，学生掌握了视频的基本知识、Adobe Premiere CS4 的操作流程、Adobe Premiere CS4 的简单操作，本任务会讲解一些关于视频剪辑的理论知识，学生可能会觉得有点枯燥。教学中多鼓励学生的学习积极性，增强学生的自信心						
教　法	任务驱动、小组讨论和启发式教学							
学法指导	营造"262 效能课堂"，轻松愉悦地小组协作学习							
教学手段	多媒体教学							
教　具	多媒体课件、有投影仪的多媒体教室							
教　学　过　程								
活动步骤	教　师	学　生		可能出现的状况及应对策略		设计意图		备　注
创设情境引入正课	欣赏《越光宝盒》中的一段视频	观看、聆听，并思考问题				激发学生的学习兴趣，引入正课		3 分钟

续表

活动 步骤	教　师	学　生	可能出现的状况 及应对策略	设计意图	备　注
活动1 知识介绍	让学生分析视频,小组讨论在该短片中的哪个"组"中,会用到 Premiere CS4?老师介绍几款常用于影视作品制作的软件	小组认真分析讨论,给出文字阐述,组长记录,并在全班讲解自己小组的观点	个别学生不能回答出老师提出的问题,小组成员相互帮助	引入 Adobe Premiere CS4 版本中几款常用于影视作品的软件的介绍	10分钟
活动2 视频欣赏	欣赏早期电影《梅里爱的魔术》(1904年)和刘谦的魔术两段视频	说说两段视频有什么相同与不同之处,你更加喜欢哪段视频	少数学生不能很好地表达自己的观点,教师耐心指导	引入新知识	7分钟
活动3 新知识讲解	赏析《工厂的大门》《火车到站了》两段视频	观看影片中"人物"的大小是否改变		引入镜头的概念的讲解	10分钟
活动4 视频欣赏	欣赏本任务光盘中的视频	说一说在这段视频中,人物在画面中的大小有何变化?试着回忆在你看过的电影中,人物的大小是否在不断变化	学生积极参与讨论,效果应该很好	学生对所学知识的应用	20分钟
活动5 知识讲解	老师讲解景别的概念、划分及作用3个知识点	学生认真听,并理解,做好笔记	理论知识讲解部分学生可能会觉得枯燥,老师多准备图片、视频讲解,增加学生的兴趣	为学生将来成为一个专业的影视剪辑人员,打好理论知识基础	25分钟
拓展提高 作业练习	(1)课后多欣赏一些电影、电视片段,分析片中的各种景别; (2)利用提供的视频素材,剪辑出一段有各种景别的视频集				5分钟

任务 2 "认识蒙太奇"教学方案设计

课　题	认识蒙太奇	课　型	新　授	课　时	2

教学任务	知识	理解蒙太奇的概念； 了解蒙太奇的发展； 知道蒙太奇的分类； 知道蒙太奇在影视作品中的作用
	技能	学会视频剪辑技能,并灵活应用到自己的作品中
	情感	产生浓厚的学习兴趣； 形成团队意识和协作精神； 培养习作精神
重难点	重点	掌握蒙太奇的概念； 了解蒙太奇的发展
	难点	掌握蒙太奇的分类； 掌握蒙太奇在影视作品中的作用
学情分析		通过前面的学习,学生掌握了视频的基本知识、Adobe Premiere CS4 的操作流程、Adobe Premiere CS4 的简单操作,本任务会讲解一些关于视频剪辑的理论知识,学生可能会觉得有点枯燥。教学中多鼓励学生的学习积极性,增强学生的自信心
教　法		任务驱动、小组讨论和启发式教学
学法指导		营造"262 效能课堂",轻松愉悦地小组协作学习
教学手段		多媒体教学
教　具		多媒体课件、有投影仪的多媒体教室

教 学 过 程

活动 步骤	教　师	学　生	可能出现的状况 及应对策略	设计意图	备　注
创设情境 引入正课	观赏美女图,并说说你对于"摩登"这个词的理解	观看图片并思考问题	部分学生说不出"摩登"这个词的意思	激发学生的学习兴趣,引入正课	5 分钟
活动 1 引导启发	请大家闭上眼睛,想象"母亲"这个名词几分钟	学生闭上眼睛,思考,把自己想象的场景描述出来		引入"蒙太奇"概念的讲解	5 分钟
活动 2 知识讲解	讲解蒙太奇的概念以及镜头与蒙太奇的关系	认真听讲,做笔记,学会归纳总结	极少数学生从字面上不太理解蒙太奇的概念,教师耐心讲解		5 分钟

活动步骤	教　师	学　生	可能出现的状况及应对策略	设计意图	备　注
活动3 知识讲解	先给出一段文字描述,让学生想象场景,再欣赏《哈利波特》片段和《一个好爸爸》片段,最后归纳总结蒙太奇的作用	学生根据文字描述,在自己头脑中构成影像,再欣赏《哈利波特》片段和《一个好爸爸》片段,比较自己头脑中的影像	学生构思的影像与视频中的有很大差别,教师耐心讲解	让学生掌握蒙太奇在影视作品中的主要作用,学会把创作者的思维和镜头语言相互转换	15分钟
活动4 知识讲解	先欣赏《幸福来敲门》片段,再讲解利用声画对位产生深层次的象征意义	学生认真观看、聆听、想象、感受	少数学生可能体会不到声画对位产生的效果,教师更仔细讲解	让学生体会声画对位产生深层次的象征意义	20分钟
活动5 知识讲解	先欣赏《生日快乐》《心动》和《玻璃之城》3个片段,再归纳总结"声画对列"及"复合时空"的概念	学生认真观看、聆听、想象、感受	少数学生可能体会不到"声画分立""声画对位"和"复合时空"效果,教师多加引导	让学生体会"声画分立""声画对位"和"复合时空"效果	20分钟
活动6 知识讲解	先欣赏《精神病患者》片断,再讲解蒙太奇节奏概念以及蒙太奇节奏与镜头的长短也有关系	学生认真观看、聆听、想象、感受,并掌握蒙太奇的叙事与表意作用在影视作品中如何运用		让学生理解并掌握相关知识	15分钟
拓展提高作业练习	结合蒙太奇,让学生试着说说表现一个人拿水杯喝水这个动作,需要几个镜头来表现(请说出镜头的景别)				5分钟

任务3　"探索镜头组接规律"教学方案设计

课　题	探索镜头组接规律	课　型	新　授	课　时	2
教学任务	知识	掌握镜头组接方法和规律; 了解轴线概念; 知道轴线规律			
	技能	学会镜头组接方法			

续表

教学任务	情感	产生浓厚的学习兴趣； 形成团队意识和协作精神； 培养习作精神			
重难点	重点	镜头组接的方法和规律； 轴线的概念； 轴线规律			
	难点	镜头组接的方法和规律； 轴线的概念和规律			
学情分析		通过前面的学习,学生掌握了视频的基本知识、Adobe Premiere CS4 的操作流程、Adobe Premiere CS4 的简单操作,本任务会讲解一些关于镜头组接方法和规律的理论知识。教学中多鼓励学生的学习积极性,增强学生的自信心			
教　　法		任务驱动、小组讨论和启发式教学			
学法指导		营造"262 效能课堂",轻松愉悦地小组协作学习			
教学手段		多媒体教学			
教　　具		多媒体课件、有投影仪的多媒体教室			

教　学　过　程

活动步骤	教　师	学　生	可能出现的状况及应对策略	设计意图	备　注
创设情境引入正课	给出 3 个场景,让学生组合,在自己头脑中形成一个完整的画面	小组认真分析讨论,将自己的构思记录下来,并全班分享、交流		激发学生的学习兴趣,引入正课	3 分钟
活动 1	根据上面 3 个场景的组合,思考三个问题: (1)你觉得这几个场景可以做出几个组合,表达思想; (2)请想象一下如果是 A—B—C 的组合能够传达一个什么思想; (3)请想象一下如果是 C—B—A 的组合能够传达一个什么思想	学生先独立思考,再小组认真分析讨论,给出文字阐述,组长记录,并在全班讲解自己的小组观点	个别学生不能回答出老师提出的问题,小组成员相互帮助		20 分钟

活动步骤	教　师	学　生	可能出现的状况及应对策略	设计意图	备　注
活动2视频欣赏	欣赏一段影视作品，分析里面的镜头如何组接	学生欣赏视频，并思考老师的问题	少数学生不能积极地思考问题		7分钟
活动3小组交流	请各小组分享答案，与全班讨论	积极参与讨论		引入镜头组接规律的讲解	25分钟
活动4教师讲解	根据学生讨论的结果，老师给予评价和总结，并讲解镜头组接规律相关知识	学生认真听讲，并做好笔记	少数学生不认真做笔记，教师耐心教育	新知识的讲解	10分钟
活动5影视赏析	(1)鉴赏一组影视作品，分析镜头组接规律在影片中的运用；(2)请某一小组分享小组讨论成果	(1)学生认真欣赏，并思考问题；(2)各小组学生仔细听，并给出评价和建议		让每位学生都参与到活动中，掌握所学知识，引入镜头组接方法的讲解	10分钟
活动6知识讲解	根据学生讨论的结果，老师给予评价和总结，并讲解镜头组接的方法	学生认真听讲，并做好笔记	少数学生不认真做笔记，教师耐心教育	新知识的讲解	10分钟
拓展提高作业练习	景别组接原则是什么；轴线规律是什么；镜头组接规律有哪些				5分钟

任务4　"制作'四季更替'"教学方案设计

课　题	制作"四季更替"	课　型	新　授	课　时	2
教学任务	知识	理解关键帧的概念；掌握关键帧动画的制作；知道蒙太奇手法的运用			
	技能	学会关键帧动画的制作；学会蒙太奇手法的运用			
	情感	产生浓厚的学习兴趣；形成团队意识和协作精神；培养习作精神			

续表

重难点	重点	关键帧的概念； 关键帧动画的制作； 蒙太奇手法的运用
	难点	关键帧动画的制作； 蒙太奇手法的运用
学情分析		通过上一节课的学习，学生的学习兴趣浓厚，学习的氛围好，但是因为是初次接触转场特效的制作，仍然存在一些问题，学生缺乏坚持到底的毅力，需要由浅入深地进行教学，树立学生的信心，参加小组活动以调动学生积极性
教　法		任务驱动、小组讨论和启发式教学
学法指导		营造"262 效能课堂"，轻松愉悦地小组协作学习
教学手段		多媒体教学
教　具		多媒体课件、有投影仪的多媒体教室

<table>
<tr><th colspan="6">教　学　过　程</th></tr>
<tr><th>活动
步骤</th><th>教　师</th><th>学　生</th><th>可能出现的状况
及应对策略</th><th>设计意图</th><th>备　注</th></tr>
<tr><td>创设情境
引入正课</td><td>观看两段视频，分析两者不同之处，老师最后给出总结</td><td>学生欣赏视频，并思考问题</td><td></td><td>激发学生的学习兴趣，引入正课</td><td>5 分钟</td></tr>
<tr><td>活动 1
小组讨论</td><td>根据老师给出的案例，学生思考并讨论 Premiere CS4 视频切换面板中转场特效的操作方法。打开软件，让学生数一数视频切换的种类和数量</td><td>各小组积极讨论，并记录下讨论的结果</td><td></td><td>通过本任务最后效果图的欣赏，引入新知识</td><td>15 分钟</td></tr>
<tr><td>活动 2
教师讲解</td><td>讲解并演示转场特效的操作步骤，同时补充相关的理论知识</td><td>学生认真听讲，并做好操作步骤的笔记，请小组派代表总结</td><td>部分学生懒惰不做笔记，教师注意教导</td><td>让学生掌握过渡特效的使用方法</td><td>20 分钟</td></tr>
<tr><td>活动 3
学生演示</td><td>随机抽选 1 名小组成员演示</td><td>未抽到的学生认真观察学生的操作，可以给予提示</td><td>抽到的学生可能不太会做，教师多指导</td><td></td><td>10 分钟</td></tr>
<tr><td>活动 4
动手实践</td><td>给出详细的操作步骤，让学生自己试着完成以上制作过程</td><td>要求学生独立做，允许小组相互帮助</td><td>部分学生操作太慢，教师耐心讲解</td><td>学生通过练习，掌握转场特效的制作</td><td>30 分钟</td></tr>
</table>

续表

活动步骤	教 师	学 生	可能出现的状况及应对策略	设计意图	备 注
活动5 评价	(1) 每个小组长交叉互评、打分。并推荐最佳作品的作者为大家讲解本作品的创作思路、设计理念； (2) 全班评选出最佳作品	学生认真观察,给出评价和建议		通过观察典型作品,让学生发现自己的不足和需要改进的地方	8分钟
拓展提高作业练习	从光盘中选取需要的素材,制作一个视频,尽可能多地用上所学的各种转场特效				2分钟

（四）模块4"视频特效的处理与运用"教学方案设计

任务1 "调整素材颜色"教学方案设计

课 题	调整素材颜色		课 型	新 授	课 时	2
教学任务	知识	了解 RGB 色彩模式； 掌握色彩平衡特效； 了解 HSB 颜色模式； 知道更改颜色特效				
	技能	掌握 RGB 色彩和 HSB 颜色模式； 学会色彩平衡特效和更改颜色特效的使用方法				
	情感	产生浓厚的学习兴趣； 形成团队意识和协作精神； 培养习作精神				
重难点	重点	RGB 色彩模式； 色彩平衡特效； HSB 颜色模式； 更改颜色特效				
	难点	RGB 色彩模式； HSB 颜色模式				
学情分析	通过上一节课的学习,学生的学习兴趣浓厚,学习的氛围好,但仍然存在一些问题,学生缺乏坚持到底的毅力,需要由浅入深地进行教学,树立学生的信心,参加小组活动以调动学生积极性					

续表

教　法	任务驱动、小组讨论和启发式教学
学法指导	营造"262效能课堂"，轻松愉悦地小组协作学习
教学手段	多媒体教学
教　具	多媒体课件、有投影仪的多媒体教室

<table>
<tr><th colspan="6">教　学　过　程</th></tr>
<tr><th>活动
步骤</th><th>教　师</th><th>学　生</th><th>可能出现的状况
及应对策略</th><th>设计意图</th><th>备　注</th></tr>
<tr><td>创设情境
引入正课</td><td>观看本任务4组最终效果图，比较各组图片的异同，老师总结画面色彩</td><td>学生仔细观察，聆听</td><td></td><td>通过本任务最后效果图的欣赏，引入新知识</td><td>5分钟</td></tr>
<tr><td>活动1
小组讨论</td><td>数一数本案例需要几个视频特效，哪些特效</td><td>各小组积极讨论，并记录下讨论的结果</td><td></td><td>引入本节课相关知识</td><td>15分钟</td></tr>
<tr><td>活动2
教师讲解</td><td>"RGB颜色模式""HSB颜色模式""色彩平衡"和"更改颜色"特效的参数值</td><td>学生认真听讲，并做好笔记</td><td>部分学生懒惰不做笔记，教师注意教育</td><td>让学生掌握本任务的相关理论知识</td><td>20分钟</td></tr>
<tr><td>活动3
教师操作</td><td>仔细观察老师的操作步骤，记录操作步骤，请小组派代表总结</td><td>学生认真聆听，记录，并归纳总结</td><td>抽到的学生可能不太会做，教师耐心讲解</td><td></td><td>10分钟</td></tr>
<tr><td>活动4
动手实践</td><td>给出详细的操作步骤，让学生自己试着完成以上制作过程</td><td>要求学生独立做，允许小组相互帮助</td><td>部分学生操作太慢，教师耐心指导</td><td>学生通过练习，掌握转场特效的制作</td><td>30分钟</td></tr>
<tr><td>活动5
评价</td><td>(1)每个小组长交叉互评、打分。并推荐最佳作品的作者为大家讲解本作品的创作思路、设计理念；
(2)全班评选出最佳作品</td><td>学生认真观察，给出评价和建议</td><td></td><td>通过观察典型作品，让学生发现自己的不足和需要改进的地方</td><td>8分钟</td></tr>
</table>

续表

活动步骤	教　师	学　生	可能出现的状况及应对策略	设计意图	备　注
拓展提高作业练习	(1)完成修改偏色素材的制作; (2)完成添加素材颜色的制作; (3)完成改变素材颜色的制作 (4)完成连续颜色更改的制作				2分钟

任务2　"制作变换素材形状"教学方案设计

课　题	制作变换素材形状	课　型	新　授	课　时	2
教学任务	知识	知道边角固定特效; 知道网格特效			
	技能	掌握边角固定特效; 学会网格特效			
	情感	产生浓厚的学习兴趣; 形成团队意识和协作精神; 培养习作精神			
重难点	重点	边角固定特效; 网格特效			
	难点	边角固定特效; 网格特效			
学情分析	通过上一节课的学习,学生的学习兴趣浓厚,学习的氛围好,但仍然存在一些问题,学生缺乏坚持到底的毅力,需要由浅入深地进行教学,树立学生的信心,参加小组活动以调动学生积极性				
教　法	任务驱动、小组讨论和启发式教学				
学法指导	营造"262效能课堂",轻松愉悦地小组协作学习				
教学手段	多媒体教学				
教　具	多媒体课件、有投影仪的多媒体教室				
教　学　过　程					
活动步骤	教　师	学　生	可能出现的状况及应对策略	设计意图	备　注
创设情境引入正课	观看本任务视频最终效果	学生仔细观察,聆听		通过本任务最后效果视频的欣赏,引入新知识	5分钟

续表

活动 步骤	教　师	学　生	可能出现的状况 及应对策略	设计意图	备　注
活动1 小组讨论	一般较大的广场都有大电视屏幕,细心的同学会发现,这种露天的电视屏幕上都有网格,并且画面有一定的曲度。根据这个生活常识,我们在完成本次任务的时候就要注意最终效果要贴近生活,选择特效的时候就需要考虑全面	各小组积极讨论,并记录下讨论的结果		引入本节课相关知识	15分钟
活动2 教师讲解	数一数本案例需要几个视频特效,需要哪些特效?讨论完毕后老师讲解"边角固定"和"网格"特效参数值相关知识	学生认真思考并讨论出结果,小组代表记录	部分学生懒惰不做笔记,教师耐心教育	让学生掌握本任务的相关理论知识	20分钟
活动3 教师操作	仔细观察老师操作步骤,记录操作步骤,请小组派代表总结,并上台演示	学生认真聆听、观察、记录,并归纳总结	抽到的学生可能不太会做,教师注意指导		10分钟
活动4 动手实践	给出详细的操作步骤,让学生自己试着完成以上制作过程	要求学生独立做,允许小组相互帮助	部分学生操作太慢,教师耐心讲解	学生通过练习,掌握本任务视频的制作	30分钟
活动5 评价	(1)每个小组长交叉互评、打分。并推荐最佳作品的作者为大家讲解本作品的创作思路、设计理念; (2)全班评选出最佳作品	学生认真观察,给出评价和建议		通过观察典型作品,让学生发现自己的不足和需要改进的地方	8分钟
拓展提高 作业练习	制作完成变换素材形状的效果				2分钟

任务 3 "使用镜像特效"教学方案设计

课　题	使用镜像特效	课　型	新　授	课　时	2

教学任务	知识	知道镜像特效； 知道光照特效； 知道裁剪特效
	技能	掌握镜像特效、光照特效和裁剪特效
	情感	产生浓厚的学习兴趣； 形成团队意识和协作精神； 培养习作精神
重难点	重点	镜像特效； 光照特效； 裁剪特效
	难点	镜像特效； 光照特效； 裁剪特效
学情分析	通过上一节课的学习,学生的学习兴趣浓厚,学习的氛围好,但仍然存在一些问题,学生缺乏坚持到底的毅力,需要由浅入深地进行教学,树立学生的信心,参加小组活动以调动学生积极性	
教　法	任务驱动、小组讨论和启发式教学	
学法指导	营造"262 效能课堂",轻松愉悦地小组协作学习	
教学手段	多媒体教学	
教　具	多媒体课件、有投影仪的多媒体教室	

教　学　过　程

活动步骤	教　师	学　生	可能出现的状况及应对策略	设计意图	备　注
创设情境引入正课	观看本任务视频最终效果	学生仔细观察,聆听		通过本任务最后效果视频的欣赏,引入新知识	5 分钟
活动 1小组讨论	小组讨论,分析案例,老师归纳总结	各小组积极讨论,并记录下讨论的结果		引入本节课相关知识	15 分钟
活动 2教师讲解	数一数本案例需要几个视频特效,需要哪些特效?讨论完毕后老师讲解"镜像""光照"和"裁剪"特效参数值相关知识	学生认真思考并讨论出结果,小组代表记录	部分学生懒惰不做笔记,教师多教导	让学生掌握本任务的相关理论知识	20 分钟

续表

活动步骤	教师	学生	可能出现的状况及应对策略	设计意图	备注
活动3 教师操作	仔细观察老师的操作步骤,记录操作步骤,请小组派代表总结,并上台演示	学生认真聆听、观察、记录,并归纳总结	抽到的学生可能不太会做,教师耐心讲解		10分钟
活动4 动手实践	给出详细的操作步骤,让学生自己试着完成以上制作过程	要求学生独立做,允许小组相互帮助	部分学生操作太慢,教师耐心指导	学生通过练习,掌握本任务视频的制作	30分钟
活动5 评价	(1)每个小组长交叉互评、打分。并推荐最佳作品的作者为大家讲解本作品的创作思路、设计理念; (2)全班评选出最佳作品	学生认真观察,给出评价和建议		通过观察典型作品,让学生发现自己的不足和需要改进的地方	8分钟
拓展提高作业练习	制作完成"沙漠水源"效果视频				2分钟

任务4 "制作水墨画效果"教学方案设计

课 题	制作水墨画效果		课 型	新 授	课 时	2
教学任务	知识	了解黑白特效; 了解色彩均化特效; 知道查找边缘特效; 知道色阶特效; 知道高斯模糊特效				
	技能	掌握水墨画效果的制作				
	情感	产生浓厚的学习兴趣; 形成团队意识和协作精神; 培养习作精神				
重难点	重点	查找边缘特效; 色阶特效; 高斯模糊特效				
	难点	黑白特效; 色彩均化特效; 色阶特效				

学情分析	通过上一节课的学习,学生的学习兴趣浓厚,学习的氛围好,但仍然存在一些问题,学生缺乏坚持到底的毅力,需要由浅入深地进行教学,树立学生的信心,参加小组活动以调动学生积极性
教　法	任务驱动、小组讨论和启发式教学
学法指导	营造"262效能课堂",轻松愉悦地小组协作学习
教学手段	多媒体教学
教　具	多媒体课件、有投影仪的多媒体教室

教　学　过　程

活动 步骤	教　师	学　生	可能出现的状况 及应对策略	设计意图	备　注
创设情境 引入正课	观看本任务视频最终效果	学生仔细观察,聆听		通过本任务最后效果视频的欣赏,引入新知识	5分钟
活动1 小组讨论	小组讨论,分析案例,老师归纳总结	各小组积极讨论,并记录下讨论的结果		引入本节课相关知识	15分钟
活动2 教师讲解	数一数本案例需要几个视频特效,需要哪些特效?讨论完毕后老师讲解"黑白"和"查找边缘""色阶""色彩均化""高斯模糊"特效参数值相关知识	学生认真思考并讨论出结果,小组代表记录	部分学生懒惰不做笔记,教师严格要求	让学生掌握本任务的相关理论知识	20分钟
活动3 教师操作	仔细观察老师操作步骤,记录操作步骤,请小组派代表总结,并上台演示	学生认真聆听、观察、记录,并归纳总结	抽到的学生可能不太会做,教师耐心讲解		10分钟
活动4 动手实践	给出详细的操作步骤,让学生自己试着完成以上制作过程	要求学生独立做,允许小组相互帮助	部分学生操作太慢,教师耐心指导	学生通过练习,掌握本任务视频的制作	30分钟
活动5 评价	(1)每个小组长交叉互评、打分。并推荐最佳作品的作者为大家讲解本作品的创作思路、设计理念; (2)全班评选出最佳作品	学生认真观察,给出评价和建议		通过观察典型作品,让学生发现自己的不足和需要改进的地方	8分钟

续表

活动步骤	教　师	学　生	可能出现的状况及应对策略	设计意图	备　注
拓展提高作业练习	制作完成自制水墨画的效果				2分钟

任务5　"马赛克特效"教学方案设计

课　题	马赛克特效	课　型	新　授	课　时	2
教学任务	知识	知道马赛克特效			
	技能	学会给视频添加马赛克特效			
	情感	产生浓厚的学习兴趣； 形成团队意识和协作精神； 培养习作精神			
重难点	重点	马赛克特效的概念			
	难点	马赛克特效的应用			
学情分析	通过上一节课的学习,学生的学习兴趣浓厚,学习的氛围好,但仍然存在一些问题,学生缺乏坚持到底的毅力,需要由浅入深地进行教学,树立学生的信心,参加小组活动以调动学生积极性				
教　法	任务驱动、小组讨论和启发式教学				
学法指导	营造"262效能课堂",轻松愉悦地小组协作学习				
教学手段	多媒体教学				
教　具	多媒体课件、有投影仪的多媒体教室				
教　学　过　程					
活动步骤	教　师	学　生	可能出现的状况及应对策略	设计意图	备　注
创设情境引入正课	观看本任务视频最终效果	学生仔细观察,聆听		通过本任务最后效果视频的欣赏,引入新知识	5分钟
活动1小组讨论	小组讨论,分析案例,老师归纳总结:在影视作品中,经常会有利用其他影视作品的情况出现,但是其他影视作品中出现一些不想出现的元素,需要隐藏其内容。这里就需要用到马赛克效果	各小组积极讨论,并记录下讨论的结果		引入本节课相关知识	15分钟

续表

活动步骤	教 师	学 生	可能出现的状况及应对策略	设计意图	备 注
活动2 教师讲解	数一数本案例需要几个视频特效,需要哪些特效?讨论完毕后老师讲解"马赛克"特效参数值相关知识	学生认真思考并讨论出结果,小组代表记录	部分学生懒惰不做笔记,教师应该严格要求	让学生掌握本任务的相关理论知识	20分钟
活动3 教师操作	仔细观察老师的操作步骤,记录操作步骤,请小组派代表总结,并上台演示	学生认真聆听、观察、记录,并归纳总结	抽到的学生可能不太会做,教师应耐心讲解		10分钟
活动4 动手实践	给出详细的操作步骤,让学生自己试着完成以上制作过程	要求学生独立做,允许小组相互帮助	部分学生操作太慢,教师耐心指导	学生通过练习,掌握本任务视频的制作	30分钟
活动5 评价	(1)每个小组长交叉互评、打分。并推荐最佳作品的作者为大家讲解本作品的创作思路、设计理念;(2)全班评选出最佳作品	学生认真观察,给出评价和建议		通过观察典型作品,让学生发现自己的不足和需要改进的地方	8分钟
拓展提高作业练习	制作完成利用视频添加马赛克特效				2分钟

任务6 "使用模糊特效"教学方案设计

课 题		使用模糊特效	课 型	新 授	课 时	2
教学任务	知识	学会高斯模糊特效;知道字幕的简单使用				
	技能	学会高斯模糊特效的制作				
	情感	产生浓厚的学习兴趣;形成团队意识和协作精神;培养习作精神				
重难点	重点	高斯模糊特效;字幕的简单使用				
	难点	高斯模糊特效;字幕的简单使用				

续表

学情分析	通过上一节课的学习,学生的学习兴趣浓厚,学习的氛围好,但仍然存在一些问题,学生缺乏坚持到底的毅力,需要由浅入深地进行教学,树立学生的信心,参加小组活动以调动学生积极性
教 法	任务驱动、小组讨论和启发式教学
学法指导	营造"262效能课堂",轻松愉悦地小组协作学习
教学手段	多媒体教学
教 具	多媒体课件、有投影仪的多媒体教室

教 学 过 程

活动步骤	教 师	学 生	可能出现的状况及应对策略	设计意图	备 注
创设情境引入正课	观看本任务视频最终效果	学生仔细观察,聆听		通过本任务最后效果视频的欣赏,引入新知识	5分钟
活动1小组讨论	小组讨论,分析案例,老师归纳总结:"高斯模糊"制作出来的效果应用很广泛,在很多影视节目中都会用到。这种特效简单易学,运用广泛	各小组积极讨论,并记录下讨论的结果		引入本节课相关知识	15分钟
活动2教师讲解	数一数本案例需要几个视频特效,需要哪些特效?讨论完毕后老师讲解"高斯模糊"特效参数值相关知识	学生认真思考并讨论出结果,小组代表记录	部分学生懒惰不做笔记,教师应该严格要求	让学生掌握本任务的相关理论知识	20分钟
活动3教师操作	仔细观察老师的操作步骤,记录操作步骤,请小组派代表总结,并上台演示	学生认真聆听、观察、记录,并归纳总结	抽到的学生可能不太会做,教师耐心讲解		10分钟
活动4动手实践	给出详细的操作步骤,让学生自己试着完成以上制作过程	要求学生独立做,允许小组相互帮助	部分学生操作太慢,教师耐心指导	学生通过练习,掌握本任务视频的制作	30分钟

续表

活动步骤	教　师	学　生	可能出现的状况及应对策略	设计意图	备　注
活动5评价	(1)每个小组长交叉互评、打分。并推荐最佳作品的作者为大家讲解本作品的创作思路、设计理念；(2)全班评选出最佳作品	学生认真观察,给出评价和建议		通过观察典型作品,让学生发现自己的不足和需要改进的地方	8分钟
拓展提高作业练习	制作完成"高斯模糊"案例				2分钟

任务7　"抠像"教学方案设计

课　题		抠　像	课　型	新　授	课　时	2
教学任务	知识	学会蓝屏键特效；知道"键控"面板下的特效				
	技能	学会蓝屏键特效；学会"键控"面板下的特效				
	情感	产生浓厚的学习兴趣；形成团队意识和协作精神；培养习作精神				
重难点	重点	蓝屏键特效；"键控"面板下的特效				
	难点	蓝屏键特效；"键控"面板下的特效				
学情分析		通过上一节课的学习,学生的学习兴趣浓厚,学习的氛围好,但仍然存在一些问题,学生缺乏坚持到底的毅力,需要由浅入深地进行教学,树立学生的信心,参加小组活动以调动学生积极性				
教　法		任务驱动、小组讨论和启发式教学				
学法指导		营造"262效能课堂",轻松愉悦地小组协作学习				
教学手段		多媒体教学				
教　具		多媒体课件、有投影仪的多媒体教室				

续表

	教　学　过　程				
活动 步骤	教　师	学　生	可能出现的状况 及应对策略	设计意图	备　注
创设情境 引入正课	观看本任务视频最 终效果	学生仔细观察， 聆听		通过本任务最后效 果视频的欣赏，引入 新知识	5分钟
活动1 小组讨论	小组讨论，分析案 例，老师归纳总结： 大家经常会在影视 作品中看到人在美 丽的天空中自由地 飞翔或者影视节目 中主持人置身于一 些动画空间中的情 景，这就是运用了抠 像特效	各小组积极讨论， 并记录下讨论的 结果		引入本节课相关知识	15分钟
活动2 教师讲解	数一数本案例需要 几个视频特效，需要 哪些特效？讨论完 毕后老师讲解"抠 像"特效参数值、抠 像原理相关知识	学生认真思考并 讨论出结果，小组 代表记录	部分学生懒惰不做 笔记，教师应该严格 要求	让学生掌握本任务 的相关理论知识	20分钟
活动3 教师操作	仔细观察老师操作 步骤，记录操作步 骤，请小组派代表总 结，并上台演示	学生认真聆听、观 察、记录，并归纳 总结	抽到的学生可能不 太会做，教师耐心 讲解		10分钟
活动4 动手实践	给出详细的操作步 骤，让学生自己试着 完成以上制作过程	要求学生独立做， 允许小组相互 帮助	部分学生操作太慢， 教师耐心指导	学生通过练习，掌握 本任务视频的制作	30分钟
活动5 评价	(1)每个小组长交 叉互评、打分。并推 荐最佳作品的作者 为大家讲解本作品 的创作思路、设计 理念； (2)全班评选出最 佳作品	学生认真观察，给 出评价和建议		通过观察典型作品， 让学生发现自己的 不足和需要改进的 地方	8分钟

续表

活动步骤	教　师	学　生	可能出现的状况及应对策略	设计意图	备　注
拓展提高作业练习	制作完成"抠像"案例				2 分钟

（五）模块 5 "音频效果的处理与应用"教学方案设计

任务 1 "录歌"教学方案设计

课　题		录　歌	课　型	新　授	课　时	2
教学任务	知识	学会调音台的使用； 知道录音的效果				
	技能	能使用调音台进行调音； 能使用软件进行录音				
	情感	产生浓厚的学习兴趣； 形成团队意识和协作精神； 培养习作精神				
重难点	重点	调音台的使用； 录音的效果				
	难点	调音台的使用； 录音的效果				
学情分析		通过上一节课的学习，学生的学习兴趣浓厚，学习的氛围好，但仍然存在一些问题，学生缺乏坚持到底的毅力，需要由浅入深地进行教学，树立学生的信心，参加小组活动以调动学生积极性				
教　法		任务驱动、小组讨论和启发式教学				
学法指导		营造"262 效能课堂"，轻松愉悦地小组协作学习				
教学手段		多媒体教学				
教　具		多媒体课件、有投影仪的多媒体教室				
教　学　过　程						
活动步骤	教　师	学　生	可能出现的状况及应对策略	设计意图	备　注	
创设情境引入正课	欣赏"爱的代价"原唱和伴奏效果	学生仔细聆听		通过本任务最后效果的欣赏，引入新知识	5 分钟	
活动 1小组讨论	抽学生代表演唱歌曲，全班再看歌词齐唱歌曲	认真聆听、观察，学唱		为后面的录歌做准备	15 分钟	

续表

活动步骤	教师	学生	可能出现的状况及应对策略	设计意图	备注
活动2 小组讨论	小组讨论,分析案例	各小组积极讨论,并记录下讨论的结果		引入本节课相关知识	20分钟
活动3 教师操作	仔细观察老师的操作步骤,记录操作步骤,请小组派代表总结,并上台演示	学生认真聆听、观察、记录,并归纳总结	抽到的学生可能不太会做,教师耐心讲解		10分钟
活动4 动手实践	给出详细的操作步骤,让学生自己试着完成以上制作过程	要求学生独立做,允许小组相互帮助	部分学生操作太慢,教师耐心指导	学生通过练习,掌握本任务视频的制作	30分钟
活动5 评价	(1)每个小组长交叉互评、打分。并推荐最佳作品的作者为大家讲解本作品的创作思路、设计理念; (2)全班评选出最佳作品	学生认真观察,给出评价和建议		通过观察典型作品,让学生发现自己的不足和需要改进的地方	8分钟
拓展提高 作业练习	(1)录制"爱的代价"这首歌曲; (2)录制3首自己喜欢的歌曲				2分钟

任务2 "制造卡拉OK的回音效果"教学方案设计

课 题	制造卡拉OK的回音效果	课 型	新 授	课 时	2
教学任务	知识	知道产生声音延迟的原理; 掌握PR里音频特效的延迟特效			
	技能	卡拉OK回音效果的制作方法			
	情感	产生浓厚的学习兴趣; 形成团队意识和协作精神; 培养习作精神			
重难点	重点	PR里音频特效的延迟特效			
	难点	产生声音延迟的原理			
学情分析	高二年级上期的影视制作专业学生,从高一相对轻松的学习氛围,进入到紧张的专业课学习中;学习的重点是从文化课转移到技能操作上,学生对本课程兴趣很大,但是学生缺乏坚持到底的毅力,需要由浅入深地进行教学,树立学生的信心,参加小组活动以调动学生积极性				

续表

教　法	任务驱动、小组讨论和启发式教学				
学法指导	营造"262效能课堂",轻松愉悦地小组协作学习				
教学手段	多媒体教学				
教　具	多媒体课件、有投影仪的多媒体教室				
教　学　过　程					
活动 步骤	教　师	学　生	可能出现的状况 及应对策略	设计意图	备　注
创设情境 引入正课	播放卡拉OK效果的歌曲	聆听,并思考问题		勾起学生的童年回忆,激发学生的学习兴趣,引入正课	5分钟
活动1 观看提供的素材	请各个小组听一段音频	(1)仔细分辨音频里的声音; (2)请各个小组讨论,在不同的时间听到了什么?请小组长工整、形象地写出你们小组的答案	个别同学不能观察出最终效果,教师耐心讲解	让学生通过该活动,明确音乐的细微差别	15分钟
活动2 观看下面的图片	观察一组图片	在PR中每两人协作制作卡拉OK效果的音频	不能在规定的时间内完成卡拉OK效果; 关注学生制作过程,提供必要的指导	了解学生利用音频特效制作音频的技能,培养学生综合应用知识的能力,为后续教学设计提供指导依据	15分钟
活动3 小组长交叉互评,为学员作品打分	提出评价方法,强调公平公正的原则;监督互评过程的有序性和规范性	由小组长交叉互评,为每个同学作品打分,作为平时成绩。每个小组集体推荐一份作品给教师	小组长思想素质和业务素质达不到要求,致使评价有失科学性。对小组长进行培训,监督实施评价,培养其服务意识和责任心	有效避免小组中个别同学懒于参与的情况	15分钟
活动4 小组推荐作品互评	鼓励全班同学,表扬这次大家都做得很好,希望大家再接再厉,讲解几个出现问题较多的操作	全班同学一起评选出班级优秀作品	出现舞弊,评选不公平,打感情分; 小组投票实名制,便于教师监控评价机制	培养集体荣誉感,树立竞争意识,助推全班同学共同进步	15分钟

续表

活动步骤	教 师	学 生	可能出现的状况及应对策略	设计意图	备 注
拓展提高	布置课后作业,让学生把今天的知识点融会贯通				5分钟

任务 3 "分离歌曲左右声道"教学方案设计

课　题		分离歌曲左右声道	课　型	新　授	课　时	2
教学任务	知识	知道使用左声道特效; 掌握单声道和立体声的相互转换; 掌握将立体声分离为单声道				
	技能	学会分离歌曲左右声道				
	情感	产生浓厚的学习兴趣; 形成团队意识和协作精神; 培养习作精神				
重难点	重点	使用左声道特效; 单声道转换为立体声; 立体声转换为单声道; 立体声分离为单声道				
	难点	单声道转换为立体声; 立体声转换为单声道; 立体声分离为单声道				
学情分析		通过上一节课的学习,学生的学习兴趣浓厚,学习的氛围好,但仍然存在一些问题,学生缺乏坚持到底的毅力,需要由浅入深地进行教学,树立学生的信心,参加小组活动以调动学生积极性				
教　法		任务驱动、小组讨论和启发式教学				
学法指导		营造"262效能课堂",轻松愉悦地小组协作学习				
教学手段		多媒体教学				
教　具		多媒体课件、有投影仪的多媒体教室				
教　学　过　程						
活动步骤	教　师	学　生	可能出现的状况及应对策略	设计意图	备　注	
创设情境引入正课	欣赏最终效果: 同一首音乐分离成单声道、左声道、右声道、立体声	学生仔细观察、聆听		通过本任务最后效果音频的欣赏,引入新知识	5分钟	

活动步骤	教　师	学　生	可能出现的状况及应对策略	设计意图	备　注
活动1 小组讨论	小组讨论,分析案例,老师归纳总结:在音频处理中,立体声的音频素材比较常用,往往要涉及对其左右声道的处理	各小组积极讨论,并记录下讨论的结果		引入本节课相关知识	15分钟
活动2 教师讲解	数一数本案例需要几个音频特效,需要哪些特效?讨论完毕后老师讲解 Premiere 中音频编辑器相关知识	学生认真思考并讨论出结果,小组代表记录	部分学生懒惰不做笔记,教师应该严格要求	让学生掌握本任务的相关理论知识	20分钟
活动3 教师操作	仔细观察老师操作步骤,记录操作步骤,请小组派代表总结,并上台演示	学生认真聆听、观察、记录,并归纳总结	抽到的学生可能不太会做,教师耐心讲解		10分钟
活动4 动手实践	给出详细的操作步骤,让学生自己试着完成以上制作过程	要求学生独立做,允许小组相互帮助	部分学生操作太慢,教师耐心指导	学生通过练习,掌握本任务音频的制作	30分钟
活动5 评价	(1)每个小组长交叉互评、打分。并推荐最佳作品的作者为大家讲解本作品的创作思路、设计理念;(2)全班评选出最佳作品	学生认真观察,给出评价和建议		通过观察典型作品,让学生发现自己的不足和需要改进的地方	8分钟
拓展提高 作业练习	根据案例步骤,将单声道转换为立体声、将立体声转换为单声道				2分钟

任务4 "制作奇异音调的音乐"教学方案设计

课　题	制作奇异音调的音乐	课　型	新　授	课　时	2

教学任务	知识	知道音频变调的方法； 掌握 PitchShifter 音调变换特效； 掌握音频变速的方法
	技能	学会制作奇异音调的音乐
	情感	产生浓厚的学习兴趣； 形成团队意识和协作精神； 培养习作精神

重难点	重点	音频变调的方法； PitchShifter 音调变换特效
	难点	音频变调的方法； PitchShifter 音调变换特效

学情分析	通过上一节课的学习,学生的学习兴趣浓厚,学习的氛围好,但仍然存在一些问题,学生缺乏坚持到底的毅力,需要由浅入深地进行教学,树立学生的信心,参加小组活动以调动学生积极性
教　法	任务驱动、小组讨论和启发式教学
学法指导	营造"262 效能课堂",轻松愉悦地小组协作学习
教学手段	多媒体教学
教　具	多媒体课件、有投影仪的多媒体教室

教　学　过　程

活动步骤	教　师	学　生	可能出现的状况及应对策略	设计意图	备　注
创设情境引入正课	欣赏最终效果,桃源传媒视频效果	学生仔细观察,聆听		通过本任务最后效果视频的欣赏,引入新知识	5 分钟
活动 1小组讨论	小组讨论,分析案例,老师归纳总结:视频素材中有速度的变化,同样在音频中也有改变声音时间长度和声音速度的处理	各小组积极讨论,并记录下讨论的结果		引入本节课相关知识	15 分钟

续表

活动步骤	教　师	学　生	可能出现的状况及应对策略	设计意图	备　注
活动2 教师讲解	数一数本案例需要几个视频特效,需要哪些特效?讨论完毕后老师讲解"PitchShifter"(音调变换)特效相关知识	学生认真思考并讨论出结果,小组代表记录	部分学生懒惰不做笔记,教师应该严格要求	让学生掌握本任务的相关理论知识	20分钟
活动3 教师操作	仔细观察老师的操作步骤,记录操作步骤,请小组派代表总结,并上台演示	学生认真聆听、观察、记录,并归纳总结	抽到的学生可能不太会做,教师耐心讲解		10分钟
活动4 动手实践	给出详细的操作步骤,让学生自己试着制作一段"搞怪音乐"	学生两人一组合作,允许小组相互帮助	部分学生操作太慢,教师耐心指导	学生通过练习,掌握本任务视频的制作	30分钟
活动5 评价	(1)每个小组长交叉互评、打分。并推荐最佳作品的作者为大家讲解本作品的创作思路、设计理念; (2)全班评选出最佳作品	学生认真观察,给出评价和建议		通过观察典型作品,让学生发现自己的不足和需要改进的地方	8分钟
拓展提高 作业练习	完成"搞怪音乐"的制作				(2分钟)

任务5　"合成串烧歌曲"教学方案设计

课　题	合成串烧歌曲		课　型	新　授	课　时	2
教学任务	知识	了解 Premiere CS4 支持的音频格式; 掌握音频的剪切; 掌握音频过渡效果制作				
	技能	学会将多首歌曲合成串烧歌曲				
	情感	产生浓厚的学习兴趣; 形成团队意识和协作精神; 培养习作精神				

续表

重难点	重点	Premiere CS4 支持的音频格式； 音频的剪切； 音频过渡效果制作
	难点	Premiere CS4 支持的音频格式； 音频的剪切； 音频过渡效果制作
学情分析		通过上一节课的学习,学生的学习兴趣浓厚,学习的氛围好,但仍然存在一些问题,学生缺乏坚持到底的毅力,需要由浅入深地进行教学,树立学生的信心,参加小组活动以调动学生积极性
教 法		任务驱动、小组讨论和启发式教学
学法指导		营造"262 效能课堂",轻松愉悦地小组协作学习
教学手段		多媒体教学
教 具		多媒体课件、有投影仪的多媒体教室

教　学　过　程

活动 步骤	教 师	学 生	可能出现的状况 及应对策略	设计意图	备 注
创设情境 引入正课	欣赏最终效果: 情歌王串烧效果	学生仔细观察、聆听		通过本任务最后效果音频的欣赏,引入新知识	5 分钟
活动1 小组讨论	小组讨论,分析案例,老师归纳总结:现在网络上很流行串烧歌曲,在很多影视作品中都有通过音频的剪辑,得到新的音频效果,Adobe Premiere CS4 对于音频的处理具有强大的功能	各小组积极讨论,并记录下讨论的结果		引入本节课相关知识	15 分钟
活动2 教师讲解	数一数本案例需要几个视频特效? 讨论完毕后老师讲解 Adobe Premiere CS4 可以处理的格式以及支持导入和导出的类型相关知识	学生认真思考并讨论出结果,小组代表记录,做好笔记	部分学生懒惰不做笔记,教师应该严格要求	让学生掌握本任务的相关理论知识	20 分钟

活动步骤	教 师	学 生	可能出现的状况及应对策略	设计意图	备 注
活动3 教师操作	仔细观察老师的操作步骤,记录操作步骤,请小组派代表总结,并上台演示	学生认真聆听、观察、记录,并归纳总结	抽到的学生可能不太会做,教师耐心讲解		10分钟
活动4 动手实践	给出详细的操作步骤,让学生完成《情歌王》这首歌曲自己的串烧版本	要求学生两人一组合作,允许小组相互帮助	部分学生操作太慢,教师耐心指导	学生通过练习,掌握本任务视频的制作	30分钟
活动5 评价	(1)每个小组长交叉互评、打分。并推荐最佳作品的作者为大家讲解本作品的创作思路、设计理念; (2)全班评选出最佳作品	学生认真观察,给出评价和建议		通过观察典型作品,让学生发现自己的不足和需要改进的地方	8分钟
拓展提高 作业练习	根据前面讲的方法,完成《情歌王》这首歌曲你自己的串烧版本				2分钟

(六)模块6"字幕的处理与应用"教学方案设计

任务1 "制作常用静态字幕"教学方案设计

课 题		制作常用静态字幕	课 型	新 授	课 时	2
教学任务	知识	学会简单静态字幕的创建; 学会沿路径弯曲的字幕的创建; 知道利用字幕模板创建字幕; 了解字幕的使用				
	技能	学会常用静态字幕的制作				
	情感	产生浓厚的学习兴趣; 形成团队意识和协作精神; 培养习作精神				
重难点	重点	简单静态字幕的创建; 字幕的使用				
	难点	沿路径弯曲的字幕的创建; 利用字幕模板创建字幕				

续表

学情分析	通过上一节课的学习,学生的学习兴趣浓厚,学习的氛围好,但仍然存在一些问题,学生缺乏坚持到底的毅力,需要由浅入深地进行教学,树立学生的信心,参加小组活动以调动学生积极性
教 法	任务驱动、小组讨论和启发式教学
学法指导	营造"262效能课堂",轻松愉悦地小组协作学习
教学手段	多媒体教学
教 具	多媒体课件、有投影仪的多媒体教室

<table>
<tr><td colspan="6" align="center">教 学 过 程</td></tr>
<tr><td>活动步骤</td><td>教 师</td><td>学 生</td><td>可能出现的状况及应对策略</td><td>设计意图</td><td>备 注</td></tr>
<tr><td>创设情境引入正课</td><td>欣赏最终效果:
简单静态字幕;
沿路径弯曲的字幕;
利用字幕模板创建字幕</td><td>学生仔细观察,思考各种字幕的区别</td><td></td><td>通过本任务最后效果视频的欣赏,引入新知识</td><td>5分钟</td></tr>
<tr><td>活动1
小组讨论</td><td>小组讨论,分析案例,老师归纳总结:本任务让同学们掌握如何修改字幕的属性,创作出各种各样特殊的字幕效果</td><td>各小组积极讨论,并记录下讨论的结果</td><td></td><td>引入本节课相关知识</td><td>15分钟</td></tr>
<tr><td>活动2
小组讨论</td><td>数一数欣赏的案例有哪些不同?讨论完毕后老师讲解字幕属性,查看其参数</td><td>学生认真思考并讨论出结果,小组代表记录,做好笔记</td><td>部分学生懒惰不做笔记,教师应严格要求</td><td>让学生掌握本任务的相关理论知识</td><td>10分钟</td></tr>
<tr><td>活动3
小组讨论</td><td>观察字幕属性参数,总结有哪几种类型?归纳完毕后老师评价,并讲解消除、残像、描边、外侧边、阴影等相关知识</td><td>学生认真观察并思考,归纳总结出:实色效果、线性渐变效果、放射渐变效果、4色渐变效果、斜角边效果</td><td>学生可能不能准确定义字幕的类型,教师耐心讲解</td><td>让学生主动参与学习</td><td>10分钟</td></tr>
<tr><td>活动4
教师操作</td><td>老师操作并讲解各种字幕的创建,学生仔细观察并记录操作步骤</td><td>学生认真聆听、观察、记录,并归纳总结</td><td>抽到的学生可能不太会做,教师重点指导</td><td></td><td>10分钟</td></tr>
<tr><td>活动5
动手实践</td><td>给出详细的操作步骤,让学生练习各种字幕的创建</td><td>要求学生两人一组合作,允许小组相互帮助</td><td>部分学生操作太慢,教师耐心指导</td><td>学生通过练习,掌握本任务字幕的创建</td><td>30分钟</td></tr>
</table>

续表

活动步骤	教　师	学　生	可能出现的状况及应对策略	设计意图	备　注
活动6评价	(1)每个小组长交叉互评、打分。并推荐最佳作品的作者为大家讲解本作品的创作思路、设计理念； (2)全班评选出最佳作品	学生认真观察，给出评价和建议		通过观察典型作品，让学生发现自己的不足和需要改进的地方	8分钟
拓展提高作业练习	制作完成"简单静态字幕""沿路径弯曲的字幕""带回光效果的字幕""利用字幕模板创建字幕"案例				2分钟

任务2　"制作常用动态字幕"教学方案设计

课　题	制作常用动态字幕	课　型	新　授	课　时	2
教学任务	知识	了解素材过渡效果的使用； 知道素材过渡效果参数的设置； 学会关键帧制作动态字幕； 掌握动态字幕的使用			
	技能	学会常用动态字幕的制作			
	情感	产生浓厚的学习兴趣； 形成团队意识和协作精神； 培养习作精神			
重难点	重点	滚动字幕的制作； 游动字幕的制作			
	难点	关键帧制作动态字幕； 动态字幕的使用			
学情分析	通过上一节课的学习，学生的学习兴趣浓厚，学习的氛围好，但仍然存在一些问题，学生缺乏坚持到底的毅力，需要由浅入深地进行教学，树立学生的信心，参加小组活动以调动学生积极性				
教　法	任务驱动、小组讨论和启发式教学				
学法指导	营造"262效能课堂"，轻松愉悦地小组协作学习				
教学手段	多媒体教学				

续表

教 具	多媒体课件、有投影仪的多媒体教室				
教 学 过 程					
活动 步骤	教 师	学 生	可能出现的状况 及应对策略	设计意图	备 注
创设情境 引入正课	观看常用动态字幕的最终效果; 滚动字幕和游动字幕	学生仔细观察		通过本任务最后效果视频的欣赏,引入新知识	5 分钟
活动 1 教师讲解	老师讲解并演示滚动字幕制作的操作步骤	学生仔细聆听、观察,并记录操作步骤	部分学生懒惰不做笔记,教师应严格要求		15 分钟
活动 2 动手实践	根据老师讲解的操作步骤,学生动手练习,制作滚动字幕	学生两人一组合作,允许小组相互帮助	部分学生操作太慢,教师耐心讲解		20 分钟
活动 3 教师讲解	老师讲解并演示游动字幕制作的操作步骤	学生认真聆听、观察、记录,并归纳总结	部分学生懒惰不做笔记,教师应严格要求		10 分钟
活动 4 动手实践	根据老师讲解的操作步骤,学生动手练习,制作游动字幕	学生两人一组合作,允许小组相互帮助	部分学生操作太慢,教师耐心指导		30 分钟
活动 5 评价作品	(1)每个小组长交叉互评、打分。并推荐最佳作品的作者为大家讲解本作品的创作思路、设计理念; (2)全班评选出最佳作品	学生认真观察,给出评价和建议		通过观察典型作品,让学生发现自己的不足和需要改进的地方	8 分钟
拓展提高 作业练习	利用"离离原上草"这首古诗分别制作从上到下的变速滚动字幕和从左到右的变速游行字幕				2 分钟

任务 3　"利用字幕窗口绘制图形"教学方案设计

课　题	利用字幕窗口绘制图形	课　型	新　授	课　时	2

教学任务	知识	掌握字幕窗口的基本知识			
	技能	学会利用字幕窗口绘制图形			
	情感	产生浓厚的学习兴趣； 形成团队意识和协作精神； 培养习作精神			

重难点	重点	利用字幕窗口绘制图形
	难点	利用字幕窗口绘制图形

学情分析	通过上一节课的学习,学生的学习兴趣浓厚,学习的氛围好,但仍然存在一些问题,学生缺乏坚持到底的毅力,需要由浅入深地进行教学,树立学生的信心,参加小组活动以调动学生积极性
教　法	任务驱动、小组讨论和启发式教学
学法指导	营造"262 效能课堂",轻松愉悦地小组协作学习
教学手段	多媒体教学
教　具	多媒体课件、有投影仪的多媒体教室

教　学　过　程

活动步骤	教　师	学　生	可能出现的状况及应对策略	设计意图	备　注
创设情境引入正课	欣赏最终要完成的作品	学生仔细观察、聆听		通过本任务最后效果视频的欣赏,引入新知识	5 分钟
活动 1 小组讨论	小组讨论,分析案例,老师归纳总结:运用字幕窗口中的创建图形工具讲解如何创建图形。对于分散的文字和图形,使用对齐和排版功能将其整齐规范地排列	各小组积极讨论,并记录下讨论的结果		引入本节课相关知识	15 分钟
活动 2 教师讲解	本案例用到哪些工具? 讨论完毕后老师讲解	学生认真思考并讨论出结果,小组代表记录,做好笔记	部分学生懒惰不做笔记,教师应严格要求		20 分钟

续表

活动步骤	教 师	学 生	可能出现的状况及应对策略	设计意图	备 注
活动3 教师操作	仔细观察老师的操作步骤,记录操作步骤,请小组派代表总结,并上台演示	学生认真聆听、观察、记录,并归纳总结	抽到的学生可能不太会做,教师耐心讲解		10分钟
活动4 动手实践	给出详细的操作步骤,让学生完成"绘制图形"案例	学生两人一组合作,允许小组相互帮助	部分学生操作太慢,教师耐心指导	学生通过练习,掌握本任务视频的制作	30分钟
活动5 评价	(1)每个小组长交叉互评、打分。并推荐最佳作品的作者为大家讲解本作品的创作思路、设计理念; (2)全班评选出最佳作品	学生认真观察,给出评价和建议		通过观察典型作品,让学生发现自己的不足和需要改进的地方	8分钟
拓展提高作业练习	根据前面讲的方法,完成"绘制图形"案例				2分钟

任务4 "利用字幕制作片尾"教学方案设计

课 题		利用字幕制作片尾	课 型	新 授	课 时	2
教学任务	知识	学会摆入特效; 学会字幕中加入商标				
	技能	学会利用字幕制作片尾				
	情感	产生浓厚的学习兴趣; 形成团队意识和协作精神; 培养习作精神				
重难点	重点	摆入特效; 字幕中加入商标				
	难点	摆入特效; 字幕中加入商标				
学情分析		通过上一节课的学习,学生的学习兴趣浓厚,学习的氛围好,但仍然存在一些问题,学生缺乏坚持到底的毅力,需要由浅入深地进行教学,树立学生的信心,参加小组活动以调动学生积极性				
教 法		任务驱动、小组讨论和启发式教学				

续表

学法指导	营造"262 效能课堂",轻松愉悦地小组协作学习				
教学手段	多媒体教学				
教　具	多媒体课件、有投影仪的多媒体教室				
教　学　过　程					
活动步骤	教　师	学　生	可能出现的状况及应对策略	设计意图	备　注
创设情境引入正课	欣赏最终要完成的作品	学生仔细观察、聆听		通过本任务最后效果视频的欣赏,引入新知识	5 分钟
活动1小组讨论	小组讨论,分析案例,老师归纳总结:影视节目的结尾一般要加上影视节目中的演员、制作影视节目的工作人员、赞助单位等相关信息,也称为片尾。本案例是展示的从普通的片尾,到具有"摆入"效果的片尾制作	各小组积极讨论,并记录下讨论的结果		引入本节课相关知识	15 分钟
活动2小组讨论	本案例滚动字幕片尾和摆入片尾两者效果有什么不一样	学生认真思考并讨论出结果,小组代表记录二者的区别	部分学生不积极参与讨论,教师多鼓励		20 分钟
活动3教师操作	仔细观察老师的操作步骤,记录操作步骤,请小组派代表总结,并上台演示	学生认真聆听、观察、记录,并归纳总结	抽到的学生可能不太会做,教师耐心讲解		10 分钟
活动4动手实践	学生自己利用滚动字幕制作片尾	学生两人一组合作,允许小组相互帮助	部分学生操作太慢,教师耐心指导	学生通过练习,掌握本任务视频的制作	30 分钟
活动5评价	(1)每个小组长交叉互评、打分。并推荐最佳作品的作者为大家讲解本作品的创作思路、设计理念;(2)全班评选出最佳作品	学生认真观察,给出评价和建议		通过观察典型作品,让学生发现自己的不足和需要改进的地方	8 分钟

续表

活动步骤	教 师	学 生	可能出现的状况及应对策略	设计意图	备 注
拓展提高作业练习	(1)制作完成"滚动字幕片尾"案例; (2)制作完成"摆入片尾"案例				2分钟

任务5 "利用字幕制作倒计时"教学方案设计

课　题	利用字幕制作倒计时	课　型	新　授	课　时	2
教学任务	知识	知道综合运用字幕窗口绘制图形; 学会径向擦除特效			
	技能	学会利用字幕制作倒计时			
	情感	产生浓厚的学习兴趣; 形成团队意识和协作精神; 培养习作精神			
重难点	重点	综合运用字幕窗口绘制图形; 径向擦除特效			
	难点	综合运用字幕窗口绘制图形; 径向擦除特效			
学情分析	通过上一节课的学习,学生的学习兴趣浓厚,学习的氛围好,但仍然存在一些问题,学生缺乏坚持到底的毅力,需要由浅入深地进行教学,树立学生的信心,参加小组活动以调动学生积极性				
教　法	任务驱动、小组讨论和启发式教学				
学法指导	营造"262效能课堂",轻松愉悦地小组协作学习				
教学手段	多媒体教学				
教　具	多媒体课件、有投影仪的多媒体教室				
教　学　过　程					
活动步骤	教 师	学 生	可能出现的状况及应对策略	设计意图	备 注
创设情境引入正课	欣赏最终要完成的作品:利用字幕制作的倒计时	学生仔细观察、聆听		通过本任务最后效果视频的欣赏,引入新知识	5分钟
活动1小组讨论	小组讨论,分析案例,老师归纳总结:运用字幕窗口来绘制倒计时数字	各小组积极讨论利用哪些方法可以制作倒计时		引入本节课相关知识	15分钟

续表

活动步骤	教师	学生	可能出现的状况及应对策略	设计意图	备注
活动2 小组讨论	本案例用到哪些工具？讨论完毕后老师讲解：在电视节目和电影播出前经常会出现数字倒计时的效果，倒计时效果给人的视觉形成缓冲，使观看者能明确播出场景的时间	学生认真思考并讨论出结果，小组代表记录	部分学生不积极参与讨论，教师多激励学生		20分钟
活动3 教师操作	仔细观察老师的操作步骤，记录操作步骤，请小组派代表总结，并上台演示	学生认真聆听、观察、记录，并归纳总结	抽到的学生可能不太会做，教师耐心讲解		10分钟
活动4 动手实践	学生自己利用字幕制作倒计时	学生两人一组合作，允许小组相互帮助	部分学生操作太慢，教师耐心指导	学生通过练习，掌握本任务视频的制作	30分钟
活动5 评价	(1)每个小组长交叉互评、打分。并推荐最佳作品的作者为大家讲解本作品的创作思路、设计理念； (2)全班评选出最佳作品	学生认真观察，给出评价和建议		通过观察典型作品，让学生发现自己的不足和需要改进的地方	8分钟
拓展提高 作业练习	制作"倒计时片头"案例				2分钟

（七）模块7"综合案例"教学方案设计

任务1　"制作电影片头"教学方案设计

课　题	制作电影片头	课　型	新　授	课　时	2
教学任务	知识	知道综合运用蒙太奇剪辑手法； 学会制作特效文字； 知道综合运用关键帧动画			

续表

<table>
<tr><td rowspan="2">教学任务</td><td>技能</td><td colspan="4">学会制作电影片头</td></tr>
<tr><td>情感</td><td colspan="4">产生浓厚的学习兴趣；
形成团队意识和协作精神；
培养习作精神</td></tr>
<tr><td rowspan="2">重难点</td><td>重点</td><td colspan="4">综合运用字幕窗口绘制图形；
制作特效文字</td></tr>
<tr><td>难点</td><td colspan="4">综合运用字幕窗口绘制图形
制作特效文字</td></tr>
<tr><td>学情分析</td><td colspan="5">通过上一节课的学习,学生的学习兴趣浓厚,学习的氛围好,但仍然存在一些问题,学生缺乏坚持到底的毅力,需要由浅入深地进行教学,树立学生的信心,参加小组活动以调动学生积极性</td></tr>
<tr><td>教 法</td><td colspan="5">任务驱动、小组讨论和启发式教学</td></tr>
<tr><td>学法指导</td><td colspan="5">营造"262 效能课堂",轻松愉悦地小组协作学习</td></tr>
<tr><td>教学手段</td><td colspan="5">多媒体教学</td></tr>
<tr><td>教 具</td><td colspan="5">多媒体课件、有投影仪的多媒体教室</td></tr>
<tr><td colspan="6" align="center">教 学 过 程</td></tr>
<tr><td>活动
步骤</td><td>教 师</td><td>学 生</td><td>可能出现的状况
及应对策略</td><td>设计意图</td><td>备 注</td></tr>
<tr><td>创设情境
引入正课</td><td>欣赏最终要完成的电影片头</td><td>学生仔细观察、聆听</td><td></td><td>通过本任务最后效果视频的欣赏,引入新知识</td><td>5 分钟</td></tr>
<tr><td>活动1
小组讨论</td><td>小组讨论,分析案例</td><td>各小组积极讨论电影片头如何制作</td><td>个别学生不积极参与讨论,教师多激励学生</td><td>引入本节课相关知识</td><td>15 分钟</td></tr>
<tr><td>活动2
小组讨论</td><td>本案例用到哪些工具? 讨论完毕后老师讲解:(1)每一部作品都有一个吸引人的片头,给人带来视觉冲击。(2)片头制作主要用的软件</td><td>学生认真思考并讨论出结果,小组代表记录</td><td>部分学生不会认真做笔记,教师应严格要求</td><td></td><td>20 分钟</td></tr>
<tr><td>活动3
教师操作</td><td>仔细观察老师的操作步骤,记录操作步骤,请小组派代表总结,并上台演示</td><td>学生认真聆听、观察、记录,并归纳总结</td><td>抽到的学生可能不太会做,教师耐心讲解</td><td></td><td>10 分钟</td></tr>
</table>

活动步骤	教 师	学 生	可能出现的状况及应对策略	设计意图	备 注
活动4动手实践	给出详细操作步骤,让学生完成"制作电影片头"	学生两人一组合作,允许小组相互帮助	部分学生操作太慢,教师耐心指导	学生通过练习,掌握制作电影片头	30分钟
活动5评价	(1)每个小组长交叉互评、打分。并推荐最佳作品的作者为大家讲解本作品的创作思路、设计理念;(2)全班评选出最佳作品	学生认真观察,给出评价和建议		通过观察典型作品,让学生发现自己的不足和需要改进的地方	8分钟
拓展提高作业练习	制作电影片头				2分钟

任务2 "制作影视节目片头"教学方案设计

课 题		制作影视节目片头	课 型	新 授	课 时	2
教学任务	知识	知道影视节目音乐节奏的运用;学会轨道蒙版的运用;知道综合运用关键帧动画				
	技能	学会制作影视节目片头				
	情感	产生浓厚的学习兴趣;形成团队意识和协作精神;培养习作精神				
重难点	重点	影视节目音乐节奏的运用;轨道蒙版的运用				
	难点	综合运用关键帧动画				
学情分析		通过上一节课的学习,学生的学习兴趣浓厚,学习的氛围好,但仍然存在一些问题,学生缺乏坚持到底的毅力,需要由浅入深地进行教学,树立学生的信心,参加小组活动以调动学生积极性				
教 法		任务驱动、小组讨论和启发式教学				
学法指导		营造"262效能课堂",轻松愉悦地小组协作学习				
教学手段		多媒体教学				
教 具		多媒体课件、有投影仪的多媒体教室				

续表

	教　学　过　程				
活动 步骤	教　师	学　生	可能出现的状况 及应对策略	设计意图	备　注
创设情境 引入正课	欣赏最终效果: 影视节目片头	学生仔细观察、聆听		通过本任务最后效果视频的欣赏,引入新知识	5分钟
活动1 小组讨论	小组讨论,分析案例	各小组积极讨论,如何制作影视节目片头	个别学生不积极参与讨论,教师应多激励学生	引入本节课相关知识	15分钟
活动2 小组讨论	本案例用到哪些工具? 讨论完毕后老师讲解:把关键帧的应用提升一个高度,运用设置素材的位置、比例、透明度等参数,制作动感超强的效果。运用轨道蒙板,为影片增加了蒙版效果,提高了我们在软件技术层面上的水平	学生认真思考并讨论出结果,小组代表记录	部分学生不会认真做笔记,教师应严格要求		20分钟
活动3 教师操作	仔细观察老师的操作步骤,记录操作步骤,请小组派代表总结,并上台演示	学生认真聆听、观察、记录,并归纳总结	抽到的学生可能不太会做,教师耐心讲解		10分钟
活动4 动手实践	给出详细操作步骤,学生完成"制作影视节目片头"案例	学生两人一组合作,允许小组相互帮助	部分学生操作太慢,教师耐心指导	学生通过练习,掌握制作影视节目片头	30分钟
活动5 评价	(1)每个小组长交叉互评、打分。并推荐最佳作品的作者为大家讲解本作品的创作思路、设计理念; (2)全班评选出最佳作品	学生认真观察,给出评价和建议		通过观察典型作品,让学生发现自己的不足和需要改进的地方	8分钟
拓展提高 作业练习	"制作影视节目片头"案例				2分钟

二维动画制作基础教学设计

一、概述

（一）教学设计思路

本课程是在进行广泛行业调研的基础上，与数字媒体技术应用的行业专家及本校计算机应用专业的骨干教师一起，通过对中职数字媒体技术应用专业学生的工作岗位进行分析，根据完成岗位任务所需知识、技能重组课程内容，选取工作中的典型案例作为教学项目，按照学生的认知规律，由简单到复杂，从前期的绘画基础到后期的制作动画，由 8 个模块构成，共有 25 个学习任务。本课程以任务为驱动、行动为导向，按理论与实践相结合进行教学实施，最终培养学生工作岗位相关能力。

（二）课程组成框图

课程内容完全打破了传统的内容章节，采用模块化、任务化教学。根据学生的认知规律，从简单到复杂，从前期的静态物品的绘制到后期的动画制作，最终达到综合动画的制作，完成利用二维动画制作广告、MTV、片头、课件。本课程的组成框图如下：

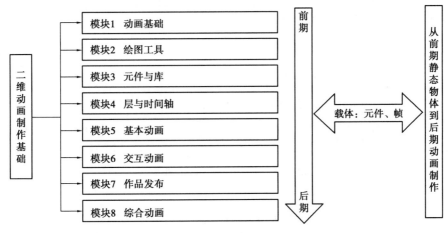

二维动画制作基础课程组成框图

二、模块教学设计

每一个单元就是一个模块，在模块下有不同的任务（包括基础知识和基本技能的训练），最终实现教学目标。模块与模块之间是层层的递进关系，从前期的静态物体的绘制（准备素材）到后期的动画制作。

　　在任务设计时,首先让学生先掌握理论知识;然后让学生自己先动手制作案例,老师再讲解分析、提示案例的制作,接着学生进行修改制作案例,通过这样的环节来制作案例,加深对理论知识的掌握;最后,有一个强化练习的制作,巩固和掌握该知识。模块教学设计见下表:

模块教学设计

模块	任务		知识与技能	重难点	学时
动画基础	1. 了解教学指导	知识	了解 Flash CS4 软件,学生明白 Flash 的功能; 了解基本动画和简单的交互动画; 让学生明白自己本学期学习这门动画课程的目标	了解 Flash CS4 软件及它的优点和功能; 小组讨论 4 部欣赏的动画作品,协作完成教学任务	2
		技能	能在欣赏 4 部动画的过程中,辨别用到了哪些动画; 区分基本动画和简单的交互动画		
	2. Flash 概述	知识	认识 Flash 操作界面; 掌握动画制作流程; 掌握逐帧动画制作方法	动画制作流程; 逐帧动画制作方法; 逐帧动画制作实例	2
		技能	Flash 软件基本操作; 会简单制作逐帧动画实例		
	3. Flash 格式	知识	掌握位图和矢量图各自的特点; 理解 Flash 导出各种动画格式的特点; 了解 Flash 的播放器	导入动画中不同格式的位图和矢量图; 导出不同格式动画的区别; Flash 播放器	2
		技能	能够将位图转换成矢量图; 能够将不同格式的位图和矢量图导入到 Flash 中; 能导出各种不同格式的动画		
绘图工具	1. 绘制工具	知识	掌握线条、铅笔、钢笔工具的使用; 掌握矩形、椭圆、多角星形工具的使用; 掌握刷子、文本工具的使用	掌握各种绘制工具的使用; 用绘制工具画小熊猫和七星瓢虫	6
		技能	能用绘制工具画"米"字、小房屋、信封、小熊猫、七星瓢虫、QQ 登入框等		
	2. 填充工具	知识	掌握墨水瓶、颜料桶、滴管工具的使用; 掌握颜色面板、渐变变形工具的使用; 掌握滴管、橡皮擦、查看工具的使用	掌握各种填充工具的使用; 用填充工具画放射小球和线性字体	2
		技能	能用填充工具画长方形、放射小球、线性字体		
	3. 编辑图形	知识	掌握各种工具选择图形对象; 对图形对象进行变形、排列; 掌握线条、填充处理技巧		

模块	任 务		知识与技能	重难点	学时
绘图工具	3.编辑图形	技能	能用选择工具调整颜料盘； 能用变形面板和任意变形工具翻转"福"字与合成爱心； 用对齐面板对齐方块	用选择工具调整颜料盘； 用变形面板和任意变形工具翻转"福"字与合成爱心； 用对齐面板对齐方块	2
	4.综合练习	知识	综合运用绘制工具和填充工具画图形、编辑图形	月亮夜景图、戒烟标记、花朵的制作	2
		技能	能用绘制工具、填充工具画月亮夜景图、戒烟标记、花朵的制作		
元件与库	1.制作元件	知识	元件的概念及优点； 元件的种类和创建方法； 元件的编辑	3种元件的创建和区别按钮嵌套图形元件	2
		技能	会创建3种元件,会用按钮嵌套图形元件		
	2.实例和库	知识	实例的创建和属性设置和库资源的使用	实例的属性设置、影片剪辑嵌套按钮、图形元件的练习	2
		技能	会影片剪辑嵌套按钮、图形元件		
	3.综合练习	知识	元件、实例和库的知识点	创建3种元件； 隐形按钮与数字按钮的创建	2
		技能	会创建3种元件； 会制作隐形按钮和数字按钮		
层与时间轴	1.图层管理	知识	图层的概述； 图层命名、删除、调整顺序等操作； 图层的分类	图层的基本操作； 图层的分类及遮罩层、引导层的理解	2
		技能	会图层的命名、隐藏等操作； 会做文字、图片等遮罩效果		
	2.时间轴与帧	知识	时间轴的认识； 帧的分类及特点； 帧的复制、粘贴、删除、移动等操作	普通帧、关键帧、空白关键帧的理解、区别、应用	2
		技能	会帧的复制、移动等基本操作； 会插入关键帧、空白关键帧、普通帧		
	3.综合练习	知识	图层的管理、遮罩层的理解、帧的操作	两个被遮罩对象的制作； "寿"字遮罩和遮罩飞机和雪橇	2
		技能	能够完成"两个被遮罩对象"的制作； "寿字遮罩"和遮罩飞机和雪橇的制作		

续表

模块	任 务		知识与技能	重难点	学时
基本动画	1. 制作逐帧动画	知识	了解动画的原理； 明白动画的基本类型； 掌握逐帧动画的定义； 掌握逐帧动画的基本操作	动画的原理、川剧变脸和跳动的字的练习	4
		技能	会制作笔的旋转、川剧变脸、跳动文字的逐帧动画		
	2. 制作运动补间动画	知识	掌握运动补间动画的知识； 了解移动动画和旋转动画	运动补间动画的知识；4 个运动补间动画的练习； 铜钱的旋转与移动、摇摆的芦苇的练习	4
		技能	会秒针的旋转、笔的旋转、铜钱的旋转与移动、摇摆的芦苇的练习		
	3. 制作形状补间动画	知识	掌握形状补间动画的概念、创建流程、时间轴面板、属性面板	形状补间动画的知识；形状补间动画的练习； 图形变化练习、爱心变成圆和音乐会的练习	4
		技能	会三角形变成圆、2 变成 8、图形变化练习； 爱心变成圆和音乐会练习		
	4. 制作遮罩层动画	知识	掌握遮罩层动画概念、创建步骤	遮罩层动画的概念、创建步骤，遮罩层动画的练习，望远镜、文字逐渐显示练习，圆的遮罩运动练习	4
		技能	会望远镜、文字逐渐显示练习和圆的遮罩运动练习		
	5. 制作引导层动画	知识	掌握引导层动画概念、创建步骤	引导层动画的概念、创建步骤、引导层动画的练习； 老鼠画汽车、4 个小球运动、科技之光的练习	4
		技能	会制作老鼠画汽车、4 个小球运动、科技之光的动画		
	6. 制作综合练习	知识	掌握有声动画的知识点、时间轴特效动画	有声动画的认识及动物按钮、特效动画及特效相册、综合动画； 小车运动、蜡烛制作	4
		技能	会动物按钮、特效相册的制作； 制作基本动画		
交互动画	制作交互动画	知识	掌握 ActionScript 脚本交互动画、理解常用的脚本编程语句	常用的脚本编程语句，Play 和 Stop 按钮、箭头等的制作	6
		技能	会制作简单的 5 个交互动画练习		
作品发布	作品发布	知识	掌握优化影片的方法； 了解影片的下载性能； 掌握影片的各种发布格式	影片的优化方法、影片的各种发布格式	2
		技能	用"小人跑步. fla"文件，测试成影片后，查看下载性能，用"中秋之夜. fla"文件，发布成各种不同格式的影片		

模块	任务	知识与技能		重难点	学时
综合动画	1.制作欣赏小狗	知识	综合复习前面7个模块的知识点	欣赏小狗综合动画的制作	2
		技能	会制作欣赏小狗综合动画		
	2.制作购物片头	知识	综合复习前面7个模块的知识点	购物片头综合动画的制作	4
		技能	会制作购物片头		
	3.制作宁夏—MTV	知识	综合复习前面7个模块的知识点	宁夏—MTV 综合动画的制作	4
		技能	会制作宁夏—MTV 的综合动画		

三、教学方案设计

明确了课程的整体设计思路并对单元进行了教学设计后,为确保各任务的成功实施,对各个任务进行分解、细化,按照一定的理论与实践一体化的教学设计思想进行了教学方案的设计。

(一)模块1"动画基础"教学方案设计

任务1 "Flash CS4 教学指导"教学方案设计

课 题	Flash CS4 教学指导		课 型	欣赏+讨论	课 时	2
教学任务	知识	理解 Flash 的功能; 知道 Flash CS4 软件、本学期学习这门动画课程的目的; 掌握基本动画和简单的交互动画				
	技能	能在欣赏4部动画的过程中,辨别用到了哪些动画; 会区分基本动画和简单的交互动画				
	情感	形成小组自主学习意识,团结协作意识; 具有目的性地学习本学期的课程				
重难点	重点	小组讨论4部欣赏的动画作品,协作完成教学任务				
	难点	了解 Flash CS4 软件及它的优点和功能				
学情分析	学生是第一次学习动画内容,主要是让他们对动画感兴趣,所以要让他们看成功、精致、震撼的动画,从每一种动画的类型去剖析,把他们的兴趣点提高到极致,并同时提出对他们的动画要求水平,确定学生本学期的教学任务					
教 法	任务驱动、小组协作					
学法指导	自主探究、小组协作					
教学手段	多媒体教学					
教 具	Flash CS4 多媒体辅助教学软件					

续表

教　学　过　程					
活动步骤	教　师	学　生	可能出现的状况及应对策略	设计意图	备　注
创设情境引入正课	利用《西游记》片段,引入 Flash 二维动画	回忆《西游记》中猴哥大闹天空的情景	学生不知道什么是 Flash 二维动画软件,老师会进一步地讲解	创设情景;激发兴趣	3 分钟
活动 1确定教学任务	向学生明确本两节课的知识、技能、情感目标,以及重难点	学生认真听、做笔记		学生明确;学习目标	2 分钟
活动 2欣赏 4 部动画,叙述故事情节	(1) 欣赏动画短片.swf;(2) 欣赏 MTV.swf;(3) 欣赏片头.swf;(4) 欣赏小游戏.swf	学生带着问题欣赏动画,并且要记下动画的故事情节,看完后要向全班同学叙述	学生可能带着欣赏的情绪去看动画,忘记要去思考问题,老师一定要强调学生带着思考的问题去欣赏动画	自主探究;交流分享	30 分钟
活动 3讨论问题	欣赏完 4 部动画,小组讨论用到了哪些动画	学生自主学习,探索讨论,协作完成教学任务,让每一个同学都参与教学活动中		分组合作;探索讨论	30 分钟
活动 4小组自评、互评	让本组的同学点评,让其他组的成员点评回答问题的完整性,并鼓励他们积极发言,老师再作总的归纳	参与点评、互评的活动中,积极发言,并用鼓掌的方式鼓励同学		协作答题;点评归纳	20 分钟
拓展提高	小结及组织学生欣赏作品	小结上课内容,并认真听取其他同学回答问题。写下课后作业		课堂小结;布置作业	

任务 2　"Flash CS4 概述"教学方案设计

课　题	Flash CS4 概述		课　型	理论＋实作	课　时	2
教学任务	知识	理解 Flash CS4 操作界面;掌握动画制作流程,逐帧动画制作方法				

教学任务	技能	能熟悉 Flash CS4 软件基本操作； 会简单地制作逐帧动画实例				
	情感	形成小组自主学习意识、团结协作意识； 提高学生学习动画的兴趣				
重难点	重点	动画制作流程；逐帧动画制作方法；逐帧动画制作实例				
	难点	动画制作流程；逐帧动画制作方法				
学情分析	通过前面欣赏的 4 部动画，已经把同学们的兴趣点激发了，他们对于制作动画显得非常的热情，但初次做动画，对软件的菜单、界面不熟悉，会显得急躁、不耐烦，需要老师的帮助，老师讲解知识点时要放慢速度					
教　法	任务驱动、小组协作					
学法指导	自主探究、小组协作					
教学手段	多媒体教学					
教　具	Flash CS4 多媒体辅助教学软件					

教　学　过　程

活动步骤	教　师	学　生	可能出现的状况及应对策略	设计意图	备　注
创设情境引入正课	回顾上节课学习了什么内容，展示知识、技能、情感目标、重难点内容	翻看笔记并回答上节课学习的内容，同时记下本两节课的学习目标		复习引入；明确学习目标	5 分钟
活动 1观察 Flash界面，讨论问题	让同学们观察 Flash CS4 的界面，分为哪几个模块？每一个模块的功能是什么	观察 Flash CS4 的界面，分小组讨论后再回答	有的学生听起讲解会显得很吃力、理解难，教师要注意语言精练、简洁、表达清楚	讲授新课；传授知识	5 分钟
活动 2熟悉 Flash操作界面	做一个课堂练习，熟悉这个 Flash CS4 操作界面，领会这个软件的各个模块的功能	运行 Flash CS4 软件，查看界面里的各个模块，了解每一模块的功能，小组成员可以共同讨论		教师主导；学生主体	10 分钟
活动 3延伸知识	讲解动画的制作流程、步骤	认真听讲，并做好笔记		启发探究；技巧点拨	5 分钟

续表

活动步骤	教 师	学 生	可能出现的状况及应对策略	设计意图	备 注
活动4 讨论"打字文字""秒针旋转"动画的制作流程	请同学们观察课件上的"打字效果文字""秒针旋转"动画,思考这个动画制作的基本流程	分小组讨论这个"打字文字""秒针旋转"动画制作流程后再回答	有的学生不清楚做什么,要求小组长合理分配任务	自主探究; 交流分享	10分钟
活动5 分析"打字文字""秒针旋转"动画的制作方法	演示"打字文字""秒针旋转"的逐帧动画,归纳制作"打字文字"动画效果的注意事项	观看老师的演示,一边观看,一边听老师讲解,并记下相关的知识		教师主导 范例操作	10分钟
活动6 学生制作"打字文字""秒针旋转"动画	观察学生制作动画,并解决学生的疑问	小组讨论后,每一个成员自己先动手做,可以参考课件上的提示		学生主体; 实践创作	30分钟
活动7 欣赏作品 小组自评、互评	组织欣赏作品,小组自评、互评	欣赏同学的作品,参与点评、互评的活动中,积极发言,并用鼓掌的方式鼓励同学		作品欣赏; 点评归纳	10分钟
拓展提高	课堂小结; 布置作业	小结上课内容,并认真吸取其他同学回答问题,写下课后作业		课堂小结; 布置作业	5分钟

任务3 "Flash CS4 格式"教学方案设计

课 题	Flash CS4 格式		课 型	理论+实作	课 时	2
教学任务	知识	理解 Flash CS4 导出各种动画格式的特点; 知道 Flash CS4 的播放器; 掌握位图和矢量图各自的特点				
	技能	能将位图转换成矢量图; 能将不同格式的位图和矢量图导入到 Flash CS4 中,会导出各种不同格式				
	情感	形成小组自主学习意识,团结协作意识; 提高学生学习动画的兴趣				

重难点	重点	导入不同格式的位图和矢量图;导出不同格式动画的区别;Flash 播放器
	难点	导入动画中不同格式的位图和矢量图;导出不同格式动画的区别

学情分析	本任务主要讲解导入 Flash CS4 中图片的格式和导出动画影片的格式,是比较简单的知识,理论比较多,难理解,需要同学们自己亲身操作完之后,再去理解,同学们通过前面任务的学习,对此软件还不是非常熟悉,还是需要老师和同学的帮助
教　法	任务驱动、小组协作
学法指导	自主探究、小组协作
教学手段	多媒体教学
教　具	Flash CS4 多媒体辅助教学软件

教 学 过 程

活动步骤	教　师	学　生	可能出现的状况及应对策略	设计意图	备　注
创设情境引入正课	回顾上节课的学习内容,展示课件上的知识、技能、情感目标、重难点内容	翻看笔记并回答上节课学习的内容,同时记下本两节课的学习目标	有的学生可能还没有进入上课的状态,老师观察学生的表情,将其引入课堂情景	复习引入;明确学习目标	5 分钟
活动 1比较图片讨论问题	让同学们结合生活中看到的图片,说一说什么是位图和矢量图? 两者之间有什么区别(或者老师给出两张图片)	思考回忆见到的图片(或者观察老师给的两张图片),分小组讨论后再回答		讲授新课;传授知识	10 分钟
活动 2转换位图为矢量图课堂练习	讲解 Flash 中导入的图片格式,布置一个"位图转换成矢量图"的课堂练习	认真听知识点,并写下笔记,再实做课堂练习		学生主体;实践操作	15 分钟
活动 3演示"导出不同的动画格式"	导入图片有多种格式,那么导出动画有哪些格式? 然后演示导出不同的动画格式	认真听解,观察老师导出不同的动画格式		教师主导;范例操作	15 分钟
活动 4"导出各种不同格式的动画"	要求学生操作"导出不同的动画格式",然后讨论区别	实际操作后,分小组讨论区别,派代表发言	有的学生不清楚做什么,要求小组长合理分配任务	自主探究;交流分享	15 分钟

续表

活动步骤	教 师	学 生	可能出现的状况及应对策略	设计意图	备 注
活动5 讨论swf格式动画的优点	老师提问 swf 格式的动画有什么样的优点? 为什么网络上这么流传呢? 它是否有专门的播放器呢	互联网上流传的动画都是 swf 格式,分组讨论它的优点		启发探究; 分组讨论	10 分钟
活动6 小组自评、互评	让本组的同学点评,让其他组的成员点评回答问题的完整性,并鼓励他们积极发言,老师再作总的归纳	参与点评、互评的活动中,积极发言,并用鼓掌的方式鼓励同学		协作答题; 点评归纳	15 分钟
拓展提高	以小组的方式课堂小结,其他组的成员补充;复习今天的上课内容,然后预习下节课的内容,并且完成课后作业	小结上课内容,并认真听取其他同学回答问题,写下课后作业		课堂小结; 布置作业	5 分钟

(二) 模块2 "绘图工具" 教学方案设计

任务1 "绘制工具" 教学方案设计 (1)

课 题		绘制工具(1)	课 型	理论＋实作	课 时	4
教学任务	知识	理解绘制工具的使用; 掌握线条、铅笔、钢笔工具、矩形的使用				
	技能	能用绘制工具画"米"字、小房屋、信封; 会线条、铅笔、钢笔、矩形工具的使用				
	情感	形成小组自主学习意识,团结协作意识; 提高学生画各种图形的兴趣				
重难点	重点	掌握各种绘制工具的使用				
	难点	用铅笔工具画小房屋,用钢笔工具画小红伞				
学情分析		从本章开始,就真正地进入 Flash CS4 工具的学习。由于学生之前已经学习并且掌握了 PS 工具,PS 与 Flash 在一些地方具有相同性,所以在 Flash CS4 工具的学习中,要抓住 Flash CS4 特有的一些方法,让学生掌握 Flash CS4 工具的同时很好地区分 PS 工具				
教 法		任务驱动、小组协作				

续表

学法指导	自主探究、小组合作				
教学手段	多媒体教学				
教　具	Flash CS4 多媒体辅助教学软件				
教　学　过　程					
活动步骤	教　师	学　生	可能出现的状况及应对策略	设计意图	备　注
创设情境引入正课	回顾上节课的学习内容；展示课件上的知识、技能、情感目标、重难点内容	翻看笔记回忆上节课的主要内容；明确本堂课的学习目标，记录下来		复习引入；确定学习目标	5分钟
活动1拆分工具箱	对工具箱的知识点进行讲解，同时，请同学们观察课件上的 Flash 绘图工具箱，并且做好笔记	认真观看课件，同时认真听取老师的讲解，做笔记		讲授新课；传授知识	5分钟
活动2认识线条工具，完成"米"字制作	讲解线条工具知识，布置"米"字练习，并作提示	认真做笔记；小组讨论制作方法，小组相互交流	学生第一次利用该工具进行操作，并且对操作提示很模糊，不理解，老师放慢演示的过程与讲课的语速	学生主体；实践操作	10分钟
活动3认识铅笔工具，完成"小房屋"的制作	讲解铅笔工具知识，布置"小房屋"实例，并提示制作要求	认真做笔记；小组讨论制作方法，小组相互交流		学生主体；实践操作	20分钟
活动4认识钢笔工具，完成"小雨伞"的制作	讲解钢笔工具，讨论"小雨伞"练习的制作方法，小组讨论	认真做笔记；小组讨论制作方法，小组交流		学生主体；实践操作	15分钟
活动5认识矩形工具，完成"一封信封"的制作	讲解矩形工具，讨论"一封信封"练习的制作方法	认真做笔记；小组讨论制作方法，小组交流		学生主体；实践操作	15分钟

续表

活动步骤	教　师	学　生	可能出现的状况及应对策略	设计意图	备　注
活动6对练习进行总结延伸	对学生在上机操作中遇到的问题进行点拨,对技巧进行讲解,同时结合动画公司对绘制图形的要求进行剖析、引导,比如:绘图的美观,颜色搭配	根据老师的讲解,对自己的作品进一步修改,同时对绘图要求做好笔记		启发探究;技巧点拨	5分钟
活动7作品欣赏小组点评、互评	组织学生赏析,小组推荐作品	(1)展示的同学讲解自己的创作想法,运用知识;(2)其他同学参与点评、互评	除小组推荐的作品外,其他同学也可展示自己的作品,并让学生进行自评和互评	作品欣赏;点评归纳	10分钟
拓展提高	知识小结,并布置作业	小结上课内容,并且听取其他同学的回答,记录课后作业		课堂小结;布置作业	5分钟

任务1　"绘制工具"教学方案设计(2)

课　题	绘制工具(2)	课　型	理论＋实作	课　时	2
教学任务	知识	理解绘制工具的使用;掌握椭圆工具、多角星形工具、刷子、文本工具的使用			
	技能	能用绘制工具画小熊猫、七星瓢虫、QQ登入框;会椭圆工具、多角星形工具、刷子工具、文本工具的使用			
	情感	形成小组自主学习意识,团结协作意识;提高学生画各种图形的兴趣			
重难点	重点	掌握各种绘制工具的使用			
	难点	用椭圆工具画小熊猫用刷子工具画七星瓢虫			
学情分析	从本章开始,就真正地进入Flash工具的学习。由于学生之前已经学习并且掌握了PS的工具,PS与Flash在一些地方具有相同性,所以在Flash工具的学习中,要抓住Flash特有的一些方法,让学生掌握Flash工具的同时很好地区分PS工具				
教　法	任务驱动、小组协作				
学法指导	自主探究、小组合作				
教学手段	多媒体教学				
教　具	Flash CS4多媒体辅助教学软件				

续表

			教 学 过 程		
活动步骤	教 师	学 生	可能出现的状况及应对策略	设计意图	备 注
创设情境引入正课	回顾上节课的学习内容；展示课件上的知识、技能、情感目标、重难点内容	翻看笔记回忆上节课的主要内容；明确本堂课的学习目标，记录下来	有的学生可能还没有进入上课的状态，老师观察学生的表情，将其引入课堂情景	复习引入；确定学习目标	5 分钟
活动 1 认识椭圆工具，完成"小熊猫"的制作	讲解椭圆工具，讨论"小熊猫"练习的制作方法	认真做笔记；小组讨论制作方法，小组交流		学生主体；实践操作	20 分钟
活动 2 认识多角星形工具，完成"多边形与星形"的制作	讲解多角星形工具，讨论"多边形与星形"练习的制作方法	认真做笔记；小组讨论制作方法，小组交流		学生主体；实践操作	5 分钟
活动 3 认识刷子工具，完成"七星瓢虫"的制作	讲解刷子工具，讨论"七星瓢虫"练习的制作方法	认真做笔记；小组讨论制作方法，小组交流		学生主体；实践操作	20 分钟
活动 4 认识文本工具，完成"QQ 的登录框"的制作	讲解文本工具，讨论"QQ 的登录框"制作方法	认真做笔记，小组讨论制作方法并交流		学生主体；实践操作	15 分钟
活动 5 对练习进行总结延伸	总结知识，评价作品	根据老师的讲解，对自己的作品进一步修改，同时对延伸的知识点做好笔记		启发探究；技巧点拨	5 分钟

续表

活动步骤	教 师	学 生	可能出现的状况及应对策略	设计意图	备 注
活动6 作品欣赏小组点评、互评	组织学生赏析小组，推荐作品	(1)展示的同学根据本堂课学习的知识点，讲解自己的作品； (2)其他同学参与点评、互评	除小组推荐的作品外，其他同学也可展示自己的作品，并让学生进行自评和互评	作品欣赏； 点评归纳	15分钟
拓展提高	知识小结并布置作业	小结上课内容，并且听取其他同学回答，记录课后作业		课堂小结； 布置作业	5分钟

任务2 "填充工具"教学方案设计

课 题	填充工具	课 型	理论+实作	课 时	2
教学任务	知识	掌握墨水瓶、颜料桶、滴管工具的使用； 掌握颜色面板、渐变变形工具的使用； 掌握滴管、橡皮擦、查看工具的使用			
	技能	能用填充工具画长方形、放射小球、线性字体； 会填充工具的使用			
	情感	形成小组自主学习意识，团结协作意识； 提高学生画各种图形的兴趣			
重难点	重点	掌握各种填充工具的使用			
	难点	用填充工具画放射小球与线性字体			
学情分析	通过前一节课的学习，学生对Flash工具也有了一些基本的掌握，对学习Flash工具的方法也有了掌握，本课就是让学生学习新的知识，同时进一步巩固已学过的知识				
教 法	任务驱动、小组协作				
学法指导	自主探究、小组合作				
教学手段	多媒体教学				
教 具	Flash CS4多媒体辅助教学软件				
教 学 过 程					
活动步骤	教 师	学 生	可能出现的状况及应对策略	设计意图	备 注
创设情境引入正课	回顾上节课的学习内容； 展示知识、技能、情感目标、重难点内容	翻看笔记回忆上节课的主要内容； 明确本堂课的学习目标，记录下来	有的学生可能还没有进入上课的状态，老师观察学生的表情，将其引入课堂情景	复习引入； 确定学习目标	5分钟

续表

活动 步骤	教　师	学　生	可能出现的状况 及应对策略	设计意图	备　注
活动1 认识墨水瓶、颜料桶工具,完成"长方形"的制作	讲解墨水瓶、颜料桶工具,讨论"长方形"练习的制作方法,小组交流	认真做笔记;小组讨论制作方法,小组交流		学生主体; 实践操作	20分钟
活动2 认识颜色面板与渐变变形工具,完成"放射小球"的制作	讲解渐变工具,讨论"放射小球"的制作方法	认真做笔记,小组讨论		学生主体; 实践操作	20分钟
活动3 完成"线性字体"的制作	讨论"线性字体"练习的制作方法,接着要求学生们制作该动画;并且老师观察学生制作,解决学生的疑问,如果大多数学生问题有普遍性、相似性就统一讲解	小组讨论制作方法,再派小组代表发言,最后同学们再自己动手操作,不懂的问老师		学生主体; 实践操作	20分钟
活动4 认识滴管工具、橡皮擦工具、查看工具	对滴管工具、橡皮擦工具、查看工具的知识点进行讲解,同时,请同学们观看课件,做好笔记	认真听解滴管、橡皮擦、查看工具的知识点,并做好笔记		讲授新课; 传授知识	5分钟
活动5 对练习进行总结延伸	对学生在上机操作中遇到的问题进行点拨,对技巧进行讲解,同时结合动画公司对绘制图形的要求进行剖析、引导,比如:合理应用填充工具,掌握填充技巧、方法	根据老师的讲解,对自己的作品进一步修改,同时对绘图要求做好笔记		启发探究; 技巧点拨	5分钟

续表

活动步骤	教师	学生	可能出现的状况及应对策略	设计意图	备注
活动6 作品欣赏 小组点评、互评	组织赏析，小组推荐作品	（1）展示的同学讲解自己的创作想法，运用知识； （2）其他同学参与点评、互评	除小组推荐的作品外，其他同学也可展示自己的作品，并让学生进行自评和互评	作品欣赏；点评归纳	10分钟
拓展提高	以小组的方式课堂小结，其他组的成员补充，并且课后对本堂课的知识点进行梳理、总结；完成强化练习："铅笔""五角星"	小结上课内容，并且听取其他同学的回答，记录课后作业		课堂小结；布置作业	5分钟

任务3 "编辑图形"教学方案设计

课　题	编辑图形	课　型	理论＋实作	课　时	2
教学任务	知识	知道用各种工具选择图形对象； 理解线条、填充处理的技巧； 掌握对图形对象进行变形、排列的方法			
	技能	能利用选择工具调整颜料盘； 能利用变形面板和任意变形工具翻转"福"字与合成"爱心"； 会用对齐面板对齐方块			
	情感	形成小组自主学习意识，团结协作意识； 提高学生编辑、调整图形的兴趣			
重难点	重点	掌握选择工具的使用，对图形进行变形、排列			
	难点	用选择工具调整颜料盘； 用变形面板和任意变形工具翻转"福"字与合成爱心； 用对齐面板对齐方块			
学情分析	学生对图形的美感与创作都缺乏一定的知识，因此通过本节的学习，让学生形成对图形美感的意识，同时形成对美图的兴趣				
教　法	任务驱动、小组协作				
学法指导	自主探究、小组合作				
教学手段	多媒体教学				
教　具	Flash CS4 多媒体辅助教学软件				

教　学　过　程					
活动 步骤	教　师	学　生	可能出现的状况 及应对策略	设计意图	备　注
创设情境 引入正课	回顾上节课的学习 内容; 展示课件上的知识、 技能、情感目标、重 难点内容	翻看笔记回忆上 节课的主要内容; 明确本堂课的学 习目标,记录下来		复习引入; 确定学习目标	5分钟
活动1 认识3种 选择工具	对3种选择工具: "选取工具""部分 选取工具""套索工 具"进行讲解,并且 对每一种工具进行 操作;接着老师对 "矩形"进行直角变 形与曲线变形操作	认真听老师的讲 解,并且做好笔记; 模仿老师的操作 方法,自己创作图 形,并且对图形进 行直角变形与曲 线变形的操作 训练	有的学生听讲解会 显得很吃力、理解 难,要注意语言精 练、表达清楚	讲授新课; 传授知识	10分钟
活动2 完成"颜料 盘"的制作	讨论"颜料盘"练习 的制作方法,接着要 求学生们制作该动 画;并且老师观察学 生制作,解决学生的 疑问,如果大多数学 生问题有普遍性、相 似性就统一讲解	小组讨论制作方 法,再派小组代表 发言,最后同学们 再自己动手操作, 不懂的问老师		学生主体; 实践操作	15分钟
活动3 认识任意 变形工具 与变形 面板完成 "福"字 的制作	对任意变形工具与 变形面板进行讲解, 讨论"福"字练习的 制作方法	认真做笔记;小组 讨论制作方法,小 组交流		学生主体; 实践操作	10分钟
活动4 完成 "爱心" 的制作	讨论"爱心"练习的 制作方法	小组讨论制作 方法		学生主体; 实践操作	10分钟

续表

活动步骤	教　师	学　生	可能出现的状况及应对策略	设计意图	备　注
活动5 移动、复制、删除、排列对象与线条、填充处理技巧	提出学生学习要求："根据教材，自主学习"；对知识点进行总结、概括	认真阅读教材，将重点部分勾画出来；认真听课并做笔记		自主探究；交流分享	5分钟
活动6 完成"对齐方块"的制作	讨论"对齐的方块"练习的制作方法，接着要求学生们制作该动画；并且老师观察学生制作，解决学生的疑问	小组讨论制作方法，再派小组代表发言，最后同学们再自己动手操作，不懂的应问老师		学生主体；实践操作	10分钟
活动7 对练习进行总结、延伸	对学生在上机操作中遇到的问题进行点拨，对技巧进行讲解，同时结合动画公司对绘制图形的要求进行剖析、引导	根据老师的讲解，对自己的作品进一步修改，同时对绘图要求做好笔记		启发探究；技巧点拨	5分钟
活动8 作品欣赏小组点评、互评	组织赏析，小组推荐作品	(1)展示的同学讲解自己的创作想法及运用的知识； (2)其他同学参与点评、互评	除小组推荐的作品外，其他同学也可展示自己的作品，并让学生进行自评和互评	作品欣赏；点评归纳	10分钟
拓展提高	以小组的方式课堂小结，其他组的成员补充；并且课后对本堂课的知识点进行梳理、总结；完成强化练习："台历""茶几"	小结上课内容，并且听取其他同学回答，记录课后作业		课堂小结；布置作业	5分钟

任务4　"综合练习"教学方案设计

课　题	综合练习	课　型	实　作	课　时	2
教学任务	知识	知道运用绘制工具和填充工具画图形、编辑图形			
	技能	能用绘制工具、填充工具画月亮夜景图、戒烟标记、花朵的制作			

教学任务	情感	形成小组自主学习意识,团结协作意识; 提高学生画各种图形的兴趣
重难点	重点	月亮夜景图、戒烟标记、花朵的制作
	难点	戒烟标记、花朵的制作
学情分析		Flash CS4 工具已经学完了,但是由于时间的关系,学生对工具的掌握还不够熟练,因此通过本节的整体练习来加强学生对工具的全面掌握
教　法		任务驱动、小组协作
学法指导		自主探究、小组合作
教学手段		多媒体教学
教　具		Flash CS4 多媒体辅助教学软件

教　学　过　程

活动步骤	教　师	学　生	可能出现的状况及应对策略	设计意图	备注
创设情境引入正课	回顾上节课的学习内容; 展示课件上的知识、技能、情感目标、重难点内容	翻看笔记回忆上节课的主要内容;明确本堂课的学习目标,记录下来	有的学生可能还没有进入上课的状态,老师观察学生的表情,将其引入课堂情景	复习引入; 确定学习目标	5分钟
活动1 分别讨论案例制作的方法	请同学们观看课件上的案例:"月亮夜景图""戒烟标记""花朵的制作",分别对每一个案例的问题进行分析、思考	观看每一个案例后,分小组讨论,该案例用到了哪些绘制工具?每一个绘制工具用来画什么?再小组派代表发言,小组其他成员可补充	回答问题集中在几个学生身上,因此,老师应该要求每一组回答问题的成员要进行轮流	合作讨论; 协作答题	15分钟
活动2 分别完成案例的制作	观察学生分别制作动画:"月亮夜景图""戒烟标记""花朵的制作",并解决学生的疑问,如果学生的问题有普遍性,就统一讲解	自己动手操作,可以参考课件上的提示,有疑问的问老师		学生主体; 综合操作	35分钟

续表

活动 步骤	教　师	学　生	可能出现的状况 及应对策略	设计意图	备　注
活动3 分别对案 例进行 总结	请同学们分组讨论, 分别小结每一个案 例涉及的知识点,对 学生的小结进行归 纳总结	小组讨论后,每一 个小组派代表进 行知识点小结,其 他同学给予补充; 并且记录老师归 纳的知识点		分组讨论; 知识小结	15分钟
活动4 对综合练 习进行总 结、延伸	对学生在上机操作 中遇到的问题进行 讲解,同时结合动画 公司对绘制图形的 要求进行引导	根据老师的讲解, 对自己的作品进 一步修改,同时对 延伸的知识点做 好笔记		启发探究; 技巧点拨	5分钟
活动5 作品欣赏 小组点评、 互评	推荐每一组的作品 一起欣赏,让本组的 同学点评,并让其他 组的成员点评,并鼓 励他们积极发言,老 师再作总的归纳	(1)展示的同学 讲解自己的创作 想法,运用知识; (2)其他同学参 与点评、互评的活 动中,积极发言, 并用鼓掌的方式 鼓励同学		作品欣赏; 点评归纳	10分钟
拓展提高	以小组的方式课堂 小结,其他组的成员 补充;并且课后对本 堂课的知识点进行 梳理、总结;完成强 化练习:"兔宝宝" "烟灰缸"	小结上课内容,并 且听取其他同学 回答,记录课后 作业		课堂小结; 布置作业	5分钟

（三）模块3"元件与库"教学方案设计

任务1　"元件"教学方案设计

课　题	元　件	课　型	理论+实作	课　时	2
教学任务	知识	知道元件的概念及优点; 掌握元件的种类与创建方法; 掌握元件的编辑			

教学任务	技能	会创建 3 种元件； 会用按钮嵌套图形元件				
	情感	形成小组自主学习意识,团结协作意识; 提高学生创建 3 种不同元件的兴趣				
重难点	重点	3 种元件的创建与区别				
	难点	3 种元件的区别、按钮嵌套图形元件				
学情分析		元件是一个很难的概念,对高职的学生来说,书面理解更难,因此在学习本章节时,只有通过案例的演示,让学生通过实际操作来体会,加强理解				
教 法		任务驱动、小组协作				
学法指导		自主探究、小组合作				
教学手段		多媒体教学				
教 具		Flash CS4 多媒体辅助教学软件				
教 学 过 程						
活动 步骤	教 师	学 生	可能出现的状况 及应对策略	设计意图	备 注	
创设情境 引入正课	回顾上节课的学习内容; 展示课件上的知识、技能、情感目标、重难点内容	翻看笔记回忆上节课的主要内容; 明确本堂课的学习目标,记录下来	有的学生可能还没有进入上课的状态,老师观察学生的表情,将其引入课堂情景	复习引入; 确定学习目标	5 分钟	
活动 1 认识元件及元件的优点、创建、编辑	对元件的概念及元件优点、创建、编辑的知识点进行讲解	认真听解元件的概念及元件的优点、创建,并且做好笔记		讲授新课; 传授知识	10 分钟	
活动 2 认识 3 种元件,区别 3 种元件	对 3 种元件的知识点分别进行讲解;根据每一种元件的特点,给出相对应的效果动画,让学生根据动画效果,讨论问题;最后点评回答,给出总结	认真听解 3 种元件的知识点,做好相对应的笔记;接着,观看效果图,小组内讨论问题,再派小组代表发言;最后对老师的总结做好笔记		小组探究; 交流分享	10 分钟	
活动 3 完成 3 种元件的制作	讨论 3 种元件练习的制作方法	小组讨论制作方法,再派小组代表发言		学生主体; 实践操作	5 分钟	

续表

活动步骤	教师	学生	可能出现的状况及应对策略	设计意图	备注
活动4 完成"按钮嵌套图形元件"的制作	讨论"按钮嵌套图形元件"练习的制作方法	小组讨论制作方法,再派小组代表发言		学生主体;实践操作	10分钟
活动5 对元件知识进行总结、强调	对元件的知识点进行概括,同时,结合动画公司创作的要求,让学生明白元件的关键性作用	根据老师的总结、强调,进一步深刻地体会元件,明白元件的重要性		启发探究;技巧点拨	5分钟
活动6 作品欣赏小组点评、互评	组织讨论,赏析小组作品	(1)展示的同学讲解自己的创作想法,运用知识;(2)其他同学参与点评、互评	除小组推荐的作品外,其他同学也可展示自己的作品,并让学生进行自评和互评	作品欣赏;点评归纳	10分钟
拓展提高	以小组的方式课堂小结	小结上课内容,并且听取其他同学回答,记录课后作业		课堂小结;布置作业	5分钟

任务2 "实例与库"教学方案设计

课 题		实例与库	课 型	理论+实作	课 时	2
教学任务	知识	掌握实例的创建和属性设置;知道库资源的使用				
	技能	会影片剪辑嵌套按钮、图形元件				
	情感	形成小组自主学习意识,团结协作意识;提高学生对创建实例和元件嵌套元件的兴趣				
重难点	重点	实例的属性设置				
	难点	实例的属性设置、影片剪辑嵌套按钮、图形元件的练习				
学情分析		通过前面的练习,本节课的知识点已经体现出来,学生也已经尝试过,本节课就是让学生明白练习中出现的实例与库				
教 法		任务驱动、小组协作				
学法指导		自主探究、小组合作				
教学手段		多媒体教学				
教 具		Flash CS4 多媒体辅助教学软件				

教　学　过　程					
活动 步骤	教　师	学　生	可能出现的状况 及应对策略	设计意图	备　注
创设情境 引入正课	回顾上节课的学习 内容; 展示课件上的知识、 技能、情感目标、重 难点内容	翻看笔记回忆上 节课的主要内容; 明确本堂课的学 习目标,并记录 下来	有的学生可能还没 有进入上课的状态, 老师观察学生的表 情,将其引入课堂 情景	复习引入; 确定学习目标	5 分钟
活动 1 认识实例	对实例的知识点进 行讲解	认真听解实例,并 且做好笔记		讲授新课; 传授知识	5 分钟
活动 2 认识实例 与元件的 更改问题	提供两张有关实例 与元件的图片,要求 学生思考问题,小组 讨论;点评回答,归 纳总结	根据老师的提问, 小组进行讨论,并 做好笔记		小组探究; 交流分享	10 分钟
活动 3 学习实例 的属性设 置,完成 "影片剪辑 嵌套按钮" 练习的 制作	讲解实例属性设置, 并组织学生讨论对 应的问题	认真听讲,并小组 讨论		学生主体; 实践操作	25 分钟
活动 4 认识库,了 解库、元 件、实例之 间的关系, 完成"影片 剪辑嵌套 图形元件" 练习的 制作	讲解库、元件、实例 之间的关系,并组织 学生讨论对应的 问题	认真听讲,并小组 讨论		讲授新课; 实践操作	25 分钟
活动 5 对实例与 库的知识 点进行总 结、强调	对实例与库的知识 点进行概括,让学生 对元件、实例、库三 者之间关系有深刻 的认识	根据老师的总结、 强调,进一步深刻 地体会元件、实 例、库		启发探究; 技巧点拨	5 分钟

续表

活动步骤	教 师	学 生	可能出现的状况及应对策略	设计意图	备 注
活动6 作品欣赏 小组点评、互评	组织欣赏,小组推荐作品	(1)展示的同学讲解自己的创作想法,运用知识; (2)其他同学参与点评、互评	除小组推荐的作品外,其他同学也可展示自己的作品,并让学生进行自评和互评	作品欣赏 点评归纳	10 分钟
拓展提高	以小组的方式课堂小结,其他组的成员补充;并且课后对本堂课的知识点进行梳理、总结;	小结上课内容,并且听取其他同学的回答,记录课后作业		课堂小结 布置作业	5 分钟

任务3 "综合练习"教学方案设计

课 题	综合练习	课 型	实 作	课 时	2
教学任务	知识	知道元件、实例、库的知识点			
	技能	会创建3种元件; 会制作隐形按钮和数字按钮			
	情感	形成小组自主学习意识,团结协作意识; 提高学生对创作3种元件和制作按钮的兴趣			
重难点	重点	创建3种元件; 隐形按钮与数字按钮的创建			
	难点	隐形按钮与数字按钮的创建			
学情分析	由于时间与资源有限,学生课后缺少实作练习,为了更好地加强学生对知识点的理解与掌握,提供了本堂课的练习				
教 法	任务驱动、小组协作				
学法指导	自主探究、小组合作				
教学手段	多媒体教学				
教 具	Flash CS4 多媒体辅助教学软件				
教 学 过 程					
活动步骤	教 师	学 生	可能出现的状况及应对策略	设计意图	备 注
创设情境 引入正课	回顾上节课的学习内容; 展示课件上的知识、技能、情感目标、重难点内容	翻看笔记回忆上节课的主要内容;明确本堂课的学习目标,记录下来	有的学生可能还没有进入上课的状态,老师观察学生的表情,将其引入课堂情景	复习引入;确定学习目标	5 分钟

活动步骤	教　师	学　生	可能出现的状况及应对策略	设计意图	备　注
活动1 分别讨论案例制作的方法	请同学们观看课件上的案例:"创建3种元件""隐形按钮""数字按钮",分别对每个案例的问题进行分析、思考	观看每一个案例后,分小组讨论	回答问题集中在几个学生身上,因此,老师应该要求每一组回答问题的成员要进行轮流	合作讨论;协作答题	20分钟
活动2 分别完成案例的制作	观察学生分别制作动画:"创建3种元件""隐形按钮""数字按钮",并解决学生的疑问,如果学生的问题有普遍性,就统一讲解	自己动手操作,可以参考课件上的提示,有疑问的问老师		学生主体;综合操作	35分钟
活动3 分别对案例进行总结	请同学们分组讨论,分别小结每一个案例涉及的知识点,对学生的小结进行归纳总结	小组讨论,并派代表发表意见		分组讨论;知识小结	15分钟
活动4 对综合练习进行总结、延伸	讲解上机遇到的问题,同时结合公司对绘制图形的要求,对学生进行引导	根据老师的讲解,对自己的作品进一步修改,同时对老师延伸的知识点做好笔记		启发探究;技巧点拨	5分钟
活动5 作品欣赏小组点评、互评	推荐每一组的作品一起欣赏,让本组的同学点评,并让其他组的成员点评,并鼓励他们积极发言,老师再作总的归纳	(1)展示的同学讲解自己的创作想法,运用知识;(2)其他同学参与点评、互评		作品欣赏;点评归纳	10分钟
拓展提高	以小组的方式课堂小结,其他组的成员补充,并且课后对本堂课的知识点进行梳理、总结	小结上课内容,并且听取其他同学的回答,记录课后作业		课堂小结;布置作业	5分钟

（四）模块 4 "层与时间轴"教学方案设计

任务 1 "图层管理"教学方案设计

课　题	图层管理		课　型	理论+实作	课　时	2
教学任务	知识	了解图层的概述； 知道图层的命名、删除、调整顺序等操作； 掌握图层的分类				
	技能	会图层的命名、隐藏等操作； 会作文字、图片等遮罩效果				
	情感	形成小组自主学习意识，团结协作意识； 提高学生对图层管理、遮罩效果的兴趣				
重难点	重点	图层的基本操作；图层的分类及遮罩层、引导层的理解				
	难点	遮罩层、引导层的理解				
学情分析	学生已经学习了 Photoshop，因此对图层也很熟悉。在本节学习中结合了 Photoshop 中的图层来讲解 Flash CS4 中的图层，让学生更好地理解图层的概念					
教　法	任务驱动、小组协作					
学法指导	自主探究、小组合作					
教学手段	多媒体教学					
教　具	Flash CS4 多媒体辅助教学软件					

教　学　过　程					
活动 步骤	教　师	学　生	可能出现的状况 及应对策略	设计意图	备　注
创设情境 引入正课	回顾上节课的学习内容； 展示课件上的知识、技能、情感目标、重难点内容	翻看笔记回忆上节课的主要内容； 明确本堂课的学习目标，记录下来	有的学生可能还没有进入上课的状态，老师观察学生的表情，将其引入课堂情景	复习引入； 确定学习目标	5 分钟
活动 1 认识图层	对图层的概念、图层基本操作的知识点进行讲解	认真听解图层的概念、图层基本操作的知识，并且做好笔记		讲授新课； 传授知识	10 分钟
活动 2 完成"图层的基本操作"练习	提出相应的操作要领；接着，观看学生的操作过程，对大多数学生遇到的问题统一讲解，个别学生的问题个别指导	小组讨论后，并进行相应的操作		学生主体； 实践操作	15 分钟

续表

活动 步骤	教 师	学 生	可能出现的状况 及应对策略	设计意图	备 注
活动3 认识图层 的分类： "普图层" "遮罩层" "引导层"	讲解图层的类别，并组织学生讨论"矩形遮罩图片"的制作	认真听讲并小组讨论		小组探究； 交流分享	15分钟
活动4 分别完成 "圆遮罩图 片"练习， "文字遮 罩图片"练习	组织学生讨论"圆遮罩图"和"文字遮罩图"，并总结相关知识点	认真听讲并小组讨论		学生主体； 实践操作	25分钟
活动5 对图层的 知识点进 行总结、 强调	对图层的知识点进行概括，同时，让学生明白动画管理中，熟练操作图层的有利作用；强调图层中的遮罩、引导层的重要性	根据老师的总结、强调，进一步深刻地体会图层，明白熟练操作图层的重要性，明白图层中的难点；遮罩层、引导层		启发探究； 技巧点拨	5分钟
活动6 作品欣赏 小组点评、 互评	推荐每一组的作品，一起欣赏，让本组的同学点评，并让其他组的成员点评，并鼓励他们积极发言，老师再作总的归纳	(1)展示的同学讲解自己的创作想法，运用知识； (2)其他同学参与点评、互评	除小组推荐的作品外，其他同学也可展示自己的作品，并让学生进行自评和互评	作品欣赏； 点评归纳	10分钟
拓展提高	以小组的方式课堂小结，其他组的成员补充；并且课后对本堂课的知识点进行梳理、总结	小结上课内容，并且听取其他同学的回答，记录课后作业		课堂小结； 布置作业	5分钟

任务2 "时间轴与帧"教学方案设计

课 题	时间轴与帧	课 型	理论＋实作	课 时	2
教学任务	知识	认识时间轴； 知道帧的分类及特点； 掌握帧的复制、粘贴、删除、移动等操作			

续表

教学任务	技能	会帧的复制移动等基本操作； 会插入关键帧、空白关键帧、普通帧
	情感	形成小组自主学习意识，团结协作意识； 提高学生对时间轴面板及各种帧的兴趣
重难点	重点	普通帧、关键帧、空白关键帧的理解、区别、应用
	难点	普通帧、关键帧、空白关键帧的理解、区别、应用
学情分析		时间轴与帧 Flash CS4 中的一个重点部分，虽然前面已经用过一些时间轴与帧，但是学生对此很凌乱，所以要帮助学生理清各种帧，让他们清楚地认识每种帧
教　法		任务驱动、小组协作
学法指导		自主探究、小组合作
教学手段		多媒体教学
教　具		Flash CS4 多媒体辅助教学软件

教 学 过 程

活动步骤	教师	学生	可能出现的状况及应对策略	设计意图	备注
创设情境引入正课	回顾上节课的学习内容；展示课件上的知识、技能、情感目标、重难点内容	翻看笔记回忆上节课的主要内容；明确本堂课的学习目标，记录下来	有的学生可能还没有进入上课的状态，老师观察学生的表情，将其引入课堂情景	复习引入；确定学习目标	5分钟
活动1 认识时间轴区域下面的："绘图纸工具"以及各种帧	对时间轴区域下面的"绘图纸工具"的知识点以及每一种帧的知识点进行讲解，特别对每一种快捷键进行重点强调讲解	认真听解时间轴的知识点与每一种帧的知识点，并且做好笔记，特别记忆每一种的快捷键		讲授新课；传授知识	15分钟
活动2 完成"帧的操作"练习	让学生根据操作要求，进行小组讨论；点评讨论结果，观看学生上机操作，对大多数学生遇到的问题统一讲解	根据操作要领，小组内讨论，派代表回答问题；上机完成"帧的操作练习"，不懂的问老师		学生主体；实践操作	10分钟

续表

活动步骤	教　师	学　生	可能出现的状况及应对策略	设计意图	备　注
活动3 根据课件上的图片进行小组讨论	提供一张关于帧的图片,根据这张图片设置3个问题,要求学生小组内讨论这3个问题;对讨论结果给予点评,展示课件上的归纳总结	认真听讲,并小组讨论		小组探究;交流分享	15分钟
活动4 对时间轴与帧的知识点进行总结、强调	对时间轴与帧的知识点进行概括,结合动画公司创作的要求,强调出帧是动画的基础,非常的关键,必须牢牢掌握,反复练习	认真听老师的讲解,做好笔记		启发探究;技巧点拨	5分钟
活动5 作品欣赏小组点评、互评	组织赏析小组作品,并归纳总结	(1)展示的同学讲解自己的创作想法,运用知识;(2)其他同学参与点评、互评	除小组推荐的作品外,其他同学也可展示自己的作品,并让学生进行自评和互评	作品欣赏;点评归纳	10分钟
拓展提高	以小组的方式课堂小结,其他组的成员补充;并且课后对本堂课的知识点进行梳理、总结	小结上课内容,并且听取其他同学的回答,记录课后作业		课堂小结;布置作业	5分钟

任务3　"综合练习"教学方案设计

课　题		综合练习	课　型	实　作	课　时	2
教学任务	知识	了解遮罩层的理解; 知道图层的管理; 掌握帧的操作				
	技能	会两个被遮罩对象的制作; 会"寿"字遮罩的制作; 会遮罩飞机和雪橇的制作				
	情感	形成小组自主学习意识,团结协作意识; 提高学生对时间轴与层的兴趣				
重难点	重点	两个被遮罩对象的制作;"寿"字遮罩和遮罩飞机和雪橇				
	难点	两个被遮罩对象的制作;"寿"字遮罩				

续表

学情分析	由于时间与资源的关系,学生对知识的理解还不够全面,因此通过综合练习来加强对知识点的理解				
教　法	任务驱动、小组协作				
学法指导	自主探究、小组合作				
教学手段	多媒体教学				
教　具	Flash CS4 多媒体辅助教学软件				

教　学　过　程

活动步骤	教　师	学　生	可能出现的状况及应对策略	设计意图	备　注
创设情境引入正课	回顾上节课的学习内容;展示课件上的知识、技能、情感目标、重难点内容	翻看笔记回忆上节课的主要内容;明确本堂课的学习目标,记录下来	有的学生可能还没有进入上课的状态,老师观察学生的表情,将其引入课堂情景	复习引入;确定学习目标	5 分钟
活动1分别讨论每个案例制作的方法	请同学们观看课件上的案例:"两个被遮罩对象""寿字遮罩""遮罩飞机与雪橇",分对每个案例的问题进行分析、讨论	观看每一个案例后,分小组讨论	回答问题集中在几个学生身上,因此,老师应该要求每一组回答问题的成员要进行轮流	合作讨论;协作答题	20 分钟
活动2分别完成案例的制作	观察学生分别制作的动画:"两个被遮罩对象""寿字遮罩""遮罩飞机与雪橇"	自己动手操作,可以参考课件上的提示,有疑问的问老师		小组合作;共同创作	35 分钟
活动3分别对案例进行总结	请同学们分组讨论,分别小结每一个案例涉及的知识点,对学生的小结进行归纳总结	小组讨论后,每一个小组派代表进行知识点小结,其他同学给予补充;并且记录老师归纳的知识点		分组讨论;知识小结	15 分钟
活动4对综合练习进行总结、强调	对学生在上机操作中遇到的问题进行点拨,对技巧进行讲解,同时强调帧的关键性	根据老师的讲解,对自己的作品进一步修改,同时对老师强调的知识点做好笔记		启发探究;技巧点拨	5 分钟

活动 步骤	教 师	学 生	可能出现的状况 及应对策略	设计意图	备 注
活动5 作品欣赏 小组点评、 互评	组织赏析,小组推荐 作品	(1)展示的同学 讲解自己的创作 想法,运用知识; (2)其他同学参 与点评、互评		作品欣赏; 点评归纳	10分钟
拓展提高	以小组的方式课堂 小结,其他组的成员 补充;并且课后对本 堂课的知识点进行 梳理、总结	小结上课内容,并 且听取其他同学 的回答,记录课后 作业		课堂小结; 布置作业	5分钟

(五)模块5"基本动画"教学方案设计

任务1 "逐帧动画"教学方案设计

课 题		逐帧动画	课 型	理论＋实作	课 时	2
教学任务	知识	了解动画的原理; 知道动画的基本类型; 掌握逐帧动画的定义				
	技能	会笔的旋转、川剧变脸、跳到的字的逐帧动画的练习; 会逐帧动画的基本操作				
	情感	形成小组自主学习意识,团结协作意识; 提高学生对动画的兴趣				
重难点	重点	动画的原理;逐帧动画的练习				
	难点	动画的原理、川剧变脸和跳动的字的练习				
学情分析		这是Flash CS4中的第一种动画效果,刚开始学习基础动画,学生对动画还很模糊、陌生,缺乏学习动画的方式方法,因此从第一个动画就放慢速度,帮助学生加强理解				
教 法		任务驱动、小组协作				
学法指导		自主探究、小组合作				
教学手段		多媒体教学				
教 具		Flash CS4多媒体辅助教学软件				

续表

教　学　过　程					
活动步骤	教　师	学　生	可能出现的状况及应对策略	设计意图	备　注
创设情境引入正课	回顾上节课的学习内容；展示课件上的知识、技能、情感目标、重难点内容	翻看笔记回忆上节课的主要内容；明确本堂课的学习目标，记录下来		复习引入；确定学习目标	5 分钟
活动 1了解动画的原理，学习逐帧动画	讲解动画原理帧频的含义以及动画的类型	认真观看课件，同时认真听老师的讲解，做笔记		讲授新课；传授知识	10 分钟
活动 2课堂活动："笔的旋转"	通过活动介绍关键帧的含义	跟着老师的示范完成"笔的旋转"，在做的过程中去感受关键帧		学生主体；课堂活动	5 分钟
活动 3讨论并且完成"笔的旋转"	组织学生讨论"笔的旋转"的问题，并归纳总结	小组讨论，并派代表回答问题		学生主体；实践操作	15 分钟
活动 4分别讨论"川剧变脸"与"跳到的字"的制作方法	通过"川剧变脸"与"跳动的字"提出问题	小组讨论，并派代表回答问题		小组探究；交流分享	10 分钟
活动 5分别完成"川剧变脸""跳到的字"的练习	观察学生的上机操作，如果大多数学生问题有普遍性与相似性就统一讲解	上机分别完成"川剧变脸""跳到的字"的练习，不懂的问老师		学生主体；实践操作	25 分钟
活动 6对练习进行总结	对学生在上机操作中遇到的问题进行点拨，对技巧进行讲解	根据老师的讲解，对自己的作品进一步修改		启发探究；技巧点拨	5 分钟

续表

活动步骤	教　师	学　生	可能出现的状况及应对策略	设计意图	备　注
活动7 作品欣赏 小组点评、 互评	组织赏析小组作品，并归纳总结	（1）展示的同学讲解自己的创作想法，运用知识； （2）其他同学参与点评、互评	除小组推荐的作品外，其他同学也可展示自己的作品，并让学生进行自评和互评	作品欣赏； 点评归纳	10分钟
拓展提高	以小组的方式课堂小结，并布置作业	小结上课内容，并且听取其他同学的回答，记录课后作业		课堂小结； 布置作业	5分钟

任务2　"运动补间动画"教学方案设计

课　题	运动补间动画	课　型	理论＋实作	课　时	2
教学任务	知识	掌握运动补间动画的知识； 了解移动动画和旋转动画			
	技能	会秒针的旋转、笔的旋转、铜钱的旋转与移动、摇摆的芦苇的练习			
	情感	形成小组自主学习意识，团结协作意识； 提高学生对动画的兴趣			
重难点	重点	运动补间动画的知识、4个运动补间动画的练习			
	难点	铜钱的旋转与移动、摇摆的芦苇的练习			
学情分析	通过逐帧动画的学习，学生已经对动画有了基本的认识，但是由于不同的效果要用不同的动画，对初学的学生来说，区别每一种动画效果用的哪种动画比较困难，因此在学习动画的过程中就应加强学生对每种动画的理解				
教　法	任务驱动、小组协作				
学法指导	自主探究、小组合作				
教学手段	多媒体教学				
教　具	Flash CS4多媒体辅助教学软件				
教　学　过　程					
活动步骤	教　师	学　生	可能出现的状况及应对策略	设计意图	备　注
创设情境 引入正课	回顾上节课的学习内容； 展示课件上的知识、技能、情感目标、重难点内容	翻看笔记回忆上节课的主要内容； 明确本堂课的学习目标，记录下来		复习引入； 确定学习目标	5分钟

续表

活动步骤	教 师	学 生	可能出现的状况及应对策略	设计意图	备 注
活动1 讲解运动补间动画的知识	对运动补间动画的知识点进行讲解,并且展示课件上对应的知识点	认真观看课件,同时听运动补间动画的知识点,并且做好笔记		讲授新课;传授知识	10分钟
活动2 完成课堂练习"秒针旋转与铅笔旋转"	给予学生练习的效果图与相对应的问题,要求学生观察并且思考问题,对学生的回答给予总结,归纳	小组讨论,并派代表回答问题		小组交流;共同制作	5分钟
活动3 讨论并且完成"铜钱的旋转与移动"	通过"铜钱的旋转与移动"提出问题	小组讨论,并派代表回答问题		小组探究;交流分享	15分钟
活动4 讨论并且完成"摇摆的芦苇"	通过"摇摆的芦苇"提出问题	小组讨论,并派代表回答问题		课堂练习;上机操作	10分钟
活动5 分别完成"川剧变脸""跳到的字"的练习	观察学生的上机操作,如果大多数学生问题有普遍性与相似性就统一讲解	上机分别完成"川剧变脸""跳到的字"的练习		学生主体;实践操作	25分钟
活动6 对练习进行总结、延伸	对学生在上机操作中遇到的问题进行点拨,对技巧进行讲解,同时根据动画公司制作动画的要求,让学生明白它的重要性	根据老师的讲解,对自己的作品进一步修改		启发探究;技巧点拨	5分钟
活动7 作品欣赏小组点评、互评	组织学生赏析小组作品,并归纳总结	(1)展示的同学讲解自己的创作想法和运用的知识;(2)其他同学参与点评、互评	除了小组推荐的作品之外,其他也可展示自己的作品	作品欣赏;点评归纳	10分钟

续表

活动步骤	教 师	学 生	可能出现的状况及应对策略	设计意图	备 注
拓展提高	以小组的方式课堂小结,其他组的成员补充;并且课后对本堂课的知识点进行梳理、总结	小结上课内容,并且听取其他同学的回答,记录课后作业		课堂小结;布置作业	5分钟

任务3　"制作形状补间动画"教学方案设计

课　题	制作形状补间动画	课　型	理论+实作	课　时	2
教学任务	知识	理解绘制工具的使用;掌握椭圆工具、多角星形工具、刷子、文本工具的使用			
	技能	能用绘制工具画小熊猫、七星瓢虫、QQ登入框;会椭圆工具、多角星形工具、刷子工具、文本工具的使用			
	情感	形成小组自主学习意识,团结协作意识;提高学生画各种图形的兴趣			
重难点	重点	掌握各种绘制工具的使用			
	难点	用椭圆工具画小熊猫 、用刷子工具画七星瓢虫			
学情分析	每一种动画都有自己的特点,对初学的学生来说,区别每一种动画具有一定的难度,会出现混乱的现象,因此在讲解过程中会根据实际情况加强学生的区别与理解能力				
教　法	任务驱动、小组协作				
学法指导	自主探究、小组合作				
教学手段	多媒体教学				
教　具	Flash CS4 多媒体辅助教学软件				

教 学 过 程

活动步骤	教 师	学 生	可能出现的状况及应对策略	设计意图	备 注
创设情境引入正课	回顾上节课的学习内容;展示课件上的知识、技能、情感目标、重难点内容	翻看笔记回忆上节课的主要内容;明确本堂课的学习目标,记录下来	有的学生可能还没有进入上课的状态,老师观察学生的表情,将其引入课堂情景	复习引入;确定学习目标	5分钟
活动1认识椭圆工具完成"小熊猫"的制作	讲解椭圆工具的知识,讨论"小熊猫"的制作方法	认真听讲,并小组讨论		学生主体;实践操作	20分钟

续表

活动步骤	教 师	学 生	可能出现的状况及应对策略	设计意图	备 注
活动2 认识多角星形工具,完成"多边形与星形"的制作	讲解多角星形工具的知识,讨论"多边形与星形"的制作方法	认真听讲,并小组讨论		学生主体;实践操作	5分钟
活动3 认识刷子工具完成"七星瓢虫"的制作	讲解刷子工具的知识,讨论"七星瓢虫"的制作方法	认真听讲,并小组讨论		学生主体;实践操作	20分钟
活动4 认识文本工具完成"QQ登录框"的制作	讲解文本工具的知识,讨论"QQ登录框"的制作方法	认真听讲,并小组讨论		学生主体;实践操作	15分钟
活动5 对练习进行总结延伸	对学生在上机操作中遇到的问题进行点拨,对技巧进行讲解,同时结合动画公司对绘制图形的要求进行剖析、引导	根据老师的讲解,对自己的作品进一步修改,同时对延伸的知识点做好笔记		启发探究;技巧点拨	5分钟
活动6 作品欣赏小组点评、互评	组织赏析小组推荐作品,并归纳总结	(1)展示的同学根据本堂课学习的知识点,讲解自己的作品;(2)其他同学参与点评、互评	除小组推荐的作品外,其他同学也可展示自己的作品,并让学生进行自评和互评	作品欣赏;点评归纳	15分钟
拓展提高	以小组的方式课堂小结,其他组的成员补充;并布置作业	小结上课内容,并且听取其他同学的回答,记录课后作业		课堂小结;布置作业	5分钟

任务 4　"遮罩层动画"教学方案设计

课　题	遮罩层动画	课　型	实　作	课　时	3
教学任务	知识	理解遮罩层动画的概念； 掌握遮罩层动画的创建步骤			
	技能	会制作望远镜、文字逐渐显示、圆的遮罩运动动画练习			
	情感	形成小组自主学习意识，团结协作意识； 提高学生画各种图形的兴趣			
重难点	重点	遮罩层动画的概念、创建步骤、遮罩层动画的练习			
	难点	望远镜、文字逐渐显示练习、圆的遮罩运动练习			
学情分析	这是动画类型的第三种，比较好理解，老师最好先让学生们自己操作，学生跟着老师的步骤操作，再去讲解定义				
教　法	任务驱动、小组协作				
学法指导	自主探究、小组合作				
教学手段	多媒体教学				
教　具	Flash CS4 多媒体辅助教学软件				

教 学 过 程

活动步骤	教　师	学　生	可能出现的状况及应对策略	设计意图	备　注
创设情境引入正课	回顾上节课的学习内容； 展示课件上的知识、技能、情感目标、重难点内容	翻看笔记回忆上节课的主要内容；明确本堂课的学习目标，记录下来	有的学生可能还没有进入上课的状态，老师观察学生的表情，将其引入课堂情景	复习引入；确定学习目标	5 分钟
活动 1 讲解遮罩动画的知识点、遮罩动画的制作步骤	老师讲解遮罩动画的定义、遮罩层与被遮罩层、遮罩动画的制作步骤	认真听讲，做笔记，对常用的命令语句要重点掌握	学生理解这部分知识会很难，有涉及编程语句，老师要放慢速度讲解	讲授新课；传授知识	15 分钟
活动 2 分别讨论"望远镜""文字逐渐显示""圆的遮罩运动"	让学生观察要练习的动画，分别讨论每一个课堂练习的制作方法	每一位同学认真观察动画，并在笔记本上写下每一个练习遮罩层内容和被遮罩层内容，小组再讨论制作方法		小组探究；交流分享	15 分钟

续表

活动步骤	教　师	学　生	可能出现的状况及应对策略	设计意图	备　注
活动3 学生制作"望远镜""文字逐渐显示""圆的遮罩运动"课堂练习	观察学生制作动画	自己动手操作,可以参考课件上的操作提示,有疑问的问老师	学生制作该编程动画,会很有难度,老师要鼓励同学,突破难点,遇到问题要冷静地分析与思考	学生主体; 综合操作	30分钟
活动4 每一组选择一个课堂练习进行知识小结	老师分配每一组一个课堂练习,进行知识小结,其他组的成员进行补充,对学生的小结进行归纳总结	小组讨论后,每一个小组派代表进行知识点小结,其他同学给予补充;并且记录老师归纳的知识点		分组讨论; 知识小结	10分钟
活动5 作品欣赏小组点评、互评	组织赏析小组作品	(1)展示的同学讲解自己的创作想法和运用的知识; (2)其他同学参与点评、互评		作品欣赏; 点评归纳	10分钟
拓展提高	组织课堂小结	小结上课内容,并且听取其他同学回答,记录课后作业		课堂小结; 布置作业	5分钟

任务5　"引导层动画"教学方案设计

课　题		引导层动画	课　型	实　作	课　时	3
教学任务	知识	理解引导层动画的概念; 掌握引导层动画的创建步骤				
	技能	会老鼠画汽车、4个小球运动的练习、科技之光的动画练习				
	情感	形成小组自主学习意识,团结协作意识; 提高学生画各种图形的兴趣				
重难点	重点	引导层动画的概念、创建步骤、引导层动画的练习				
	难点	老鼠画汽车、4个小球运动、科技之光的练习				
学情分析		同学们通过练习的强化,对遮罩层动画已有一定的了解,对引导层动画的理解不是非常难,要结合运动补间动画讲解,同时可以去下载些动画,引起他们对动画的热情与兴趣				

教　法	任务驱动、小组协作				
学法指导	自主探究、小组合作				
教学手段	多媒体教学				
教　具	Flash CS4 多媒体辅助教学软件				

教 学 过 程

活动步骤	教　师	学　生	可能出现的状况及应对策略	设计意图	备　注
创设情境引入正课	回顾上节课的学习内容；展示课件上的知识、技能、情感目标、重难点内容	翻看笔记回忆上节课的主要内容；明确本堂课的学习目标，记录下来	有的学生可能还没有进入上课的状态，老师观察学生的表情，将其引入课堂情景	复习引入；确定学习目标	5 分钟
活动1讲解、引导动画的知识点、引导动画的制作步骤	老师讲解引导动画的定义、引导层与被引导层区别、遮罩动画的制作步骤	认真听讲，做笔记，对常用的命令语句要重点掌握	学生理解这部分知识会很难，有涉及编程语句，老师要放慢速度讲解	讲授新课；传授知识	15 分钟
活动2分别讨论"老鼠画汽车、4个小球运动的练习、科技之光"动画练习	分别讨论每一个课堂练习的制作方法	小组再讨论制作方法，并进行交流		小组探究；交流分享	15 分钟
活动3学生制作"老鼠画汽车、4个小球运动的练习、科技之光"课堂练习	观察学生制作动画，并解决学生的疑问，如果学生的问题有普遍性，就统一讲解	自己动手操作，可以参考课件上的操作提示，有疑问的问老师	学生制作该编程动画，会很有难度，老师要鼓励同学，突破难点，遇到问题要冷静地分析与思考	学生主体；综合操作	30 分钟

续表

活动 步骤	教 师	学 生	可能出现的状况 及应对策略	设计意图	备 注
活动4 每一组选 择一个课 堂练习 进行知识 小结	老师分配每一组一 个课堂练习,进行知 识小结	小组讨论后,每一 个小组派代表进 行知识点小结,其 他同学给予补充; 并且记录老师归 纳的知识点		分组讨论; 知识小结	10分钟
活动5 作品欣赏 小组点评、 互评	组织赏析小组作品	(1)展示的同学讲 解自己的创作想 法和运用的知识; (2)其他同学参与 点评、互评		作品欣赏; 点评归纳	10分钟
拓展提高	以小组的方式课堂 小结,其他组的成员 补充;回顾本堂课的 主要内容,并且完成 课后作业	小结上课内容,并 且听取其他同学 回答,记录课后 作业		课堂小结; 布置作业	5分钟

任务6 "综合练习"教学方案设计

课 题		综合练习	课 型	实 作	课 时	4
教学任务	知识	理解时间轴特效动画; 掌握时间轴动画、有声动画的知识点				
	技能	会动物按钮、特效相册、综合动画练习				
	情感	形成小组自主学习意识,团结协作意识; 提高学生画各种图形的兴趣				
重难点	重点	有声动画的认识及动物按钮、特效动画及特效相册、综合动画				
	难点	动物按钮、特效动画、小车运动、蜡烛制作的练习				
学情分析		大部分同学们对5种动画的制作有了一定了解,但作为基础动画,还需要进一步强化操作 技能。使学生综合运用动画,并能准确判断每一个动作属于哪一种动画				
教 法		任务驱动、小组协作				
学法指导		自主探究、小组合作				
教学手段		多媒体教学				
教 具		Flash CS4 多媒体辅助教学软件				

续表

	教　学　过　程				
活动 步骤	教　师	学　生	可能出现的状况 及应对策略	设计意图	备　注
创设情境 引入正课	回顾上节课的学习 内容； 展示课件上的知识、 技能、情感目标、重 难点内容	翻看笔记回忆上 节课的主要内容； 明确本堂课的学 习目标，记录下来	有的学生可能还没 有进入上课的状态， 老师观察学生的表 情，将其引入课堂 情景	复习引入； 确定学习目标	5 分钟
活动1 讲解导入 声音的动 画方法、声 音的属性 面板	老师讲解导入有声 动画的方法、声音的 格式、属性面板与导 入图片方法的比较	认真听讲，做笔 记，对常用的命令 语句要重点掌握	学生理解这部分知 识会很难，有涉及编 程语句，老师应放慢 速度讲解	讲授新课； 传授知识	15 分钟
活动2 分别讨论 "动物按 钮、特效相 册、小车运 动、蜡烛" 动画练习	让学生观察每一个 动画练习，分别讨论 每一个课堂练习的 制作方法与步骤，小 组内部要讨论，并推 荐代表发言	每一位同学认真 观察动画，并在笔 记本上写下每一 个练习的制作方 法与步骤，然后小 组再讨论制作方 法，再小组发言		小组探究； 交流分享	15 分钟
活动3 学生制作 "动物按 钮、特效相 册、小车运 动、蜡烛" 课堂练习	观察学生制作动画， 并解决学生的疑问， 如果学生的问题有 普遍性，就统一讲解	自己动手操作，可 以参考课件上的 操作提示，有疑问 的问老师	学生制作该编程动 画，会很有难度，老 师要鼓励同学，突破 难点，遇到问题要冷 静地分析与思考	学生主体； 综合操作	30 分钟
活动4 每一组选 择一个课 堂练习 进行 知识小结	老师分配每一组一 个课堂练习，进行知 识小结，其他组的成 员进行补充，对学生 的小结进行归纳总结	小组讨论后，每一 个小组派代表进 行知识点小结，其 他同学给予补充； 并且记录老师归 纳的知识点		分组讨论； 知识小结	10 分钟
活动5 作品欣赏 小组点评、 互评	组织赏析小组作品	(1)展示的同学讲 解自己的创作想 法和运用的知识； (2)其他同学参与 点评、互评		作品欣赏； 点评归纳	10 分钟

续表

活动步骤	教 师	学 生	可能出现的状况及应对策略	设计意图	备 注
拓展提高	以小组的方式课堂小结,其他组的成员补充;回顾本堂课的主要内容,并且完成课后作业	小结上课内容,并且听取其他同学的回答,记录课后作业		课堂小结;布置作业	5分钟

(六)模块6"交互动画"教学方案设计

课 题	交互动画	课 型	实 作	课 时	4
教学任务	知识	理解常用的脚本编程语句;掌握ActionScript脚本交互动画			
	技能	会制作简单的5个交互动画练习			
	情感	形成小组自主学习意识,团结协作意识;提高学生画各种图形的兴趣			
重难点	重点	常用的脚本编程语句、Play和Stop按钮、箭头、等5个练习			
	难点	常用的脚本编程语句、Play和Stop按钮、箭头、等5个练习			
学情分析	学生未曾学习C语言,对编程的掌握和理解难度大				
教 法	任务驱动、小组协作				
学法指导	自主探究、小组合作				
教学手段	多媒体教学				
教 具	Flash CS4多媒体辅助教学软件				

教 学 过 程

活动步骤	教 师	学 生	可能出现的状况及应对策略	设计意图	备 注
创设情境引入正课	回顾上节课的学习内容;展示课件上的知识、技能、情感目标、重难点内容	翻看笔记回忆上节课的主要内容;明确本堂课的学习目标,记录下来	有的学生可能还没有进入上课的状态,老师观察学生的表情,将其引入课堂情景	复习引入;确定学习目标	5分钟

活动步骤	教 师	学 生	可能出现的状况及应对策略	设计意图	备 注
活动1 讲解Action Script编辑环境、编辑术语Action Script常用语句命令	老师讲解ActionScript的知识点,对常用的on事件类型语句、Stop(停止)和Play(播放)命令进行重点讲解、剖析	认真听讲,做笔记,对常用的命令语句要重点掌握	学生理解这部分知识会很难,有涉及编程语句,老师应放慢速度讲解	讲授新课;传授知识	15分钟
活动2 分别讨论"Stop和Play、Goto、stopAllSounds与链接命令、加载外部swf文件、箭头"课堂练习的制作方法,以及添加的语句	让学生观察每一个动画练习,分别讨论每一个课堂练习的制作方法,需要用哪些类型的动画,并写下添加的编程语句,小组内部要讨论,并推荐代表发言	每一位同学认真观察动画,并在笔记本上写下每一个练习添加的语句,然后小组再讨论制作方法,再小组发言		小组探究;交流分享	15分钟
活动3 学生制作"Stop和Play、Goto、stopAllSounds与链接命令、加载外部swf文件、箭头"课堂练习	观察学生制作动画,并解决学生的疑问,如果学生的问题有普遍性,就统一讲解	自己动手操作,可以参考课件上的操作提示,有疑问的问老师	学生制作该编程动画,会很有难度,老师要鼓励同学,突破难点,遇到问题要冷静地分析与思考	学生主体;综合操作	30分钟

续表

活动 步骤	教　师	学　生	可能出现的状况 及应对策略	设计意图	备　注
活动4 每一组选 择一个课 堂练习进 行知识 小结	老师分配每一组一 个课堂练习,进行知 识小结,其他组的成 员进行补充,对学生 的小结进行归纳总结	小组讨论后,每一 个小组派代表进 行知识点小结,其 他同学给予补充; 并且记录老师归 纳的知识点		分组讨论; 知识小结	10分钟
活动5 作品欣赏 小组点评、 互评	组织赏析小组作品	(1)展示的同学讲 解自己的创作想 法和运用的知识; (2)其他同学参与 点评、互评		作品欣赏; 点评归纳	10分钟
拓展提高	以小组的方式课堂 小结,其他组的成员 补充;回顾本堂课的 主要内容,并且完成 课后作业;本堂课主 要完成了哪些练习, 练习中运用了哪些 编程语句	小结上课内容,并 且听取其他同学 的回答,记录课后 作业		课堂小结; 布置作业	5分钟

(七)模块7"作品发布"教学方案设计

课　题		作品发布	课　型	理论+实作	课　时	2
教学任务	知识	知道影片的下载性能; 理解影片的各种发布格式; 掌握优化影片的方法				
	技能	会用"小人跑步.fla"文件,测试成影片后,查看下载性能,用"中秋之夜.fla"文件发布成各种不同格式的影片				
	情感	形成小组自主学习意识,团结协作意识; 提高学生学习动画的兴趣				
重难点	重点	影片的优化方法、影片的各种发布格式				
	难点	影片的各种发布格式				
学情分析		通过欣赏先前的4部动画,同学们对二维动画产生了浓厚兴趣,但对软件的学习可能缺乏耐心				

教　法	任务驱动、小组协作				
学法指导	自主探究、小组协作				
教学手段	多媒体教学				
教　具	Flash CS4 多媒体辅助教学软件				
教　学　过　程					
活动步骤	教　师	学　生	可能出现的状况及应对策略	设计意图	备　注
创设情境引入正课	回顾上节课学习了什么内容,展示课件上的知识、技能、情感目标、重难点内容	翻看笔记并回答上节课学习的内容,同时记下本两节课的学习目标	有的学生可能还没有进入上课的状态,老师观察学生的表情,将其引入课堂情景	复习引入;明确学习目标	10分钟
活动1讨论优化影片的方法	请同学们先看书上的内容,从书上画出有几种优化影片的方法,再派小组代表发言	认真看书上的知识,画出优化影片的方法,讨论怎么用简介、精练的语言表达出来	有的学生不清楚做什么,要求小组长合理分配任务	自主探究;交流分享	20分钟
活动2测试"小人跑步"影片,查看信息	让学生完成课堂练习:测试影片	每一个同学实际操作,查看信息,并做笔记,可以参考课件上的提示,有疑问的问老师		学生主体;实践创作	20分钟
活动3讲解影片的各种发布格式	讲解动画发布为swf格式、html格式、jpeg格式、png格式、gif格式的知识点,以及设置的参数	认真听解,并做笔记,把书中对应的知识点也画出来,要辨别各种格式的参数设置	有的学生听起讲解会显得很吃力、理解难,要注意语言精练、表达清楚,而且这部分知识需要学生在实际操作之后,才能非常好地理解设置的参数	教师主导;知识分享	10分钟
活动4学生导出"中秋之夜"为各种不同格式的动画	要求学生分别进行swf、html、png、gif、exe格式的发布,对各个格式的参数进行设置	每一个同学实际操作,可以参考课件上的提示,有疑问的问老师		学生主体;实践创作	20分钟

续表

活动步骤	教 师	学 生	可能出现的状况及应对策略	设计意图	备 注
活动5延伸知识	联系动画行业要求的发布格式,进行拓展	认真听解,并做笔记		启发探究;技巧点拨	10分钟
拓展提高	以小组的方式课堂小结,其他组的成员补充;复习今天的上课内容,然后预习下节课的内容,并且完成课后作业	分组小结上课内容,派代表进行发言,并认真听取其他同学回答问题,写下课后作业		课堂小结;布置作业	10分钟

(八)模块8"综合动画"教学方案设计

任务1　"欣赏小狗"教学方案设计

课 题		欣赏小狗	课 型	理论＋实作	课 时	2
教学任务	知识	理解运用前面七章的综合知识点				
	技能	会制作欣赏小狗综合动画				
	情感	形成小组自主学习意识,团结协作意识;提高学生学习动画的兴趣				
重难点	重点	欣赏小狗综合动画的制作				
	难点	欣赏小狗综合动画的制作				
学情分析		通过前面交互动画的学习,对于按钮添加的语句,应该不会难理解,但要区别帧上添加的语句与按钮上添加的语句				
教 法		任务驱动、小组协作				
学法指导		自主探究、小组协作				
教学手段		多媒体教学				
教 具		Flash CS4 多媒体辅助教学软件				
教　学　过　程						
活动步骤	教 师		学 生	可能出现的状况及应对策略	设计意图	备 注
创设情境引入正课	回顾上节课学习内容,展示课件上的知识、技能、情感目标、重难点内容		翻看笔记并复习上节课学习的内容	有的学生可能还没有进入上课的状态,老师观察学生的表情,将其引入课堂情景	复习引入;明确学习目标	5分钟

活动步骤	教　师	学　生	可能出现的状况及应对策略	设计意图	备　注
活动1 讨论"欣赏小狗"动画按钮添加的语句及制作步骤	请同学们观察课件上的"欣赏小狗"动画	观察动画后,分小组讨论这个"欣赏小狗"动画的按钮,以及制作步骤,小组再派代表发言	有的学生不知要干什么,要求小组长合理分配任务,哪些同学讨论第一个问题,哪些讨论第二个问题,哪些同学表达能力强、普通话标准,可以发言	自主探究;交流分享	15分钟
活动2 分析动画延伸知识	讲解按钮添加的语句,以及制作该动画的要点、注意事项	认真听讲,并做笔记	有的学生听起讲解会显得很吃力、理解难,教师应注意语言精练、表达清楚	教师主导;技巧点拨	10分钟
活动3 学生制作"欣赏小狗"动画	观察学生制作动画,并解决学生的疑问,如果学生的问题有普遍性、相似性,就统一讲解	每一个同学实际操作,可以参考课件上的提示,有疑问的问老师	学生制作该动画会显得很困难,但是一定要理解第一、二张图片的制作方法,只要理解了,就不难,老师一定要解释清楚,重要的让学生理解,不能机械地模仿	学生主体;实践创作	30分钟
活动4 欣赏作品小组自评、互评	组织赏析小组作品	欣赏同学的作品,参与点评、互评的活动中,积极发言,并用鼓掌的方式鼓励同学	学生点评的不够规范,点评的内容空荡,老师要引导学生点评作品的图文搭配和谐美、颜色美、结构形式美、艺术美、创新美	作品欣赏;点评归纳	20分钟
拓展提高	组织小组形式课堂小结	小结上课内容,并认真听取其他同学回答问题,写下课后作业		课堂小结;布置作业	5分钟

任务2　"购物片头"教学方案设计

课　题	购物片头	课　型	理论+实作	课　时	2
教学任务	知识	理解运用前面七章的综合知识点			
	技能	会制作购物片头综合动画			

续表

教学任务	情感	形成小组自主学习意识,团结协作意识; 提高学生学习动画的兴趣				
重难点	重点	购物片头综合动画的制作				
	难点	购物片头综合动画的制作				
学情分析		通过该动画的学习,主要是让同学们拓展知识面,一些动画公司需要给客户做一些片头、要有音乐、图文搭配合理等要求				
教 法		任务驱动、小组协作				
学法指导		自主探究、小组协作				
教学手段		多媒体教学				
教 具		Flash CS4 多媒体辅助教学软件				

<table>
<tr><th colspan="7">教 学 过 程</th></tr>
<tr><th>活动
步骤</th><th>教 师</th><th>学 生</th><th>可能出现的状况
及应对策略</th><th>设计意图</th><th colspan="2">备 注</th></tr>
<tr>
<td>创设情境
引入正课</td>
<td>回顾上节课学习内容,展示知识、技能、情感目标、重难点内容</td>
<td>翻看笔记并回答上节课学习的内容,同时记下本两节课的学习目标</td>
<td>有的学生可能还没有进入上课的状态,老师观察学生的表情,将其引入课堂情景</td>
<td>复习引入;
明确学习目标</td>
<td colspan="2">5 分钟</td>
</tr>
<tr>
<td>活动1
讨论"购物片头"用到哪种类型的动画,以及制作步骤</td>
<td>请同学们观察课件上的"购物片头"动画,讨论用到了哪种类型的动画,以及制作该动画的步骤</td>
<td>观察动画后,分小组讨论这个"购物片头"动画的问题,小组再派代表发言</td>
<td>有的学生不知要干什么,要求小组长合理分配任务,哪些同学讨论第一个问题,哪些讨论第二个问题,哪些同学表达能力强、普通话标准,可以发言</td>
<td>自主探究;
交流分享</td>
<td colspan="2">15 分钟</td>
</tr>
<tr>
<td>活动2
分析动画
延伸知识</td>
<td>讲解动画的制作步骤,以及制作该动画的要点、注意事项</td>
<td>认真听讲,并做好笔记</td>
<td>有的学生听起讲解会显得很吃力、理解难,教师要注意语言精练、表达清楚</td>
<td>教师主导;
技巧点拨</td>
<td colspan="2">10 分钟</td>
</tr>
<tr>
<td>活动3
学生制作
"购物—片头"动画</td>
<td>观察学生制作动画,并解决学生的疑问</td>
<td>学生独立操作</td>
<td>学生制作该动画会显得很困难,但是一定要理解第一、二张图片的制作方法,只要理解了,就不难,老师一定要解释清楚,重要的让学生理解,不能机械地模仿</td>
<td>学生主体;
实践创作</td>
<td colspan="2">30 分钟</td>
</tr>
</table>

活动步骤	教　师	学　生	可能出现的状况及应对策略	设计意图	备　注
活动4 欣赏作品 小组自评、互评	组织学生赏析小组推荐作品,并归纳总结	欣赏同学的作品,参与点评、互评的活动中,积极发言,并用鼓掌的方式鼓励同学	学生点评的不够规范,点评的内容空洞,老师要引导学生点评作品的图文搭配和谐美、颜色美、结构形式美、艺术美、创新美	作品欣赏;点评归纳	20分钟
拓展提高	以小组的方式进行课堂小结,并布置作业	小结上课内容,并认真听取其他同学回答问题。写下课后作业		课堂小结;布置作业	5分钟

任务3　"宁夏—MTV"教学方案设计

课　题	宁夏—MTV		课　型	理论+实作	课　时	2
教学任务	知识	理解运用前面七章的综合知识点				
	技能	会制作宁夏—MTV综合动画				
	情感	形成小组自主学习意识,团结协作意识; 提高学生学习动画的兴趣				
重难点	重点	宁夏—MTV综合动画的制作				
	难点	宁夏—MTV综合动画的制作				
学情分析	动画软件的另一种用途就是做MTV,利用现成的音乐去配合适的图片与文字或者是故事情节,当然也可以自己全手工去画一些图形,构造画面的和谐美,所有的成品制作出来都是为了让别人欣赏,让人感觉很美,一切美的东西才带有商业性					
教　法	任务驱动、小组协作					
学法指导	自主探究、小组协作					
教学手段	多媒体教学					
教　具	Flash CS4多媒体辅助教学软件					
教　学　过　程						
活动步骤	教　师	学　生	可能出现的状况及应对策略	设计意图		备　注
创设情境 引入正课	回顾上节课学习了什么内容,展示课件上的知识、技能、情感目标、重难点内容	翻看笔记并回答上节课学习的内容,同时记下本两节课的学习目标	有的学生可能还没有进入上课的状态,老师观察学生的表情,将其引入课堂情景	复习引入;明确学习目标		5分钟

续表

活动步骤	教　师	学　生	可能出现的状况及应对策略	设计意图	备　注
活动1 讨论"宁夏—MTV"用到哪种类型的动画，以及制作步骤	请同学们观察课件上的"宁夏—MTV"动画，讨论用到了哪种类型的动画，以及制作该动画的步骤	观察动画后，分小组讨论这个"宁夏—MTV"动画的问题，小组再派代表发言	有的学生不知要干什么，要求小组长合理分配任务，哪些同学讨论第一个问题，哪些讨论第二个问题，哪些同学表达能力强、普通话标准，可以发言	自主探究； 交流分享	15分钟
活动2 分析动画延伸知识	讲解动画的制作步骤，以及制作该动画的要点、注意事项	认真听解，并记下笔记	有的学生听起讲解会显得很吃力、理解难，要注意语言精练、表达清楚	教师主导； 技巧点拨	10分钟
活动3 学生制作"宁夏—MTV"动画	观察学生制作动画，并解决学生的疑问，如果学生的问题有普遍性、相似性，就统一讲解	每一个同学实际操作，可以参考课件上的提示，有疑问的问老师	学生制作该动画会显得很困难，但是一定要理解第一、二张图片的制作方法，只要理解了，就不难，老师一定要解释清楚，重要的让学生理解，不能机械地模仿	学生主体； 实践创作	30分钟
活动4 欣赏作品小组自评、互评	组织学生赏析小组推荐作品，并归纳总结	欣赏同学的作品，参与点评、互评的活动中，积极发言，并用鼓掌的方式鼓励同学	学生点评的不够规范，点评的内容空荡，老师要引导学生点评作品的图文搭配和谐美、颜色美、结构形式美、艺术美、创新美	作品欣赏； 点评归纳	20分钟
拓展提高	以小组的方式课堂小结，并布置作业	小结上课内容，并认真听取其他同学回答问题，写下课后作业		课堂小结； 布置作业	5分钟